MyBatis

核心技术全解与项目实战

赖帆（@谷哥的小弟）——— 著

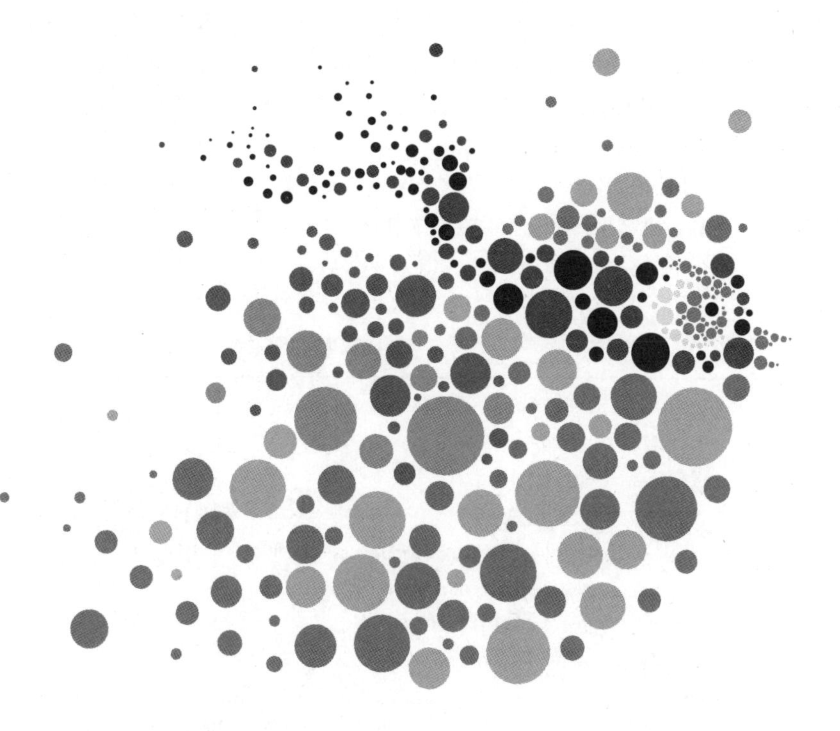

人民邮电出版社
北 京

图书在版编目（CIP）数据

MyBatis核心技术全解与项目实战 / 赖帆著. -- 北京 : 人民邮电出版社, 2024.2
（图灵原创）
ISBN 978-7-115-63565-5

Ⅰ. ①M… Ⅱ. ①赖… Ⅲ. ①JAVA语言一程序设计
Ⅳ. ①TP312.8

中国国家版本馆CIP数据核字(2024)第007988号

内容提要

在现在的 Java 企业级应用中，最常见的组合是 Spring+Spring MVC+MyBatis（SSM）。MyBatis 作为 Java 后台开发的核心主流框架之一，其性能优异，使用者众多。本书是一本详细介绍 MyBatis 框架使用方法的书，一切从实际项目出发，主要内容包括 MyBatis 开发环境、基本操作、运行原理、关联映射、动态 SQL、缓存机制、注解开发、插件技术、逆向工程以及国内流行的 MyBatis-Plus，最后一章结合 Spring Boot 技术详细介绍了 MyBatis 在项目实战中的应用。

本书适合具有一定 Java 基础的人群阅读，不仅适合作为广大计算机编程爱好者和开发人员的参考书，亦可作为高等院校专科、本科、研究生计算机相关专业的教材。

◆ 著　　　赖帆（@谷哥的小弟）
　责任编辑　王军花
　责任印制　胡　南

◆ 人民邮电出版社出版发行　　北京市丰台区成寿寺路11号
　邮编　100164　　电子邮件　315@ptpress.com.cn
　网址　https://www.ptpress.com.cn
　天津嘉恒印务有限公司印刷

◆ 开本：800×1000　1/16
　印张：23.25　　　　2024年2月第1版
　字数：576千字　　　2024年2月天津第1次印刷

定价：119.80元

读者服务热线：(010)84084456-6009　印装质量热线：(010)81055316

反盗版热线：(010)81055315

广告经营许可证：京东市监广登字 20170147 号

前言

困顿中醒悟

时光流水，白驹过隙。15年前，我离开象牙塔踏入社会，开启了IT行业的职业生涯。时隔多年，我依然清晰地记得刚开始接触编程时，遇到了问题就到处找答案，看别人的技术资料，再从文章中复制代码后粘贴到自己的项目里，试探着解决问题。这种不停地四处搜索代码借以解决技术难点的状态持续了很久。在这个过程中，自己的进步微乎其微，而且遇到与以往类似的问题，我依然不清楚该怎么解决，于是只能再次找代码，复制、粘贴、运行……如此循环。

在那段日子里，我开始有些麻木了，甚至心安理得地觉得写代码原本就是这样的，大家也都是这样做的。后来慢慢意识到，我这是在为自己开脱。其实，在心底隐蔽的角落，早已充满了懒惰和浮躁。遇到问题，不想自己动手，寄希望于检索到一段代码或者现成的例子来解决问题；也不在乎过程，只求一个结果。

直到有一天，赶在deadline之前火急火燎地提交完最后一行代码后，我瘫坐在椅子上如释重负。我开始反思：这就是我的工作吗？我要这样继续下去吗？该怎么改变呢？这些问题，我都没有答案。郁闷之时，我无意间听到了CSDN创始人蒋涛的演讲，他在演讲中鼓励年轻人："积累技术，突破自我。"这句充满力量的话犹如划破夜空的闪电，警醒了困惑中的我，也让我拥有了改变现状的勇气。遇到问题不可怕，我们不能总是一味逃避，而应该直面它们。而且，不但要解决问题，还要进一步地梳理、分析、总结和记录问题，为以后遇到类似的情况提供参考。由此，我开始在CSDN撰写技术博客，记录学习和工作中遇到的技术难题及其解决方案。

我在CSDN的网名叫作"谷哥的小弟"，欢迎各位和我讨论技术。

蜗牛的脚印

白天在公司工作，晚上和周末就成了我学习的时间。每当学会一项新的技术，或解决了一个难题，我都会把它们整理成一篇 CSDN 博客文章。坦率地说，在这个习惯的养成过程中，懒惰的惯性时常作祟，我差一点前功尽弃。可是，每次想偷懒的时候，我总是提醒和敲打自己：成功之路没有捷径，不走弯路就不错了；自己不是聪明人，就不要装聪明，好记性不如烂笔头；自己笨，就要多花点精力在学习上。在这种自我督促下，我坚持了下来。每当有人留言说“谢谢你，谷哥的小弟，你的文章帮到了我”时，我内心的成就感便油然而生。原来，能帮别人是一件很幸福的事情。也正是这些反馈，激励着我去挑战难度更大的技术。

2017 年左右，我的主要工作是对接国内的手机厂商。由于合作伙伴对谷歌 Android 系统进行了深度定制，在系统集成的实施过程中我遇到了前所未有的阻力。系统兼容性的问题一直困扰着我，压得我喘不过气来。为了尽快解决难题，我翻阅了大量技术资料。从博客园到 CSDN，从 Stack Overflow 到掘金，从 GitHub 到 Gitee，我搜罗了无数文章，却沮丧地发现这些文章的内容大同小异：只是举个简单的例子，很少研究为什么；人云亦云，文章里的技术根本没有经过验证和深究；或者避重就轻展示简单的 Demo 而绕过了难点；文章零零散散不成体系……每次看完这些文章，我依然觉得稀里糊涂，晕头转向，原本满满的动力和勇气也消失殆尽了。

在反复搜索之后，我的愿望依旧落空了，没有找到我需要的东西。当我想鼓动自己再找找的时候，我猛地想起前辈说的那句话：“每当你在感叹，如果有这样一个东西就好了的时候，请注意，其实这是你的机会。”此时，我禁不住反问自己：“你怎么总是期待别人把东西准备好呈现在你面前呢？自己动手去实现它难道不是最好的学习过程吗？”想到这里，我不再惶恐，打算自己啃下这块硬骨头。每天下班后吃完饭，稍微休息一下，我就开始读源码、看资料、写代码、画流程图、写博客；一头扎进去钻研，两耳不闻窗外事；不知有汉，无论魏晋。最终，经过几个月的痛苦折磨，我终于打破桎梏，解决了系统性的复杂难题并将相关技术以专栏的形式发布在 CSDN 上。

在那段时间里，有同事问我：看源码枯燥吗，累吗？其实，我也想去小酒吧喝酒，我也想去成都的街头走走。可是，不行。因为我深知，我的技术储备还不够，我的能力还很有限，我还没有放松的资格。IT 人是靠技术吃饭的，技术是需要积累和锤炼的。如果怕麻烦，就会一直遇到麻烦，怕吃苦就会一直吃苦。编程的实践性很强，想偷懒不动手是难有作为的。所以，我要一直在路上，但行前路，无问西东。

于是，我继续按照原定的方式行进。在痛苦中收获，在收获中成长；不念过往，不畏将来。走着，走着，花就开了，清风徐来。工作变得从容起来，博客的读者越来越多，我也很荣幸在 2016 年和 2020 年两度荣获 CSDN 年度十大博客之星。

工作十余年，我曾供职于多家公司，也涉足了行业内不同的岗位，但是对于博客的写作从未停止。有人问我：谷哥的小弟，你怎么还在坚持写博客？其实，我已经没有坚持了，因为写技术博客已经成了我生活的一部分。写博客就像每天吃饭、睡觉一样自然了，又何谈坚持呢？每当做完一天繁重的工作，有的人会玩游戏，有的人会夜跑，有的人会读书，有的人会小酌几杯，而我，选择写几行代码或者一篇博客文章以平复疲惫的内心。此时的我，也是最真实的。真实就是力量。这股力量支撑着我笔耕不辍，坚持原创。这股力量鞭策着我在写作过程中尽全力做到案例全面、内容翔实、图文并茂，同时做到语言风趣幽默、严谨细致、通俗易懂。这股力量驱动着我走进未曾涉足的领域，大数据、人工智能、机器学习、边缘计算、智能物联网、辅助驾驶……在这些陌生的领域，我就像刚上学的小朋友，兴奋又谨慎；当然，最高兴的还是又学会了新知识。在学习的过程中，我依旧遵循自己的三板斧：读理论，做实验，写博客。我每次都把学会的知识写进博客分享给需要的人。

其实，我们都是社会中的普通人，我们都是大自然里的小蜗牛。做技术工作的这些年，我渐渐明白：成长的意义在于自己变得越来越好。正如周杰伦在歌里唱的那样，“我要一步一步往上爬，等待阳光静静看着它的脸，小小的天有大大的梦想，重重的壳裹着轻轻的仰望”。

挥笔著青简

自从开通 CSDN 博客以来，我一共撰写了 1400 余篇原创博客文章，收获了 370 万的阅读量。在和读者的交流中，有不少人曾经对我说：“你把博客文章整理成书吧。”听到这个建议，我既欣慰又倍感压力。承蒙读者厚爱和陪伴，我才走到了今天，可是，原本的工作和生活已经占据了我绝大部分时间，面对写书这件事我深感分身乏术。直到去年，一位小伙伴私信我说：“我要是早点儿看到你的这篇文章就好了，就可以少走很多弯路了。”听到这句话，我终于下定决心把博客文章付梓成书。

许多朋友学习后台技术都是从 MyBatis 这个持久层框架开始的。第一次学习框架技术，不少人都有一些惧怕。我想这种惧怕主要来源于认知的陌生感和框架本身的复杂度。毕竟，在此之前完全没有接触框架，现在却要应用框架完成后端的复杂逻辑。所以，在学习 MyBatis 框架的过程中，经常遇到很多障碍，这些障碍也吓退了不少人。鉴于读者的学习现状，我计划写国内第一本详细介绍 MyBatis 框架使用方法的书。这本书以“看得懂、学得会、用得上、做得出”为写作原则，一切从实际项目出发，主要内容包括：MyBatis 开发环境、基本操作、运行原理、关联映射、动态 SQL、缓存机制、注解开发、插件技术、逆向工程以及国内流行的 MyBatis-Plus。为了让读者更好地掌握书中内容，本书最后一章结合 Spring Boot 技术详细介绍了 MyBatis 在项目实战中的应用。

在本书写作伊始，我原以为凭借自己十余年的博客写作经验，写一本技术书没有任何难度，甚至可信手拈来。等到了下笔的时候，才发现写书和写博客还是有不小的差别。作为一本书，它应该是系统的、严谨的、全面的，这和博客的随性而发、率性而为很不同。与此同时，为了避免内容晦涩难懂，我还得考虑语言的简洁性与实用性。在写作过程中，字句的凝练非常重要。有时候，简单的几句文字我也会斟酌半天，总怕词不达意，耽误读者的时间。每当此时，我便想起何光远的《鉴戒录•贾忤旨》中唐代诗人贾岛有关推敲的典故。古代的大诗人都尚且如此严谨，吾辈又岂能草草应付作罢？为此，我每写完一章，就请身边的实习生阅读，然后根据他们的反馈修订内容和表述方式。

感恩与致谢

在技术道路上，我遇到了很多值得尊敬的技术前辈和志同道合的朋友，谢谢你们给予我的关怀与指导，谢谢你们的支持、鼓励与陪伴。在此，向各位表达诚挚的谢意（排名不分先后）：ZXX、Emily、Dora、张 DW、彭 J、W 建 L、光华哥、灯泡哥、朱 YAN、齐 L、李新、张 HB、余江、胡晓东、上官、小爱、郭霖、皓哥、康师傅、胡争辉、天津老王、温暖了四季、td、涛、老朱、小雨、Fred、岚枫、帐前卒、流川枫、牧之、光礼、尼古拉斯赵四、Fizz、Stay、尚斌、梦鸽、佳威、锋武、蒋涛、宋海涛、车东、邹欣、红月、王艳、小婷、英雄哪里出来、雀神三少、梦想橡皮擦、老袁、敖丙三太子、1_bit、邓凡平、许向武、杨秀璋、红孩儿、Paulus、铁胖纸、喵叔等。

感谢本书的技术评审和参与各个章节试读的小伙伴，谢谢你们的建议与帮助。

感谢编辑王军花女士为本书的顺利出版倾注的大量心血，感谢你的辛勤付出。

我在本书的撰写过程中秉承科学严谨的态度，力求表述准确、完善。但是，由于水平有限，本书疏漏之处在所难免，恳请各位读者批评指正。

目　录

第 1 章

MyBatis 快速上手

作为全书的开篇，本章主要介绍 MyBatis 的历史与变迁、基本概念和主要特征、与其他持久层框架的差别、开发入门案例、`SqlSession` 工具类等基础知识。我们希望学完本章后，读者能对 MyBatis 框架有初步的了解，熟悉其开发工具与开发流程，掌握其基础语法及用法，并能够针对单表进行简单的数据操作。

1.1 概要

MyBatis 原本是 Apache 的一个开源项目 iBATIS，它是一个基于 Java 的持久层框架。iBATIS 一词来源于 internet 和 abatis 的组合。2010 年，该项目由 Apache 软件基金会迁移到了 Google Code 并更名为 MyBatis。2013 年 11 月，MyBatis 又迁移到了 GitHub。

近些年，MyBatis 框架应用技术发展迅猛，并已成为 Java 后台开发的必备技能。目前，MyBatis 作为软件开发领域使用最广泛的持久层框架，早已占领亚洲东部地区开发者市场，并以绝对优势稳居最抢手 Java 数据库访问框架之首。从开发角度而言，MyBatis 霸榜的底气除了来自其本身的优良特质以外，还源于其广袤的生态以及国内外众多互联网巨头的鼎力支持。

1.1.1 MyBatis 的主要特征

MyBatis 对 JDBC（Java Database Connectivity，Java 数据库连接）操作数据库的过程进行了封装，使开发者只需关注 SQL 本身，而无须花费大量的精力去处理注册驱动、创建 Connection 对象、创建 Statement 对象、手动设置参数等 JDBC 操作。之前，当我们使用 JDBC 持久化的时候，SQL 语句被硬编码到 Java 代码中，耦合度太高，代码不易于维护，而且一旦修改了 Java 代码，就需要对项目进行重新编译、打包和发布。MyBatis 将 SQL 语句和 Java 代码分开，使二者的功能边界清晰，一个专注于数据，一个侧重于业务。

MyBatis 的主要特征如下。

- ❑ 它是一个半自动的 ORM 框架。
- ❑ 轻便、灵活，功能强大，使用简单，扩展性极强。

- 支持定制化 SQL、存储过程以及高级映射。
- 避免了几乎所有的 JDBC 代码和手工操作。
- 可使用 XML 或注解将接口和 POJO 映射成数据库中的记录。

1.1.2　ORM 模型概要

简单地说，ORM 模型就是数据库的表与简单 Java 对象（Plain Ordinary Java Object，POJO）的对象关系映射（Object Relational Mapping，ORM）模型。在该模型中，“对象”指的是 Java 的实体类对象，“关系”指的是关系型数据库（例如 MySQL 等），“映射”指的是两者之间的对应关系。在该“映射”中，Java 类与数据库中的表相对应，类的对象与表中的一条记录相对应，对象的属性与表的字段相对应。

ORM 通过描述 Java 对象与数据库表之间的映射关系，自动将 Java 应用程序中的对象持久化到关系型数据库的表中，其工作原理如图 1-1 所示。

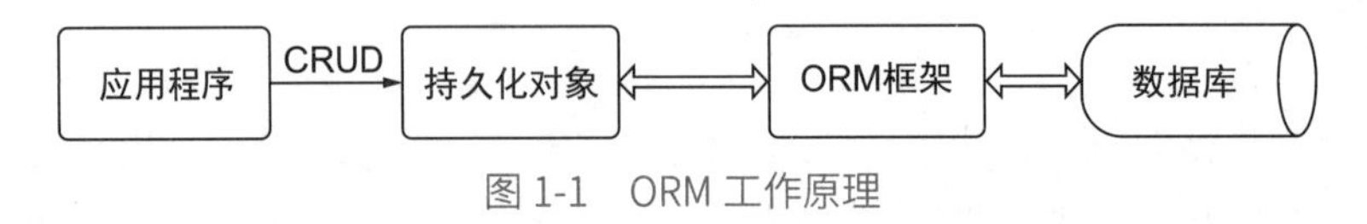

图 1-1　ORM 工作原理

从图 1-1 中可以看出，使用 ORM 框架后，应用程序不再直接访问底层数据库，而是以面向对象的方式来操作持久化对象（Persistent Object，PO）。ORM 框架通过映射关系将这些面向对象的操作转换成底层的 SQL 操作。类似地，当数据库查询完毕后，结果将被返回至 ORM 框架，由 ORM 框架将其封装为 Java 对象。

常见的基于 ORM 模型的数据库操作框架有 Hibernate、MyBatis、OrmLite 等，在本书中我们将详细介绍轻量级的 ORM 框架 MyBatis。

1.1.3　MyBatis 与 Hibernate 的比较

MyBatis 和 Hibernate 都是主流的 ORM 框架，但它们各有特征和优势。Hibernate 是全自动的 ORM 框架，可通过对象关系模型实现对数据库的操作，能够依据 JavaBean 对象与数据库的映射结构自动生成 SQL 语句。Hibernate 屏蔽了大量的底层细节，数据移植性良好，日志系统完善，功能健全。但是，Hibernate 的高度自动化也带来了不可回避的弊端。Hibernate 中的大多数 SQL 是自动生成的，无法直接维护，灵活度很低。虽然 Hibernate 提供了 HQL 查询，但是 HQL 语言属于中间层语言，不能直接与数据库进行交互。Hibernate 框架会先将其翻译成底层数据库能够识别的 SQL 语言，然后再与数据库进行交互，这影响了整体性能与响应速度。总体而言，Hibernate 的学习曲线较为陡峭，使用门槛偏高，对开发人员的学习能力、工程实践能力和编码技能都有着不低的要求。

相对于重量级的 Hibernate，MyBatis 是一个不折不扣的轻量级框架。MyBatis 提供了数据操作与对象的绑定，支持对象与数据库的 ORM 字段关系映射。MyBatis 解除了 SQL 语句与代码的耦合，提供 `xml` 标签且支持编写动态 SQL 语句，对于数据库的操作更加直接和高效。MyBatis 对于开发人员较为友好，其学习周期短、易于上手，并且支持众多第三方插件。因此，近些年 MyBatis 成了众多软件项目的持久层框架的首选，展现出了旺盛的生命力并得以持续良性地发展。

1.1.4　MyBatis 的下载与使用

我们可以从 MyBatis 的官网下载它，如图 1-2 所示。

图 1-2　MyBatis 下载页面

点击 Download Latest 链接后，即可进入下载页面。直接下载 ZIP 压缩包并解压，得到的目录结构如图 1-3 所示。

名称	修改日期	类型	大小
lib	2022/9/18 20:23	文件夹	
LICENSE	2022/9/18 20:23	文件	12 KB
mybatis-3.5.11.jar	2022/9/18 20:23	Executable Jar File	1,730 KB
mybatis-3.5.11.pdf	2022/9/18 20:23	Foxit Phantom P...	256 KB
NOTICE	2022/9/18 20:23	文件	4 KB

图 1-3　MyBatis 压缩包中的文件

在图 1-3 中可见如下资源。

- 官方 LICENSE 和 NOTICE。
- 开发核心 jar 包 mybatis-3.5.11.jar。
- lib 文件夹，其中存放着 MyBatis 依赖的 jar 包，如 asm、log4j、cglib 等。
- PDF 格式的 MyBatis 使用手册 mybatis-3.5.11.pdf。

其中，PDF 格式的 MyBatis 使用手册是极具价值和权威性的学习资料。我们可以通过该文档深入认识 MyBatis，了解 MyBatis 的工作原理、熟悉 DTD 规范、掌握 MyBatis 的常见功能及使用方式。

另外，如果以 Maven 方式构建项目，就不需要添加以上 jar 包，只需引入相关依赖即可。但在普通 Java 项目中，则需要将以上 jar 包添加至项目的 /WEB-INF/lib 目录中。

在本书中，所有案例和项目均采用软件开发领域的主流方式（即 Maven 方式）进行构建。

1.2　开发环境的搭建

在使用 MyBatis 进行项目开发之前，需要先搭建好 MyBatis 开发环境，例如 JDK、IDEA、Maven、MySQL 数据库等。

1.2.1　基础环境检查

请检查并确保开发设备已经正确安装了 JDK、IDEA、Maven、MySQL 数据库并能够正常使用。本书中所有案例和项目的开发环境要求如下：

- JDK 8 及以上版本
- IDEA 2017 及以上版本
- Maven 3 及以上版本
- MySQL 5.*x* 或 MySQL 8.*x*

1.2.2　创建项目

我们首先创建新项目，用于存放之后的每个 Module，具体步骤如下。打开开发工具 IDEA，在工具栏中依次选择“File”→“New”→“Project”选项，在弹出的“New Project”对话框中选择“Empty Project”创建新的空项目，如图 1-4 所示。

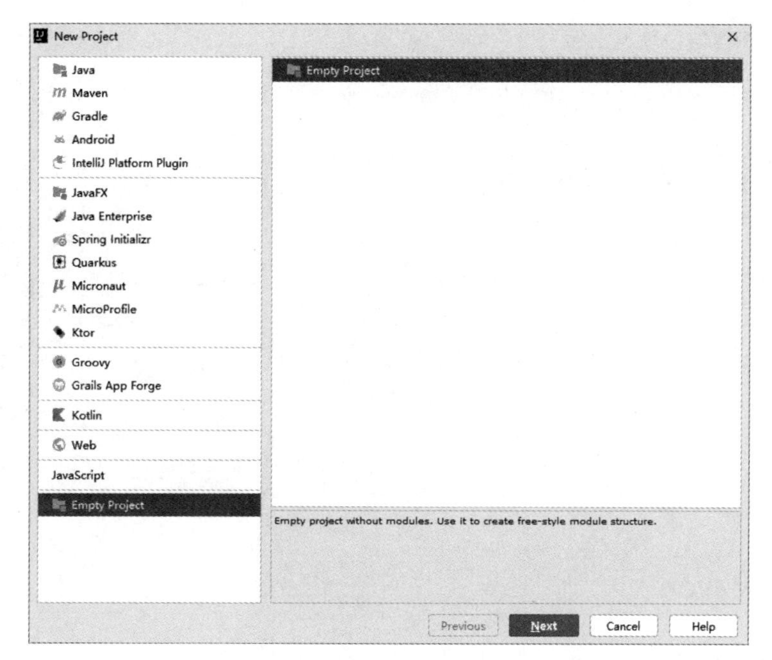

图 1-4 创建新项目

设置项目名为 MyBatisStudy 并选择项目存放路径，如图 1-5 所示。

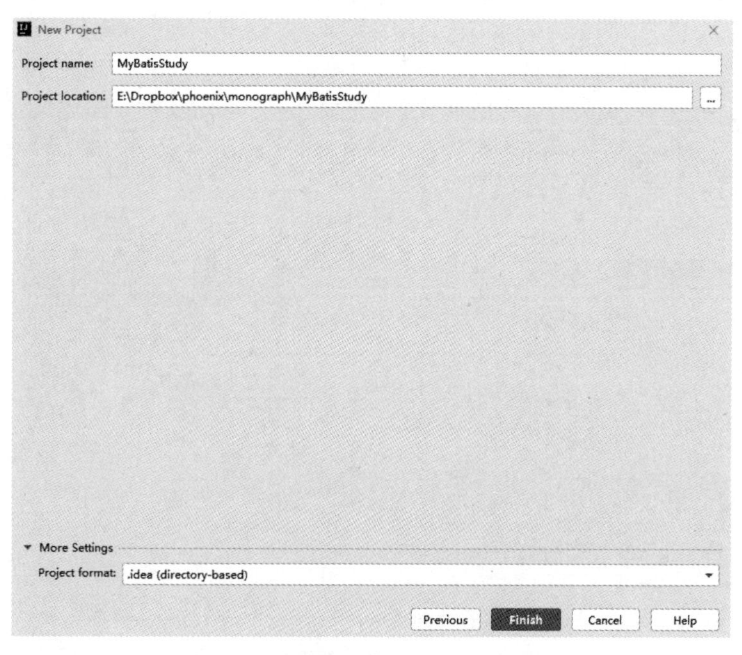

图 1-5 设置项目名与项目存放路径

点击 Finish 按钮后，项目创建完毕，如图 1-6 所示。

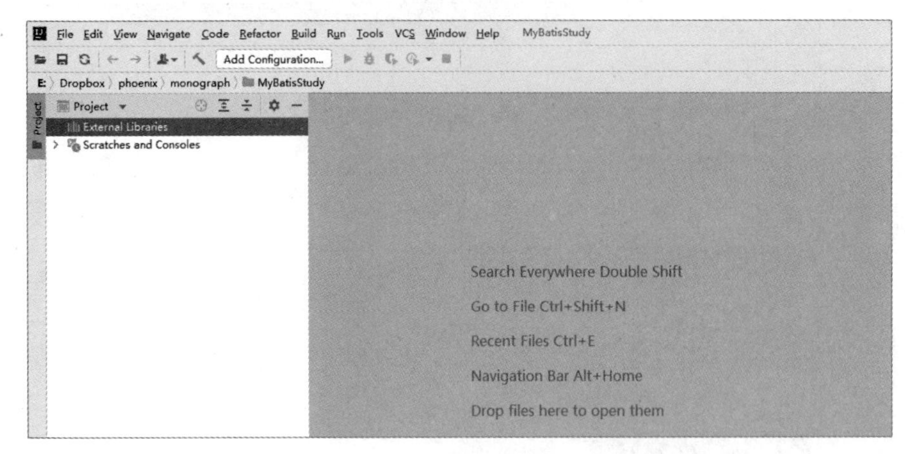

图 1-6　项目创建完毕

1.2.3　配置 Maven

为了便于项目中各 Module 的统一管理与配置，我们需要在项目中对 Maven 进行配置。请在 IDEA 工具栏中依次选择"File"→"Settings"→"Build, Execution, Deployment"→"Build Tools"→"Maven"选项，打开 Maven 配置界面并设置 Maven 的 home 路径、配置文件路径以及本地仓库位置，如图 1-7 所示。

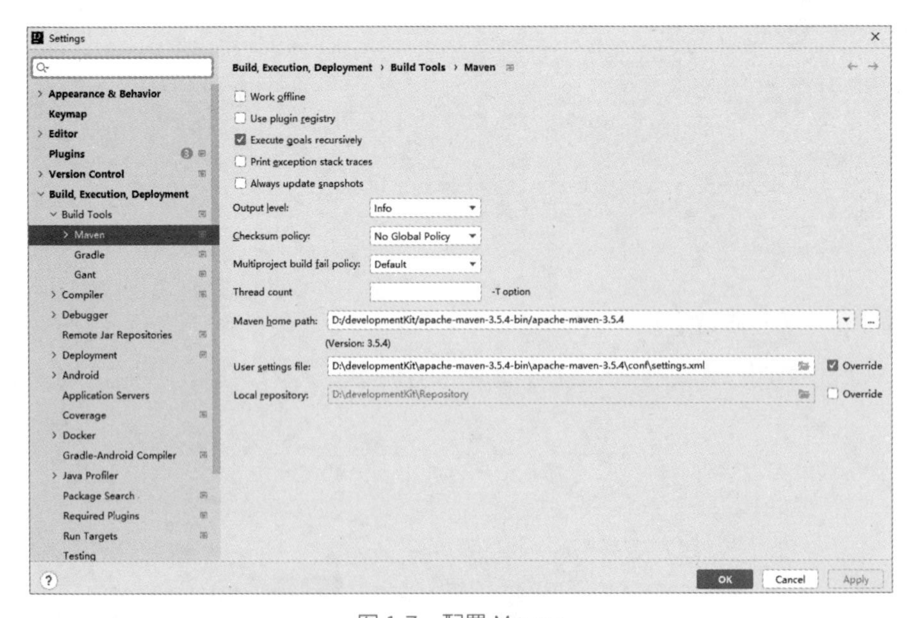

图 1-7　配置 Maven

完成以上配置后，单击 OK 按钮保存配置信息。

1.3 入门案例开发详解

准备好开发环境后，我们通过一个完整的案例来详细介绍其基本的使用方法。在该案例中，我们将对每一步操作进行详尽的描述并交代注意事项，借此为后续开发打下坚实的基础。在编码过程中，如若遇到技术细节问题，可参见本书配套的完整源码。为了便于初学者进行编码实践，下面给出了项目开发完成后的总体结构，如图 1-8 所示。

图 1-8 项目结构

该示例的完整代码请参见随书配套源码中的 MyBatis_HelloWorld 项目。

1.3.1 案例开发准备

首先，我们准备案例所需的数据库及数据表。请在 MySQL 中创建名为 `mybatisdb` 的数据库，并在其中创建用户表 `user`。

用户表 `user` 中各字段释义如下。

- `id`：自增长的用户主键。
- `username`：用户名。
- `password`：用户密码。
- `gender`：用户性别。

创建数据库及表的相关 SQL 语句如下。

- 创建数据库 mybatisdb：

```
DROP DATABASE IF EXISTS mybatisdb;
CREATE DATABASE mybatisdb;
use mybatisdb;
```

- 创建用户表 user：

```
CREATE TABLE user(
    id INT primary key auto_increment,
    username VARCHAR(50),
    password VARCHAR(50),
    gender VARCHAR(10)
);
```

- 向用户表 user 中插入数据：

```
INSERT INTO user(username,password,gender) VALUES("lucy","123456","female");
INSERT INTO user(username,password,gender) VALUES("momo","234567","female");
INSERT INTO user(username,password,gender) VALUES("xixi","345678","female");
INSERT INTO user(username,password,gender) VALUES("pepe","456123","female");
```

- 查询用户表 user 中的数据：

```
SELECT * FROM user;
```

执行以上 SQL 语句后，user 表中的数据如图 1-9 所示。

id	username	password	gender
1	lucy	123456	female
2	momo	234567	female
3	xixi	345678	female
4	pepe	456123	female

图 1-9　user 表

1.3.2　创建 Module

在 IDEA 的工具栏中依次选择“File”→“New”→“Module”→“Maven”选项，以 Maven 方式创建新 Module，如图 1-10 所示。

点击 Next 按钮后，设定 Module 名为 MyBatis_HelloWorld。接着设置 GroupId、ArtifactId 和 Version，其中 GroupId 通常设置为开发人员所在公司的倒置域名（例如 com.baidu），ArtifactId 通常设置为 Module 名，Version 采用默认值即可。相关配置如图 1-11 所示。

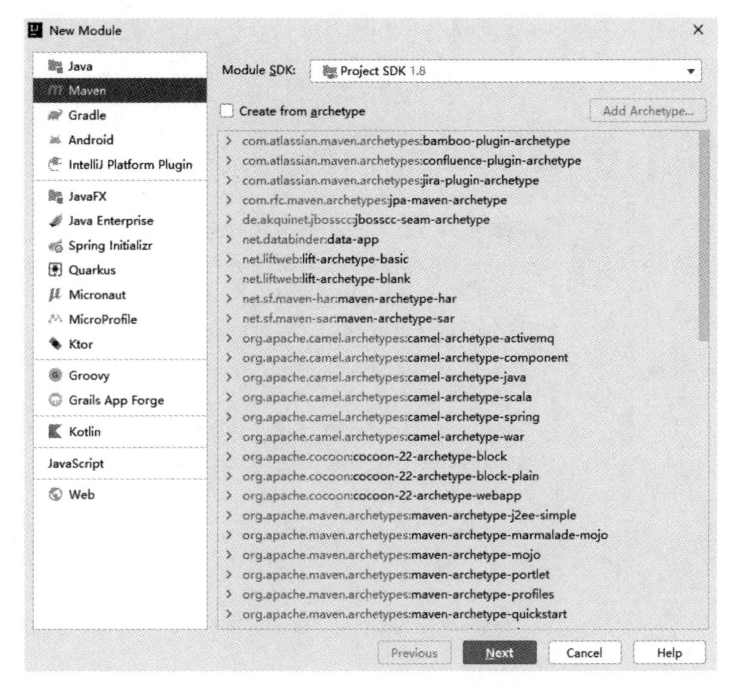

图 1-10　创建新 Module

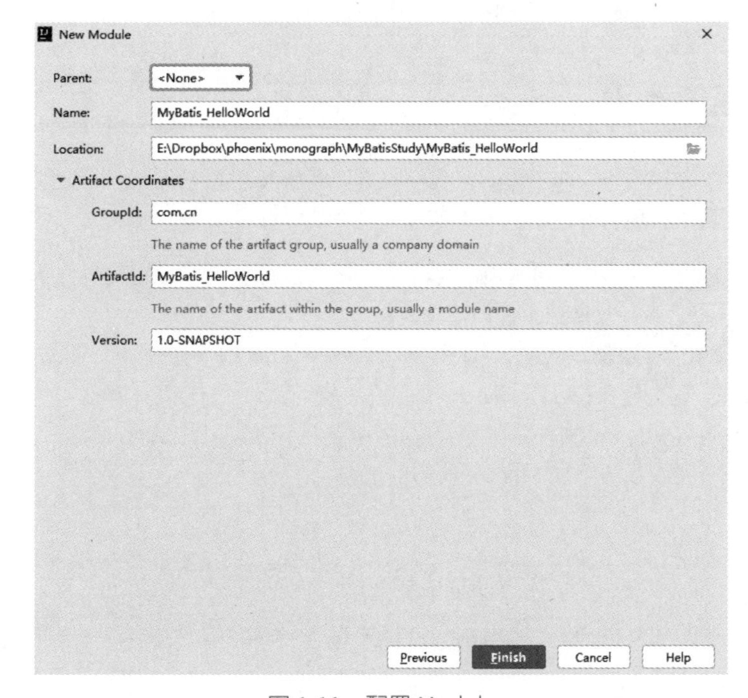

图 1-11　配置 Module

点击 Finish 按钮，完成新 Module 的创建，如图 1-12 所示。

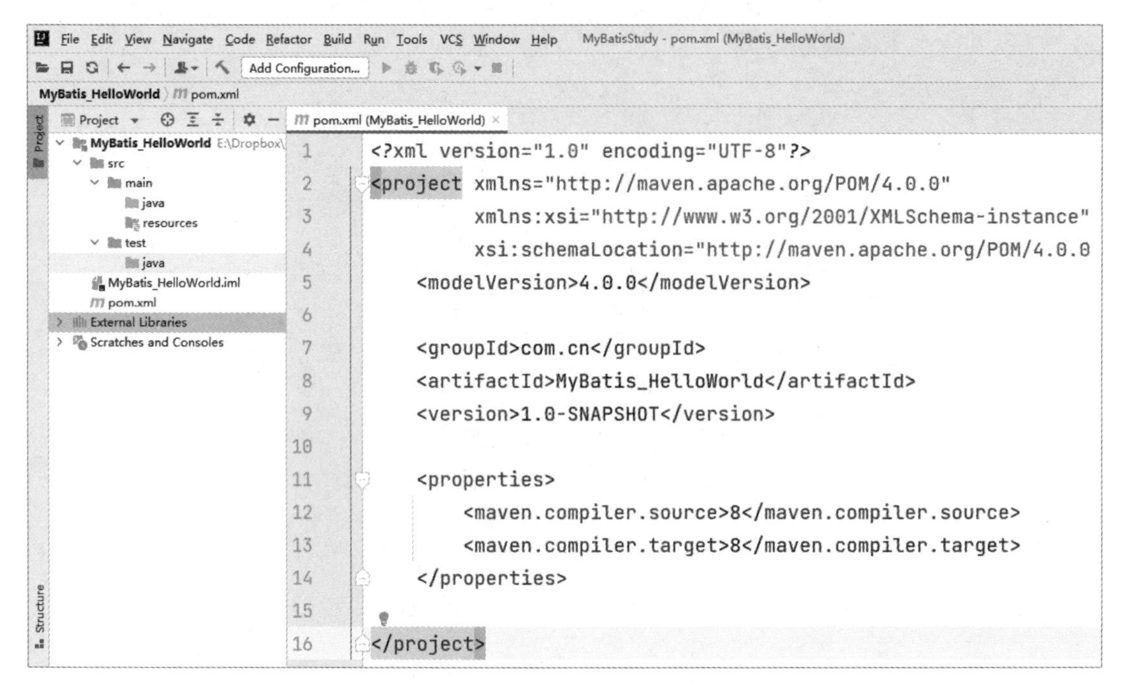

图 1-12　Module 创建完毕

1.3.3　Module 的结构

在以 Maven 方式创建完 Module 之后，我们有必要了解和熟悉 Module 中各个文件夹的用途。src 文件夹是资源的总目录，项目开发中的绝大部分代码会放在该目录下。

- src/main 目录用于存放项目源码。其中，src/main/java 目录用于存放 Java 代码，src/main/resources 目录用于存放资源文件和配置文件。
- src/test 目录用于存放测试代码。其中，src/test/java 目录用于存放 Java 测试代码。假若项目需要测试资源，则创建 src/test/resources 目录并将资源文件置于其中即可。
- MyBatis_HelloWorld.iml 文件是工程配置文件，用于存放项目的配置信息。
- pom.xml 文件主要用于添加 Module 所需的依赖。

1.3.4　设置打包方式

在 Module 的 pom.xml 文件中，使用 `packaging` 标签设置打包方式为 `jar`。相关代码如下：

```
<groupId>com.cn</groupId>
<artifactId>MyBatis_HelloWorld</artifactId>
<version>1.0-SNAPSHOT</version>
<!-- 设置打包方式 -->
<packaging>jar</packaging>
```

1.3.5 添加依赖

在 Module 的 pom.xml 文件中，使用 dependency 标签添加 Module 所需的依赖，比如 MyBatis 依赖、JUnit 依赖、MySQL 依赖、log4j 依赖。相关代码如下：

```
<?xml version="1.0" encoding="UTF-8"?>
<project xmlns="http://maven.apache.org/POM/4.0.0"
         xmlns:xsi="http://www.w3.org/2001/XMLSchema-instance"
         xsi:schemaLocation="http://maven.apache.org/POM/4.0.0 http://maven.apache.org/xsd/
             maven-4.0.0.xsd">
    <modelVersion>4.0.0</modelVersion>

    <groupId>com.cn</groupId>
    <artifactId>MyBatis_HelloWorld</artifactId>
    <version>1.0-SNAPSHOT</version>
    <!-- 设置打包方式 -->
    <packaging>jar</packaging>

    <dependencies>
        <!-- MyBatis 依赖 -->
        <dependency>
            <groupId>org.mybatis</groupId>
            <artifactId>mybatis</artifactId>
            <version>3.5.7</version>
        </dependency>

        <!-- JUnit 依赖 -->
        <dependency>
            <groupId>junit</groupId>
            <artifactId>junit</artifactId>
            <version>4.12</version>
            <scope>test</scope>
        </dependency>

        <!-- MySQL 依赖 -->
        <dependency>
            <groupId>mysql</groupId>
            <artifactId>mysql-connector-java</artifactId>
            <version>5.1.37</version>
        </dependency>

        <!-- log4j 依赖 -->
        <dependency>
            <groupId>log4j</groupId>
```

```
            <artifactId>log4j</artifactId>
            <version>1.2.17</version>
        </dependency>
    </dependencies>

    <properties>
        <maven.compiler.source>8</maven.compiler.source>
        <maven.compiler.target>8</maven.compiler.target>
    </properties>

</project>
```

注意，在添加以上依赖的过程中，请确保开发设备能够访问外网。

1.3.6　添加日志配置文件

在 Module 的 resources 包下，创建 log4j 的日志配置文件 log4j.properties，以便观察 MyBatis 的输出日志信息。相关代码如下：

```
log4j.rootLogger=DEBUG, stdout
log4j.appender.stdout=org.apache.log4j.ConsoleAppender
log4j.appender.stdout.layout=org.apache.log4j.PatternLayout
log4j.appender.stdout.layout.ConversionPattern=%5p [%t] - %m%n
```

至此，我们完成了项目开发前的准备工作。

1.3.7　创建实体类

在 src/main/java 目录下创建 com.cn.pojo 包。通常情况下，pojo 包用于存放实体类。在 pojo 包下创建 User 类，要点概述如下。

- 类名 User 与表名 user 保持一致。
- 类的属性名与表的字段名保持一致。
- User 类中提供无参构造函数和有参构造函数。
- User 类中提供各属性的 set 和 get 方法。

实体类 User 的相关代码如下：

```
public class User {
    private Integer id;
    private String username;
    private String password;
    private String gender;
    // 省略构造函数、各属性的 set 和 get 方法、toString 方法
}
```

1.3.8　创建接口文件

在 src/main/java 目录下创建 com.cn.mapper 包，通常情况下该包用于存放接口文件。在该包中创建接口文件 UserMapper.java，其中要点概述如下。

- UserMapper 为接口而非类。
- 该接口用于定义针对 User 的操作，所以命名为 UserMapper。
- 在该接口中定义方法 selectUserById()，它用于依据用户 id 查询用户信息。
- 方法 selectUserById() 的输入参数为 String 类型，返回值为 User 类型。

接口文件 UserMapper.java 的相关代码如下：

```
public interface UserMapper {
    User selectUserById(String id);
}
```

1.3.9　创建映射文件

请在 src/main/resources 目录下以 com/cn/mapper 的方式创建专门存放映射文件的包。一般而言，接口文件和映射文件是成对出现的，两者的文件名一样，但后缀不同。例如，接口文件 UserMapper.java 对应的映射文件为 UserMapper.xml。接下来，请在 resources 目录下的 com.cn.mapper 包中创建映射文件 UserMapper.xml。接口文件定义了相关操作，映射文件主要用于实现 SQL 语句和 Java 对象之间的映射，使 SQL 语句查询出来的关系型数据能够被封装成 Java 对象。

映射文件 UserMapper.xml 的相关代码如下：

```
<?xml version="1.0" encoding="UTF-8" ?>
<!DOCTYPE mapper
        PUBLIC "-//mybatis.org//DTD Mapper 3.0//EN"
        "http://mybatis.org/dtd/mybatis-3-mapper.dtd">

<mapper namespace="com.cn.mapper.UserMapper">
    <select id="selectUserById" parameterType="String" resultType="com.cn.pojo.User">
        select * from user where id = #{id}
    </select>
</mapper>
```

在该映射文件中，我们重点关注 <mapper> 标签及其子标签 <select>。

<mapper> 标签的 namespace 属性表示该 mapper 的命名空间，其取值为 xxxMapper.java 接口的全类名。所以，此处 namespace 属性的值为 com.cn.mapper.UserMapper。通过此配置，对 xxxMapper.xml 映射文件与 xxxMapper.java 接口文件进行了绑定。

<select> 标签表示用于执行查询的 select 语句，其属性如下。

- id 属性：用于为 SQL 语句配置唯一标识，其值为 xxxMapper.java 接口文件中的方法名。所以，此处 id 的值为 selectUserById。通过此配置，对 xxxMapper.java 接口文件中的方法与 xxxMapper.xml 映射文件中的 SQL 语句进行了绑定。
- parameterType 属性：用于表示接口文件中所定义的方法的输入参数的类型。所以，此处 parameterType 属性的值为 String。其实，因为 MyBatis 自身具备很强的类型推断能力，所以一般可以省略该属性。
- resultType 属性：用于指定执行 select 查询语句后每条记录被封装成的 Java 对象的全类名。所以，此处 resultType 属性的值为 com.cn.pojo.User。

另外，在映射文件中使用 #{ 参数 } 的方式接收传入的参数。其中，# 表示占位符，参数的名称无关紧要，但是建议符合开发规范并具有可读性。在程序执行过程中，传入的参数会替换此处的占位符。

总之，初学者在刚接触 MyBatis 的接口文件与映射文件时，经常容易混淆两者的作用，厘不清两者之间的关系。在此，我们总结了编写映射文件和接口文件时的注意事项。

- 在定义接口文件时要注意，它是一个接口而非类。
- 通常情况下，存放接口文件和映射文件的两个包的包名是一样的。只不过，前者在 src/main/java 中存放 Java 代码，而后者在 src/main/resources 中存放 XML 代码。例如，本案例的接口文件 UserMapper.java 在 src/main/java/com/cn/mapper 中，而映射文件 UserMapper.xml 在 src/main/resources/com/cn/mapper 中。
- 在创建 resources 下的 mapper 包时，务必采用 com/cn/mapper 的方式而非 com.cn.mapper 的方式。如若不然，请先在 resources 下创建 com 包，再在 com 包下创建 cn 包，最后在 cn 包下创建 mapper 包，以确保包结构正确。

1.3.10　编写全局配置文件

在 src/main/resources 目录下创建 MyBatis 的核心配置文件 mybatis-config.xml，该文件主要用于配置连接数据库的信息以及 MyBatis 的全局配置信息。在该入门案例中，只需要掌握 mybatis-config.xml 最基本、最简单的配置即可。

本案例中全局配置文件 mybatis-config.xml 的主要配置如下。

- 在 <environments> 标签下使用 <environment> 标签配置某个具体的环境信息，例如数据库驱动、数据库地址、用户名和密码。
- 在 <mappers> 标签下使用 <mapper> 标签配置某个具体的映射文件，例如 UserMapper.xml，该标签的 resource 属性用于指定映射文件的路径。

在配置 mybatis-config.xml 的过程中请注意以下细节。

- <environments> 标签和 <mappers> 标签的书写顺序不可颠倒。
- 依据开发环境的实际情况进行配置，例如数据库地址、数据库名称、数据库的用户名和密码。
- 书写 <mapper> 标签中 resource 属性的值时，各包之间用 / 连接而非用 . 连接。

全局配置文件 mybatis-config.xml 的相关代码如下：

```
<?xml version="1.0" encoding="UTF-8" ?>
<!DOCTYPE configuration
        PUBLIC "-//mybatis.org//DTD Config 3.0//EN"
        "http://mybatis.org/dtd/mybatis-3-config.dtd">
<configuration>
    <!-- 配置数据源 -->
    <environments default="development">
        <environment id="development">
            <transactionManager type="JDBC"/>
            <dataSource type="POOLED">
                <!-- 配置数据库驱动 -->
                <property name="driver" value="com.mysql.jdbc.Driver"/>
                <!-- 配置数据库地址 -->
                <property name="url" value="jdbc:mysql://localhost:3306/mybatisdb"/>
                <!-- 连接数据库所需的用户名 -->
                <property name="username" value="root"/>
                <!-- 连接数据库所需的密码 -->
                <property name="password" value="root"/>
            </dataSource>
        </environment>
    </environments>

    <!-- 配置 mapper -->
    <mappers>
        <!-- 设置 mapper 的完整路径 -->
        <mapper resource="com/cn/mapper/UserMapper.xml"/>
    </mappers>

</configuration>
```

1.3.11 编写测试代码

最后，我们在 src/test/java/com/cn/MyBatisTest 中对数据库查询操作进行单元测试，要点概述如下。

- 通过 Resources 读取 MyBatis 的配置文件 mybatis-config.xml。
- 通过 sqlSessionFactoryBuilder 对象生成 sqlSessionFactory 对象。
- 通过 sqlSessionFactory 对象的 openSession() 方法创建 sqlSession 对象，该对象用于操作数据库或者获取 Mapper。调用 openSession() 方法时可传入 boolean 类型的参数(它表示是否自动提交事务)，通常情况下传入 true 即可。
- 通过 sqlSession 的 getMapper() 方法获取 Mapper。在此过程中，getMapper() 会通过动态代理动态生成 UserMapper.java 接口的代理实现类。

- ❑ 利用 `Mapper` 进行查询操作。
- ❑ 执行完查询操作后关闭 `SqlSession`。

`MyBatisTest` 测试类的代码如下：

```
public class MyBatisTest {

    @Test
    public void testSelectUserById() {
        SqlSession sqlSession = null;
        try {
            // 读取 MyBatis 核心配置文件 mybatis-config.xml
            String fileName = "mybatis-config.xml";
            InputStream inputStream = Resources.getResourceAsStream(fileName);
            // 创建 SqlSessionFactoryBuilder 类型的对象
            SqlSessionFactoryBuilder sqlSessionFactoryBuilder =
                new SqlSessionFactoryBuilder();
            // 通过 sqlSessionFactoryBuilder 解析配置文件获取 sqlSessionFactory 对象
            SqlSessionFactory sqlSessionFactory = sqlSessionFactoryBuilder.build(inputStream);
            // 通过 sqlSessionFactory 对象创建 sqlSession 对象
            sqlSession = sqlSessionFactory.openSession(true);
            // 通过 sqlSession 获取 UserMapper.java 接口的代理实现类的对象
            UserMapper userMapper = sqlSession.getMapper(UserMapper.class);
            // 调用 userMapper 中的方法执行查询
            String userID = "1";
            User user = userMapper.selectUserById(userID);
            // 打印查询结果
            System.out.println(user);
        } catch (Exception e) {
            System.out.println(e);
        } finally {
            // 关闭 SqlSession
            if (sqlSession != null) {
                sqlSession.close();
            }
        }
    }
}
```

调用以上测试方法时，请注意观察 IDEA 控制台的输出。相关 SQL 信息与测试结果如下：

```
DEBUG [main] - ==>  Preparing: select * from user where id = ?
DEBUG [main] - ==> Parameters: 1(String)
DEBUG [main] - <==      Total: 1
User [id=1, username=lucy, password=123456, gender=female]
```

从 SQL 执行流程和测试结果可以看出，数据库接收到了传递过来的参数 1 并执行了 SQL 语句 `select * from user where id = 1`，将查询的结果封装成了 `User` 类型的对象。

1.3.12 入门案例总结

这是我们第一次用 MyBatis 进行开发。虽然案例本身不复杂，逻辑也很简单，但是有必要对本案例进行全面的梳理和总结。在本案例中，我们初次体会到了 ORM 的魅力和 MyBatis 的便捷。当然，我们之所以能够享受框架开发带来的快乐，是因为我们遵守了开发规范和流程。例如，划分每个包的用途、明确各文件的存放位置、表和类之间一一对应、接口文件和映射文件成对出现并各司其职，等等。

在此，我们大致梳理一下本章案例的执行流程。程序以单元测试的 `testSelectUserById()` 方法为入口，首先读取了 MyBatis 核心配置文件 mybatis-config.xml 并加载文件中配置的 UserMapper.xml 映射文件，该映射文件又关联了接口文件 UserMapper.java。接下来，通过 `sqlSession` 对象获取 UserMapper.java 的代理实现类的对象。然后，利用代理实现类的对象调用 `selectUserById()`，该方法传入的参数替换了 UserMapper.xml 中的占位符并执行查询。最后，MyBatis 将查询后的结果封装成 `User` 类型的对象。读者只需对该执行流程有一个粗略的了解即可，我们将在后续的章节中对其进行详细剖析。其实，作为软件开发领域的新手，当我们完成一个模块之后，可以尝试从以下几方面进行总结：

- 模块的主要功能和业务
- 模块技术选型与开发流程
- 各模块之间的关系和调用顺序
- 整理出几个最容易出错的细节
- 思考如何优化现有程序

每当完成一次自问自答式的总结后，我们对程序的认识就会更深入一些。或许在复盘的过程中还能够发现被忽略的问题、纠正小错误、探索出新思路。如果你想成长得更快，可以把在项目中遇到的技术问题列出来与同事讨论、记录下问题的优化方案、把脑海中的总结写成一篇笔记或博客文章。假以时日，你在技术方面的积累和进步可能会比其他人更丰富和迅速。

1.4 核心基础

完成入门案例之后，我们进入核心基础部分的学习，进一步了解 MyBatis 的常用配置和基本用法。该部分内容虽然较为简单，但是在项目开发中的应用尤为广泛。读者在学完本节之后，务必多操作、多实践、多运用，为后续的技能进阶打下坚实的基础。

1.4.1 MyBatis 获取参数的两种方式

MyBatis 获取参数的方式有两种：`#{}` 和 `${}`。

- #{} 底层使用 PreparedStatement，它能够预编译 SQL 从而提升效率和防止 SQL 注入，相对比较安全。#{} 的本质是占位符赋值，在编译过后，它将被替换成问号占位符。所以，当使用 #{} 的方式拼接 SQL 时，它在为字符串类型或日期类型的字段赋值时，将自动为值添加单引号。
- ${} 底层执行 SQL 语句的对象使用 Statement，未解决 SQL 注入隐患，所以有一定的安全风险。${} 的本质是字符串拼接。当使用 ${} 的方式拼接 SQL 时，在为字符串类型或日期类型的字段赋值时，需要开发人员手动为值添加单引号。

一般情况下，从技术层面而言，选择 #{} 和 ${} 都是可行的。但是，为提升开发效率和兼顾安全性，一般使用 #{} 的方式获取参数。在极少数情况下，只能使用 ${} 的方式，例如动态获取表名、依据字段排序等。

1.4.2　增删改查标签

对数据库执行增删改查操作是 MyBatis 的核心功能之一。为此，MyBatis 提供了 <select>、<insert>、<update>、<delete> 四个重要标签，以实现对数据的查询、插入、修改、删除操作。为了便于以后的综合运用，我们先来分别熟悉这四个标签。其余的 MyBatis 常用标签，例如 <cache>、<cache-ref>、<sql>、<resultMap> 等，将在后续章节中详细介绍。

1. <select>

<select> 标签常用于映射查询语句，它主要用于从数据库中查询数据并返回。该标签的常用属性及其用途如表 1-1 所示。

表 1-1　<select> 标签的常用属性及其用途

属　性	用　途
id	命名空间中标签的唯一标识
parameterType	指定执行 SQL 语句时所需参数的全限定类名或别名
resultType	指定 SQL 语句执行后返回值的全限定类名或别名
resultMap	表示外部 resultMap 的命名引用。请注意，resultMap 和 resultType 不能同时使用
flushCache	指定是否需要清空 MyBatis 的本地缓存和二级缓存
useCache	设置二级缓存的开启和关闭

目前，暂时用不到 resultMap、flushCache、useCache 等属性，这些属性将在后续章节中介绍。

2. <insert>

<insert> 标签用于映射插入语句。执行该标签中的 SQL 语句后，将返回插入的记录数量。该标签的常用属性及其用途如表 1-2 所示。

表 1-2 <insert> 标签的常用属性及其用途

属　性	用　途
id	命名空间中标签的唯一标识
parameterType	指定执行 SQL 语句时所需参数的全限定类名或别名
keyProperty	指定 POJO 类的某个属性接收自动生成的主键
useGeneratedKeys	表示执行添加记录操作之后是否获取到数据库自动生成的主键

3. <update>

<update> 标签用于映射更新语句。执行该标签中的 SQL 语句后，将返回更新的记录数量。该标签的常用属性及其用途如表 1-3 所示。

表 1-3 <update> 标签的常用属性及其用途

属　性	用　途
id	命名空间中标签的唯一标识
parameterType	指定执行 SQL 语句时所需参数的全限定类名或别名
flushCache	指定是否需要清空 MyBatis 的本地缓存和二级缓存

4. <delete>

<delete> 标签用于映射删除语句。执行该标签中的 SQL 语句后，将返回删除的记录数量。该标签的常用属性及其用途如表 1-4 所示。

表 1-4 <delete> 标签的常用属性及其用途

属　性	用　途
id	作为命名空间中标签的唯一标识
parameterType	指定执行 SQL 语句时所需参数的全限定类名或别名
flushCache	指定是否需要清空 MyBatis 的本地缓存和二级缓存

不少 MyBatis 初学者以为 resultType 是增删改查中的通用属性。其实，只有 <select> 标签拥有 resultType 属性，而 <insert>、<update>、<delete> 标签没有该属性。

1.4.3 增删改查案例实践

学完 <select>、<insert>、<update>、<delete> 四个常用标签后，我们在入门案例的基础上实际运用 MyBatis 核心基础技术。

该示例的完整代码请参见随书配套源码中的 MyBatis_CRUD 项目。

1. 查询单个用户

在接口文件中定义 queryUserById() 方法。该方法的输入参数表示用户 id，返回值表示查询到的用户。相关代码如下：

```
User queryUserById(int id);
```

在映射文件中利用 <select> 标签实现查询，相关代码如下：

```
<select id="queryUserById" parameterType="int" resultType="com.cn.pojo.User">
    select * from user where id = #{id}
</select>
```

在该查询标签中 id 属性的值应与接口文件中定义的查询用户信息的方法名保持一致。parameterType 属性表示查询时所需输入参数的类型。resultType 属性表示将查询的结果封装为何种类型的 JavaBean。

在测试类中对 queryUserById() 方法进行测试，相关代码如下：

```
@Test
public void testQueryUserById() {
    SqlSession sqlSession = null;
    try {
        // 读取 MyBatis 核心配置文件 mybatis-config.xml
        String fileName = "mybatis-config.xml";
        InputStream inputStream = Resources.getResourceAsStream(fileName);
        // 创建 SqlSessionFactoryBuilder 类型的对象
        SqlSessionFactoryBuilder sqlSessionFactoryBuilder = new SqlSessionFactoryBuilder();
        // 通过 sqlSessionFactoryBuilder 解析配置文件获取 sqlSessionFactory 对象
        SqlSessionFactory sqlSessionFactory = sqlSessionFactoryBuilder.build(inputStream);
        // 通过 sqlSessionFactory 对象创建 sqlSession 对象
        sqlSession = sqlSessionFactory.openSession(true);
        // 通过 sqlSession 获取 UserMapper.java 接口的代理实现类的对象
        UserMapper userMapper = sqlSession.getMapper(UserMapper.class);
        // 调用 userMapper 中的方法执行查询
        int userID = 1;
        User user = userMapper.queryUserById(userID);
        // 打印查询结果
        if(user!=null){
            System.out.println(" 用户信息: "+user);
        }else{
            System.out.println(" 未查询到相关信息 ");
        }
    } catch (Exception e) {
        System.out.println(e);
    } finally {
        // 关闭 SqlSession
        if (sqlSession != null) {
            sqlSession.close();
        }
```

```
    }
}
```

在该测试方法中，通过 Resources 读取 MyBatis 的配置文件 mybatis-config.xml。通过 sqlSessionFactoryBuilder 对象生成 sqlSessionFactory 对象，再由 sqlSessionFactory 对象的 openSession() 方法创建 sqlSession 对象。接下来，利用 sqlSession 的 getMapper() 方法获取 Mapper 并调用 queryUserById() 方法查询 id 值为 1 的用户。在执行查询操作后关闭 SqlSession。

调用以上测试方法时，IDEA 控制台的打印信息与测试结果如下：

```
DEBUG [main] - ==>  Preparing: select * from user where id = ?
DEBUG [main] - ==> Parameters: 1(Integer)
DEBUG [main] - <==      Total: 1
用户信息: User [id=1, username=lucy, password=123456, gender=female]
```

从 SQL 执行流程和测试结果可以看出，数据库接收传递过来的用户 id（其值为 1）并利用该 id 执行了查询 select * from user where id =1 后，将查询结果封装为一个 User 类型的对象。

2. 查询所有用户

在接口文件中定义 queryAllUser() 方法。该方法无输入参数，返回值表示查询到的用户的集合。相关代码如下：

```
List<User> queryAllUser();
```

在映射文件中利用 <select> 标签实现查询，相关代码如下：

```
<select id="queryAllUser" resultType="com.cn.pojo.User">
    select * from user
</select>
```

请注意，接口文件中定义的 queryAllUser() 方法的返回值是 List，该 List 中存放的是 User 类型的数据。所以，在此处，<select> 标签中 resultType 属性的值亦为 User 类型，用于表示查询集合中数据的类型。

在测试类中对 queryUserById() 方法进行测试，相关代码如下：

```
@Test
public void testQueryAllUser(){
    SqlSession sqlSession = null;
    try {
        // 读取 MyBatis 核心配置文件 mybatis-config.xml
        String fileName = "mybatis-config.xml";
        InputStream inputStream = Resources.getResourceAsStream(fileName);
        // 创建 SqlSessionFactoryBuilder 类型的对象
        SqlSessionFactoryBuilder sqlSessionFactoryBuilder = new SqlSessionFactoryBuilder();
```

```
        // 通过 sqlSessionFactoryBuilder 解析配置文件获取 sqlSessionFactory 对象
        SqlSessionFactory sqlSessionFactory = sqlSessionFactoryBuilder.build(inputStream);
        // 通过 sqlSessionFactory 对象创建 sqlSession 对象
        sqlSession = sqlSessionFactory.openSession(true);
        // 通过 sqlSession 获取 UserMapper.java 接口的代理实现类的对象
        UserMapper userMapper = sqlSession.getMapper(UserMapper.class);
        // 查询所有用户
        List<User> list = userMapper.queryAllUser();
        // 遍历打印查询结果
        for(User user:list){
            System.out.println(user);
        }
    } catch (Exception e) {
        System.out.println(e);
    } finally {
        // 关闭 SqlSession
        if (sqlSession != null) {
            sqlSession.close();
        }
    }
}
```

与之前的代码类似，在该测试方法中，通过获取到的 Mapper 调用 queryAllUser() 方法查询所有用户并遍历打印查询结果。在执行查询操作后，亦需要关闭 SqlSession。

调用以上测试方法时，IDEA 控制台的打印信息与测试结果如下：

```
DEBUG [main] - ==>  Preparing: select * from user
DEBUG [main] - ==> Parameters:
DEBUG [main] - <==      Total: 4
User [id=1, username=lucy, password=123456, gender=female]
User [id=2, username=momo, password=234567, gender=female]
User [id=3, username=xixi, password=345678, gender=female]
User [id=4, username=pepe, password=456123, gender=female]
```

从 SQL 执行流程和测试结果可以看出，查询所有用户不需要传递参数。数据库执行 select * from user 后，将 4 条查询记录封装为 4 个与之对应的 User 类型的对象，并自动将它们装填至 List 集合中。

3. 插入用户

在接口文件中定义 insertUser() 方法。该方法的输入参数表示待插入的用户对象，返回值表示插入操作是否成功（大于 0 表示成功，反之表示失败）。相关代码如下：

```
int insertUser(User user);
```

在映射文件中利用 <insert> 标签实现插入，相关代码如下：

```
<insert id="insertUser" parameterType="com.cn.pojo.User">
```

```
    insert into user(username,password,gender) values (#{username},#{password},#{gender})
</insert>
```

请注意，insertUser() 方法的输入参数为 User 类型的对象。此时，在映射文件中可通过 User 类的属性名 username、password 和 gender 获取传入对象的属性的值。

在测试类中对 insertUser() 方法进行测试，相关代码如下：

```
@Test
public void testInsertUser(){
    SqlSession sqlSession = null;
    try {
        // 读取 MyBatis 核心配置文件 mybatis-config.xml
        String fileName = "mybatis-config.xml";
        InputStream inputStream = Resources.getResourceAsStream(fileName);
        // 创建 SqlSessionFactoryBuilder 类型的对象
        SqlSessionFactoryBuilder sqlSessionFactoryBuilder = new SqlSessionFactoryBuilder();
        // 通过 sqlSessionFactoryBuilder 解析配置文件获取 sqlSessionFactory 对象
        SqlSessionFactory sqlSessionFactory = sqlSessionFactoryBuilder.build(inputStream);
        // 通过 sqlSessionFactory 对象创建 sqlSession 对象
        sqlSession = sqlSessionFactory.openSession(true);
        // 通过 sqlSession 获取 UserMapper.java 接口的代理实现类的对象
        UserMapper userMapper = sqlSession.getMapper(UserMapper.class);
        // 创建 User 类型的对象
        User user = new User(null, "dodo", "333666", "female");
        // 插入用户
        int result = userMapper.insertUser(user);
        // 打印插入结果
        if(result>0){
            System.out.println(" 插入成功 ");
        }else{
            System.out.println(" 插入失败 ");
        }
    } catch (Exception e) {
        System.out.println(e);
    } finally {
        // 关闭 SqlSession
        if (sqlSession != null) {
            sqlSession.close();
        }
    }
}
```

在获取到 Mapper 后，我们先创建一个 User 类的对象，该对象表示待插入用户表 user 的数据。由于用户表的 id 为自增长，所以不需要为该 User 对象的 id 属性赋值。然后通过 Mapper 调用 insertUser() 方法将 User 对象插入到用户表 user 中形成一条新的记录。在执行插入操作后亦需要关闭 SqlSession。

调用以上测试方法时，IDEA 控制台的打印信息与测试结果如下：

```
DEBUG [main] - ==>  Preparing: insert into user(username,password,gender) values (?,?,?)
DEBUG [main] - ==> Parameters: dodo(String), 333666(String), female(String)
DEBUG [main] - <==    Updates: 1
插入成功
```

从 SQL 执行流程和测试结果可以看出，数据库接收传递过来的 User 对象并从该对象中获取了 username、password、gender 三个属性的值，这三个值用于执行插入操作。插入成功后，用户表 user 中的数据如图 1-13 所示。

id	username	password	gender
1	lucy	123456	female
2	momo	234567	female
3	xixi	345678	female
4	pepe	456123	female
5	dodo	333666	female

图 1-13　插入操作成功后用户表 user 中的数据

4. 更新用户

在接口文件中定义 updateUser() 方法。该方法的输入参数表示待更新的用户对象，返回值表示更新操作是否成功（大于 0 表示成功，反之表示失败）。相关代码如下：

```
int updateUser(User user);
```

在映射文件中利用 <update> 标签实现更新，相关代码如下：

```
<update id="updateUser" parameterType="com.cn.pojo.User">
    update user set username=#{username},password=#{password},gender=#{gender} where id=#{id}
</update>
```

与插入操作类似，在更新时接口文件声明的方法的输入参数为 User 类型的对象，此时在映射文件中依然通过对象属性名的方式获取属性对应的值。

在测试类中对 updateUser() 方法进行测试，相关代码如下：

```
@Test
public void testUpdateUser(){
    SqlSession sqlSession = null;
    try {
        // 读取 MyBatis 核心配置文件 mybatis-config.xml
        String fileName = "mybatis-config.xml";
        InputStream inputStream = Resources.getResourceAsStream(fileName);
        // 创建 SqlSessionFactoryBuilder 类型的对象
        SqlSessionFactoryBuilder sqlSessionFactoryBuilder = new SqlSessionFactoryBuilder();
        // 通过 sqlSessionFactoryBuilder 解析配置文件获取 sqlSessionFactory 对象
        SqlSessionFactory sqlSessionFactory = sqlSessionFactoryBuilder.build(inputStream);
```

```
        // 通过 sqlSessionFactory 对象创建 sqlSession 对象
        sqlSession = sqlSessionFactory.openSession(true);
        // 通过 sqlSession 获取 UserMapper.java 接口的代理实现类的对象
        UserMapper userMapper = sqlSession.getMapper(UserMapper.class);
        // 创建 User 类型的对象
        User user = new User(5, "dodo", "777777", "female");
        // 执行更新操作
        int result = userMapper.updateUser(user);
        // 打印更新结果
        if(result>0){
            System.out.println(" 更新成功 ");
        }else{
            System.out.println(" 更新失败 ");
        }
    } catch (Exception e) {
        System.out.println(e);
    } finally {
        // 关闭 SqlSession
        if (sqlSession != null) {
            sqlSession.close();
        }
    }
}
```

在获取到 Mapper 后，我们先创建一个 User 类的对象，该对象表示用户表 user 中待更新的数据。例如，此例中需要更新 id 值为 5 的用户的信息。所以，User 对象的 id 属性为 5。然后利用 Mapper 调用 updateUser() 方法进行更新操作。在执行更新操作后亦需要关闭 SqlSession。

调用以上测试方法时，IDEA 控制台的打印信息与测试结果如下：

```
DEBUG [main] - ==>  Preparing: update user set username=?,password=?,gender=? where id=?
DEBUG [main] - ==> Parameters: dodo(String), 777777(String), female(String), 5(Integer)
DEBUG [main] - <==    Updates: 1
更新成功
```

从 SQL 执行流程和测试结果可以看出，数据库接收传递过来的 User 对象并从该对象中获取了 id、username、password、gender 四个属性的值，然后依据用户 id 执行更新操作。更新成功后，用户表 user 中的数据如图 1-14 所示。

```
+----+----------+----------+--------+
| id | username | password | gender |
+----+----------+----------+--------+
|  1 | lucy     | 123456   | female |
|  2 | momo     | 234567   | female |
|  3 | xixi     | 345678   | female |
|  4 | pepe     | 456123   | female |
|  5 | dodo     | 777777   | female |
+----+----------+----------+--------+
```

图 1-14　更新操作成功后用户表 user 中的数据

5. 删除用户

在接口文件中定义 deleteUserById() 方法。该方法无输入参数，返回值表示删除操作是否成功（大于 0 表示成功，反之表示失败）。相关代码如下：

```
int deleteUserById(Integer id);
```

在映射文件中利用 <delete> 标签实现删除，相关代码如下：

```
<delete id="deleteUserById" parameterType="java.lang.Integer">
    delete from user where id=#{id}
</delete>
```

在测试类中对 deleteUserById() 方法进行测试，相关代码如下：

```
@Test
public void testDeleteUserById(){
    SqlSession sqlSession = null;
    try {
        // 读取 MyBatis 核心配置文件 mybatis-config.xml
        String fileName = "mybatis-config.xml";
        InputStream inputStream = Resources.getResourceAsStream(fileName);
        // 创建 SqlSessionFactoryBuilder 类型的对象
        SqlSessionFactoryBuilder sqlSessionFactoryBuilder = new SqlSessionFactoryBuilder();
        // 通过 sqlSessionFactoryBuilder 解析配置文件获取 sqlSessionFactory 对象
        SqlSessionFactory sqlSessionFactory = sqlSessionFactoryBuilder.build(inputStream);
        // 通过 sqlSessionFactory 对象创建 sqlSession 对象
        sqlSession = sqlSessionFactory.openSession(true);
        // 通过 sqlSession 获取 UserMapper.java 接口的代理实现类的对象
        UserMapper userMapper = sqlSession.getMapper(UserMapper.class);
        // 用户 id
        int id = 5;
        // 执行删除操作
        int result = userMapper.deleteUserById(id);
        // 打印删除结果
        if(result>0){
            System.out.println(" 删除成功 ");
        }else{
            System.out.println(" 删除失败 ");
        }
    } catch (Exception e) {
        System.out.println(e);
    } finally {
        // 关闭 SqlSession
        if (sqlSession != null) {
            sqlSession.close();
        }
    }
}
```

与之前的代码类似，在该测试方法中通过获取到的 Mapper 调用 deleteUserById() 方法删除

id 值为 5 的用户。在执行删除操作后，亦需要关闭 SqlSession。

调用以上测试方法时，IDEA 控制台的打印信息与测试结果如下：

```
DEBUG [main] - ==>  Preparing: delete from user where id=?
DEBUG [main] - ==> Parameters: 5(Integer)
DEBUG [main] - <==    Updates: 1
删除成功
```

从 SQL 执行流程和测试结果可以看出，数据库接收传递过来的 id 值并依据用户 id 执行删除操作。删除成功后，用户表 user 中的数据如图 1-15 所示。

id	username	password	gender
1	lucy	123456	female
2	momo	234567	female
3	xixi	345678	female
4	pepe	456123	female

图 1-15　删除操作成功后用户表 user 中的数据

1.4.4　SqlSession 工具类

在刚才的案例中，我们每次使用 MyBatis 操作数据库时，都需要通过 Resources 读取配置文件 mybatis-config.xml，接着利用 sqlSessionFactoryBuilder 对象生成 sqlSessionFactory 对象，然后通过 sqlSessionFactory 对象的 openSession() 方法创建出 sqlSession 对象，最后利用 sqlSession 获取代理对象并利用其进行增删改查操作。而且，在每次执行数据操作后，都需要关闭 SqlSession。为了简化这些高度类似的例行操作，我们可以编写 SqlSession 工具类来提升开发效率。相关代码如下：

```
public class SqlSessionUtil {
    private static SqlSessionFactory sqlSessionFactory = null;
    // 初始化 SqlSessionFactory 类型的对象
    static {
        // MyBatis 核心配置文件名称
        String fileName = "mybatis-config.xml";
        try {
            // 获取文件输入流
            InputStream inputStream = Resources.getResourceAsStream(fileName);
            // 创建 SqlSessionFactoryBuilder 类型的对象
            SqlSessionFactoryBuilder sqlSessionFactoryBuilder = new SqlSessionFactoryBuilder();
            // 创建 SqlSessionFactory 类型的对象
            sqlSessionFactory = sqlSessionFactoryBuilder.build(inputStream);
        } catch (IOException e) {
            e.printStackTrace();
```

```
        }
    }

    // 获取 SqlSession
    public static SqlSession getSqlSession(){
        SqlSession sqlSession = sqlSessionFactory.openSession(true);
        return sqlSession;
    }

    // 关闭 SqlSession
    public static void closeSqlSession(SqlSession sqlSession){
        if(sqlSession!=null){
            sqlSession.close();
        }
    }
}
```

SqlSession 工具类主要有三大功能：

- 初始化 SqlSessionFactory 类型的对象
- 获取 SqlSession
- 关闭 SqlSession

另外，为了节约系统资源、提升性能，在编写 SqlSession 工具类时，请使用静态代码块或采用单例模式创建 SqlSessionFactory 类型的对象。

在后续的开发过程中，我们均可采用该工具类简化相关代码的编写工作。

1.4.5　增删改查案例优化

在本节中，我们使用刚编写的 SqlSessionUtil 工具类优化之前的增删改查案例，替换冗余的代码。

该示例的完整代码请参见随书配套源码中的 MyBatis_CRUD 项目。

1. 查询单个用户

在查询单个用户的操作中，利用工具类 SqlSessionUtil 获取和关闭 SqlSession 类型的对象。相关代码如下：

```
@Test
public void testQueryUserById() {
    SqlSession sqlSession = null;
    try {
        // 通过 SqlSessionUtil 工具类获取 SqlSession 类型的对象
        sqlSession = SqlSessionUtil.getSqlSession();
        // 通过 sqlSession 获取 UserMapper.java 接口的代理实现类的对象
        UserMapper userMapper = sqlSession.getMapper(UserMapper.class);
```

```
        // 调用 UserMapper 中的方法执行查询操作
        int userID = 1;
        User user = userMapper.queryUserById(userID);
        // 打印查询结果
        if(user!=null){
            System.out.println(" 用户信息: "+user);
        }else{
            System.out.println(" 未查询到相关信息 ");
        }
    } catch (Exception e) {
        System.out.println(e);
    } finally {
        // 通过 SqlSessionUtil 工具类关闭 SqlSession
        SqlSessionUtil.closeSqlSession(sqlSession);
    }
}
```

在该示例中，我们通过 SqlSessionUtil 工具类获取 SqlSession 类型的对象并创建 Mapper 对象。接下来的查询操作和之前完全一致，故不再赘述。

2. 查询所有用户

在查询所有用户的操作中，利用工具类 SqlSessionUtil 获取和关闭 SqlSession 类型的对象。相关代码如下：

```
@Test
public void testQueryAllUser(){
    SqlSession sqlSession = null;
    try {
        // 通过 SqlSessionUtil 工具类获取 SqlSession 类型的对象
        sqlSession = SqlSessionUtil.getSqlSession();
        // 通过 sqlSession 获取 UserMapper.java 接口的代理实现类的对象
        UserMapper userMapper = sqlSession.getMapper(UserMapper.class);
        // 查询所有用户
        List<User> list = userMapper.queryAllUser();
        // 遍历打印查询结果
        for(User user:list){
            System.out.println(user);
        }
    } catch (Exception e) {
        System.out.println(e);
    } finally {
        // 通过 SqlSessionUtil 工具类关闭 SqlSession
        SqlSessionUtil.closeSqlSession(sqlSession);
    }
}
```

在该示例中，我们通过 SqlSessionUtil 工具类获取 SqlSession 类型的对象并创建 Mapper 对象。接下来的查询操作和之前完全一致，故不再赘述。

3. 插入用户

在插入用户的操作中，利用工具类 SqlSessionUtil 获取和关闭 SqlSession 类型的对象。相关代码如下：

```
@Test
public void testInsertUser(){
    SqlSession sqlSession = null;
    try {
        // 通过 SqlSessionUtil 工具类获取 SqlSession 类型的对象
        sqlSession = SqlSessionUtil.getSqlSession();
        // 通过 sqlSession 获取 UserMapper.java 接口的代理实现类的对象
        UserMapper userMapper = sqlSession.getMapper(UserMapper.class);
        // 创建 User 类型的对象
        User user = new User(null, "dodo", "333666", "female");
        // 插入用户
        int result = userMapper.insertUser(user);
        // 打印插入结果
        if(result>0){
            System.out.println(" 插入成功 ");
        }else{
            System.out.println(" 插入失败 ");
        }
    } catch (Exception e) {
        System.out.println(e);
    } finally {
        // 通过 SqlSessionUtil 工具类关闭 SqlSession
        SqlSessionUtil.closeSqlSession(sqlSession);
    }
}
```

在该示例中，我们通过 SqlSessionUtil 工具类获取 SqlSession 类型的对象并创建 Mapper 对象。接下来的插入操作和之前完全一致，故不再赘述。

4. 更新用户

在更新用户的操作中，利用工具类 SqlSessionUtil 获取和关闭 SqlSession 类型的对象。相关代码如下：

```
@Test
public void testUpdateUser(){
    SqlSession sqlSession = null;
    try {
        // 通过 SqlSessionUtil 工具类获取 SqlSession 类型的对象
        sqlSession = SqlSessionUtil.getSqlSession();
        // 通过 sqlSession 获取 UserMapper.java 接口的代理实现类的对象
        UserMapper userMapper = sqlSession.getMapper(UserMapper.class);
        // 创建 User 类型的对象
        User user = new User(5, "dodo", "777777", "female");
        // 执行更新
```

```
        int result = userMapper.updateUser(user);
        // 打印更新结果
        if(result>0){
            System.out.println(" 更新成功 ");
        }else{
            System.out.println(" 更新失败 ");
        }
    } catch (Exception e) {
        System.out.println(e);
    } finally {
        // 通过 SqlSessionUtil 工具类关闭 SqlSession
        SqlSessionUtil.closeSqlSession(sqlSession);
    }
}
```

在该示例中，我们通过 SqlSessionUtil 工具类获取 SqlSession 类型的对象并创建 Mapper 对象。接下来的更新操作和之前完全一致，故不再赘述。

5. 删除用户

在删除用户的操作中，利用工具类 SqlSessionUtil 获取和关闭 SqlSession 类型的对象。相关代码如下：

```
@Test
public void testDeleteUserById(){
    SqlSession sqlSession = null;
    try {
        // 通过 SqlSessionUtil 工具类获取 SqlSession 类型的对象
        sqlSession = SqlSessionUtil.getSqlSession();
        // 通过 sqlSession 获取 UserMapper.java 接口的代理实现类的对象
        UserMapper userMapper = sqlSession.getMapper(UserMapper.class);
        // 用户 id
        int id = 5;
        // 执行删除操作
        int result = userMapper.deleteUserById(id);
        // 打印删除结果
        if(result>0){
            System.out.println(" 删除成功 ");
        }else{
            System.out.println(" 删除失败 ");
        }
    } catch (Exception e) {
        System.out.println(e);
    } finally {
        // 通过 SqlSessionUtil 工具类关闭 SqlSession
        SqlSessionUtil.closeSqlSession(sqlSession);
    }
}
```

在该示例中，我们通过 SqlSessionUtil 工具类获取 SqlSession 类型的对象并创建 Mapper 对象。接下来的删除操作和之前完全一致，故不再赘述。

1.5　小结

作为 MyBatis 开发的入门篇，本章主要讲解了 MyBatis 的基本概念、发展简史、开发环境的搭建、开发工具的使用以及简单的增删改查操作。

在案例实践环节，我们在对用户表 `user` 进行增删改查的过程中，熟悉了映射文件的常见标签，掌握了它们的常用写法，并且进一步熟悉了 MyBatis 的开发流程和编码规范。但是，有几个细节依然让我们感觉烦琐和困惑。

- `parameterType` 属性值需要写类的全限定名，难道就不能简单地只写类名吗？
- 接口文件中的方法都只能传递一个参数吗？该如何传递多个参数呢？
- 既然可将查询的多条记录封装到 `List` 集合中，那么可以封装至 Map 里吗？
- 如果项目中有多个映射文件，那么需要我们在 mybatis-config.xml 中逐一进行配置吗？

以上问题读者可先行独立思考和实践，也可待后续章节详细讲解。

第2章

MyBatis 运行原理剖析

在上一章中，我们虽然利用 MyBatis 对数据库实现了基本的增删改查操作，但对于这些操作背后的原理及其实现机制知之甚少、不明就里。在本章中，我们将重点探寻 MyBatis 的实现机制、运行原理和核心 API，为深入学习 MyBatis 和熟练掌握持久层开发奠定坚实的理论基础。

2.1 MyBatis 全局配置文件

在之前的案例中，我们多次编写并简单使用 MyBatis 全局配置文件 mybatis-config.xml 配置数据库连接信息和映射文件路径等。本节中，我们将在以往的基础上全面、详细地介绍 mybatis-config.xml 中的常用配置。总体而言，MyBatis 配置文件包含了会深度影响 MyBatis 行为的设置和属性信息。MyBatis 全局配置文件的结构及嵌套关系如下所示。

```
configuration（配置）
  properties（属性）
  settings（设置）
  typeAliases（类型别名）
  typeHandlers（类型处理器）
  objectFactory（对象工厂）
  plugins（插件）
  environments（环境配置）
    environment（环境变量）
      transactionManager（事务管理器）
      dataSource（数据源）
  databaseIdProvider（数据库厂商标识）
  mappers（映射器）
```

从各配置的缩进可以看出，在该结构中 `configuration` 是根节点，它包含了 9 个子节点。在这些子节点中，常用的有 `properties`、`settings`、`typeAliases`、`plugins`、`environments` 和 `mappers`。在编写 MyBatis 全局配置文件时，我们需要严格遵循上述结构的先后顺序和嵌套层次，否则，MyBatis 框架在解析和读取该 XML 文件时将发生错误并终止程序的运行。

接下来，我们逐一详解 mybatis-config.xml 中的常用配置及其使用方式。

2.1.1 <properties>

<properties> 常用于引入外部 properties 文件对项目进行动态配置。在之前的案例中，我们将数据库的连接信息直接硬编码在了 mybatis-config.xml 文件中。这种处理方式虽然简单，但是程序的可维护性变得很差。所以，现在利用属性文件对该方式进行优化。

第一步：请在 resources 包下创建数据库配置文件 db.properties。相关代码如下：

```
# 配置数据库驱动
db.driver=com.mysql.jdbc.Driver
# 配置数据库地址、端口、数据库名称
db.url=jdbc:mysql://localhost:3306/mybatisdb
# 连接数据库所需的用户名
db.username=root
# 连接数据库所需的密码
db.password=root
```

第二步：请在 mybatis-config.xml 文件中利用 <properties> 引入 db.properties 文件。其配置如下：

```
<!-- 引入 db.properties 文件 -->
<properties resource="db.properties" />
```

第三步：请在 mybatis-config.xml 中使用 ${ 属性名 } 的方式读取 db.properties 文件中的配置信息。相关代码如下：

```
<!-- 配置数据源 -->
<environments default="development">
    <environment id="development">
        <transactionManager type="JDBC"/>
        <dataSource type="POOLED">
            <!-- 获取 db.properties 中配置的数据库驱动 -->
            <property name="driver" value="${db.driver}"/>
            <!-- 获取 db.properties 中配置的数据库连接信息 -->
            <property name="url" value="${db.url}"/>
            <!-- 获取 db.properties 中配置的连接数据库时所需的用户名 -->
            <property name="username" value="${db.username}"/>
            <!-- 获取 db.properties 中配置的连接数据库时所需的密码 -->
            <property name="password" value="${db.password}"/>
        </dataSource>
    </environment>
</environments>
```

2.1.2 <settings>

<settings> 标签是 MyBatis 中极为重要的配置，它会深刻影响 MyBatis 的运行行为。该标签的常用配置及其作用如表 2-1 所示。

表 2-1 <settings> 标签的常用配置及其作用

配　置	作　用	可选配置	默认配置
cacheEnabled	全局性地开启或关闭缓存	true | false	true
lazyLoadingEnabled	全局性地开启或关闭延迟加载	true | false	false
aggressiveLazyLoading	延迟加载和按需加载的开关	true | false	false
useGeneratedKeys	允许 JDBC 支持自动生成主键	true | false	false
mapUnderscoreToCamelCase	是否开启驼峰命名自动映射	true | false	false
defaultStatementTimeout	设置数据库响应的超时时间	任意值	无

以上关于 <settings> 标签的常用配置，我们将在后续章节中详细介绍。目前，读者仅需要对以上配置有初步的了解即可。

2.1.3 <typeAliases>

在以往的案例中，当在核心配置文件 mybatis-config.xml 中引用 POJO 实体类时，需要填写 POJO 实体类的全限定类名。例如，POJO 实体类 User 的全限定类名为 com.cn.pojo.User，映射文件中的 select 标签块若要引用 User 类，则必须使用其全限定类名。相关代码如下：

```
<select id="selectUserById" parameterType="String" resultType="com.cn.pojo.User">
    select * from user where id = #{id}
</select>
```

一般情况下，全限定类名比较冗长，开发人员在编码过程中很容易拼写错误。所以，MyBatis 提供了 <typeAliases> 标签用于为 Java 类型设置简短的名字（即别名），从而减少全限定类名的冗余。<typeAliases> 标签中可包含多个 <typeAlias> 子标签。

下面介绍 MyBatis 中配置类型别名的常用方式。

1. 方式一

利用 <typeAlias> 标签配置某个类的别名。在该标签中，type 属性表示类的全限定名，alias 属性表示该类的别名。配置步骤及其使用方式如下。

第一步：配置别名。

例如，将 com.cn.pojo.User 的别名设置为 User。相关代码如下：

```
<typeAliases>
    <!-- 配置类型别名的方式一 -->
    <typeAlias type="com.cn.pojo.User" alias="User"></typeAlias>
</typeAliases>
```

第二步：在映射文件中使用别名。

例如，在映射文件的 <select> 标签中将 resultType 的值设定为 com.cn.pojo.User 的别名 User。相关代码如下：

```
<select id="queryUserById" parameterType="int" resultType="User">
    select * from user where id = #{id}
</select>
```

2. 方式二

利用 <typeAlias> 配置某个类的别名时，可省略 alias 属性及其属性值。在此情况下，类的全限定名的别名为类名且不区分大小写。例如，com.cn.pojo.User 的别名为 User 或 user。相关代码如下：

```
<typeAliases>
    <!-- 配置类型别名的方式二 -->
    <typeAlias type="com.cn.pojo.User"></typeAlias>
</typeAliases>
```

3. 方式三

在 POJO 包下的众多类都需要配置别名的情况下，前两种方式存在明显的弊端，操作烦琐，配置复杂。为了简化操作，在实际的开发过程中，我们常使用 <package> 的自动扫描为 POJO 包下的所有类设置别名，配置方式及其使用方式如下。

第一步：配置别名。

通过 <package> 标签的 name 属性指定包名，为该包中的所有类均设置别名。每个类的全限定名的别名为类名且不区分大小写。相关代码如下：

```
<typeAliases>
    <!-- 配置类型别名的方式三 -->
    <package name="com.cn.pojo"/>
</typeAliases>
```

第二步：在映射文件中使用别名。

例如，在映射文件的 <select> 标签中将 resultType 的值设定为 com.cn.pojo.User 的别名 User。相关代码如下：

```
<select id="queryUserById" parameterType="int" resultType="User">
    select * from user where id = #{id}
</select>
```

除了使用 <typeAliases> 标签为实体类自定义别名外，MyBatis 框架还为许多常见的 Java 类型提供了默认别名，如表 2-2 所示。

表 2-2 MyBatis 的默认别名

类　型	别　名	类　型	别　名	类　型	别　名
byte	_byte	double	_double	Date	date
long	_long	String	string	HashMap	hashmap
short	_short	Long	long	ArrayList	arraylist
int	_int	Integer	int		

2.1.4 <typeHandlers>

无论是 MyBatis 在预处理语句（PreparedStatement）中设置参数，还是从结果集中取值，都会使用 typeHandlers 类型处理器以合适的方式对获取的值进行转换。简单地说，MyBatis 通过 <typeHandlers> 标签完成 JDBC 类型和 Java 类型的转换。MyBatis 默认实现了许多 TypeHandler，当我们没有配置指定 TypeHandler 时，MyBatis 会根据参数或者返回结果为我们选择合适的 TypeHandler 进行数据转换处理。MyBatis 自带的常用类型处理器如表 2-3 所示。

表 2-3 MyBatis 的类型处理器

类型处理器	Java 类型	JDBC 类型
BooleanTypeHandler	java.lang.Boolean, boolean	数据库兼容的 BOOLEAN
ByteTypeHandler	java.lang.Byte, byte	数据库兼容的 NUMERIC 或 BYTE
ShortTypeHandler	java.lang.Short, short	数据库兼容的 NUMERIC 或 SMALLINT
IntegerTypeHandler	java.lang.Integer, int	数据库兼容的 NUMERIC 或 INTEGER
LongTypeHandler	java.lang.Long, long	数据库兼容的 NUMERIC 或 BIGINT
FloatTypeHandler	java.lang.Float, float	数据库兼容的 NUMERIC 或 FLOAT
DoubleTypeHandler	java.lang.Double, double	数据库兼容的 NUMERIC 或 DOUBLE
BigDecimalTypeHandler	java.math.BigDecimal	数据库兼容的 NUMERIC 或 DECIMAL
StringTypeHandler	java.lang.String	CHAR, VARCHAR
ByteArrayTypeHandler	byte[]	数据库兼容的字节流类型
DateTypeHandler	java.util.Date	TIMESTAMP
LocalDateTimeTypeHandler	java.time.LocalDateTime	TIMESTAMP
LocalDateTypeHandler	java.time.LocalDate	DATE
LocalTimeTypeHandler	java.time.LocalTime	TIME

当 MyBatis 框架原本所提供的类型处理器不能够满足开发需求时，开发人员可通过实现 org.apache.ibatis.type.TypeHandler 接口或继承 org.apache.ibatis.type.BaseTypeHandler 类自定义类型处理器。

2.1.5 <objectFactory>

MyBatis 每次创建结果对象时都会借助对象工厂（ObjectFactory）。默认的对象工厂既可以通过默认构造函数实例化对象，也能够在参数映射存在的情况下通过有参构造函数实现对象实例化。绝大部分情况下，我们均使用 MyBatis 自带的 ObjectFactory。假若需要覆盖对象工厂的默认行为，则可通过继承 DefaultObjectFactory 类自定义对象工厂。

2.1.6 <plugins>

<plugins> 标签常用于配置 MyBatis 插件，待后续章节涉及该技术时我们再进行讲解。

2.1.7 <environments>

<environments> 标签常用于配置数据源。在 <environments> 标签中可使用多个 <environment> 标签配置不同的数据源，例如开发数据源、测试数据源、生产数据源等。而且，可在 <environments> 标签中利用 default 属性指定当前使用的数据源。<environments> 标签的使用示例如下。

第一步：请在 resources 包下创建数据库配置文件 db.properties。代码如下：

```
# 以下数据库相关配置用于开发环境
# 配置数据库驱动
db.driver=com.mysql.jdbc.Driver
# 配置数据库地址、端口、数据库名称
db.url=jdbc:mysql://localhost:3306/mybatisdb
# 连接数据库所需的用户名
db.username=root
# 连接数据库所需的密码
db.password=root

# 以下数据库相关配置用于测试环境
# 配置数据库驱动
dbtest.driver=com.mysql.jdbc.Driver
# 配置数据库地址、端口、数据库名称
dbtest.url=jdbc:mysql://localhost:3306/mybatisdb
# 连接数据库所需的用户名
dbtest.username=root
# 连接数据库所需的密码
dbtest.password=root

# 以下数据库相关配置用于生产环境
# 配置数据库驱动
dbproduction.driver=com.mysql.jdbc.Driver
# 配置数据库地址、端口、数据库名称
dbproduction.url=jdbc:mysql://localhost:3306/mybatisdb
# 连接数据库所需的用户名
```

```
dbproduction.username=root
# 连接数据库所需的密码
dbproduction.password=root
```

在 db.properties 文件中分别为开发环境、测试环境、生产环境设置了不同的数据库配置信息。

第二步：请在 mybatis-config.xml 文件中利用 `<properties>` 引入 db.properties 文件。其配置如下：

```
<!-- 引入 db.properties 文件 -->
<properties resource="db.properties" />
```

第三步：请在 mybatis-config.xml 中使用 `<environments>` 标签及其子标签 `<environment>` 配置多个数据源，并配置默认使用的数据源。相关代码如下：

```
<!-- 配置多个数据源。默认使用 id 为 development 的数据源 -->
<environments default="development">
    <!-- 配置开发环境下的数据源 -->
    <environment id="development">
        <transactionManager type="JDBC"/>
        <dataSource type="POOLED">
            <!-- 获取 db.properties 中用于开发环境的数据库驱动 -->
            <property name="driver" value="${db.driver}"/>
            <!-- 获取 db.properties 中用于开发环境的数据库连接信息 -->
            <property name="url" value="${db.url}"/>
            <!-- 获取 db.properties 中用于开发环境连接数据库时所需的用户名 -->
            <property name="username" value="${db.username}"/>
            <!-- 获取 db.properties 中用于开发环境连接数据库时所需的密码 -->
            <property name="password" value="${db.password}"/>
        </dataSource>
    </environment>

    <!-- 配置测试环境下的数据源 -->
    <environment id="test">
        <transactionManager type="JDBC"/>
        <dataSource type="POOLED">
            <!-- 获取 db.properties 中用于测试环境的数据库驱动 -->
            <property name="driver" value="${dbtest.driver}"/>
            <!-- 获取 db.properties 中用于测试环境的数据库连接信息 -->
            <property name="url" value="${dbtest.url}"/>
            <!-- 获取 db.properties 中用于测试环境连接数据库时所需的用户名 -->
            <property name="username" value="${dbtest.username}"/>
            <!-- 获取 db.properties 中用于测试环境连接数据库时所需的密码 -->
            <property name="password" value="${dbtest.password}"/>
        </dataSource>
    </environment>

    <!-- 配置生产环境下的数据源 -->
    <environment id="production">
        <transactionManager type="JDBC"/>
        <dataSource type="POOLED">
            <!-- 获取 db.properties 中用于生产环境的数据库驱动 -->
```

```
            <property name="driver" value="${dbproduction.driver}"/>
            <!-- 获取 db.properties 中用于生产环境的数据库连接信息 -->
            <property name="url" value="${dbproduction.url}"/>
            <!-- 获取 db.properties 中用于生产环境连接数据库时所需的用户名 -->
            <property name="username" value="${dbproduction.username}"/>
            <!-- 获取 db.properties 中用于生产环境连接数据库时所需的密码 -->
            <property name="password" value="${dbproduction.password}"/>
        </dataSource>
    </environment>
</environments>
```

在三个不同的数据源配置中，数据库驱动、数据库地址、用户名和密码等信息均读取自配置文件 db.properties。

接下来，我们详细介绍 <environment> 的相关配置。

<environment> 标签的 id 属性用于唯一标识数据源，其值不可重复。

<environment> 标签的子标签 <transactionManager type="JDBC|MANAGED"/> 用于设置事务管理器，其 type 属性的取值及对应含义如下。

- JDBC：表示 MyBatis 采用与原生 JDBC 一致的方式管理事务。
- MANAGED：表示将事务管理交给其他容器执行，例如 Spring。通常情况下，在实际的项目开发中不需要在 MyBatis 中配置事务管理器，而由 Spring 实现事务管理。

<environment> 的子标签 <dataSource type="POOLED|UNPOOLED|JNDI"/> 用于配置数据源，其 type 属性的取值及对应含义如下。

- POOLED：表示采用连接池技术。
- UNPOOLED：表示不使用连接池技术，每次操作都会建立和关闭连接。
- JNDI：表示使用上下文中的数据源。

2.1.8 <databaseIdProvider>

通过 <databaseIdProvider> 标签可让 MyBatis 根据不同的数据库执行不同的 SQL 语句，该标签极少使用，故在此不再详述。

2.1.9 <mappers>

<mappers> 标签常用于在 MyBatis 初始化的时候告知 MyBatis 框架需要引入哪些 Mapper 映射文件以及它们所在的位置。下面介绍 mybatis-config.xml 配置映射文件的两种常用方式。

1. 方式一

在 <mappers> 中可通过 <mapper resource=" 映射文件路径 "/> 配置单个映射文件。每新增一个映射文件，就需新增一个 <mapper> 标签进行配置。在之前的案例中，我们所采用的正是这种配置方式，其使用较为麻烦，需要为每个映射文件指定其所在路径。

2. 方式二

利用 <package name=" 包路径 "/> 批量配置包下的所有映射文件。例如，统一配置 com.cn.mapper 包下的所有映射文件，相关代码如下：

```
<package name="com.cn.mapper"/>
```

这种方式虽然简单快捷，但是请注意其使用的两个前提条件。

(1) 映射文件和接口文件的名称必须相同。
(2) 映射文件和接口文件所在的包名必须一致。

其实，当项目编译完成后，查看 target 下的 classes 文件夹，我们也能发现，映射文件与其对应的接口文件处于同一文件夹中，如图 2-1 所示。

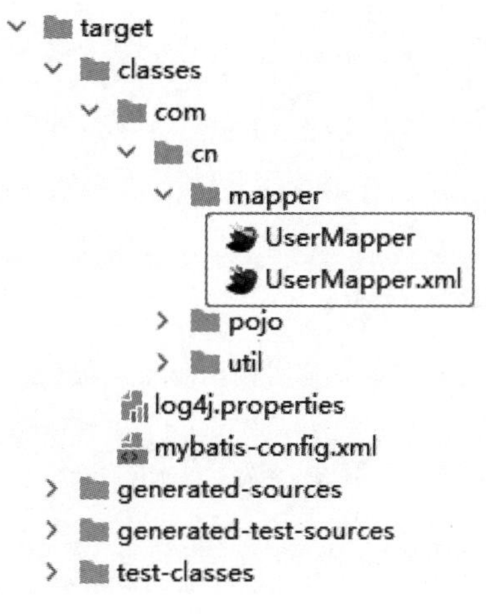

图 2-1　编译后的 mapper 文件夹

2.2　MyBatis 关键 API

MyBatis 应用层开发中涉及两个核心接口 SqlSessionFactory 和 SqlSession 及其实现类，它们在 MyBatis 中起着至关重要的作用。本节将对这两个接口及其常用方法进行详细介绍。

2.2.1　SqlSessionFactoryBuilder

顾名思义，SqlSessionFactoryBuilder 的主要作用就是通过 build() 方法创建 SqlSessionFactory。重载后的 build() 方法虽然多达 9 个，但是按照配置信息的传入方式，可将它们分为以下三大类。

- 第一类：使用字节流 InputStream 获取配置信息。
- 第二类：使用字符流 Reader 获取配置信息。
- 第三类：使用 Configuration 类获取配置信息。

build() 重载方法的相关代码如下：

```
public SqlSessionFactory build(Reader reader) {}

public SqlSessionFactory build(Reader reader, String environment) {}

public SqlSessionFactory build(Reader reader, Properties properties) {}

public SqlSessionFactory build(Reader reader, String environment, Properties properties) {}

public SqlSessionFactory build(InputStream inputStream) {}

public SqlSessionFactory build(InputStream inputStream, String environment) {}

public SqlSessionFactory build(InputStream inputStream, Properties properties) {}

public SqlSessionFactory build(InputStream inputStream, String environment, Properties
    properties) {}

public SqlSessionFactory build(Configuration config) {}
```

在这 9 个方法中，最常用的是通过字节流加载 mybatis-config.xml 中的配置信息。相关方法如下：

```
public SqlSessionFactory build(InputStream inputStream) {}
```

2.2.2　SqlSessionFactory

与 SqlSessionFactoryBuilder 类似，我们单从字面意思就可大概揣测出 SqlSessionFactory 接口的用途是创建 SqlSession。

SqlSessionFactory 是单个数据库映射关系经过编译后的内存镜像，其核心作用就是创建 SqlSession。SqlSessionFactory 一旦被创建，就应伴随应用程序的运行而长期存在，我们没有任何理由清除或重建它，多次重建 SqlSessionFactory 被视为一种代码“坏味道”（bad smell）。为了避免资源浪费和过度开销，在项目中最好使用单例模式创建和获取 SqlSessionFactory。

SqlSessionFactory 使用 openSession() 方法创建 SqlSession 实例。使用 openSession() 重载之后共有 8 个方法，代码如下：

```
SqlSession openSession();

SqlSession openSession(boolean autoCommit);

SqlSession openSession(Connection connection);

SqlSession openSession(TransactionIsolationLevel level);

SqlSession openSession(ExecutorType execType);

SqlSession openSession(ExecutorType execType, boolean autoCommit);

SqlSession openSession(ExecutorType execType, TransactionIsolationLevel level);

SqlSession openSession(ExecutorType execType, Connection connection);
```

在以上方法中，我们使用最多的是第 2 个。利用该方法获得的 SqlSession 实例可帮助我们自动提交事务。也就是说，在该方式下执行插入、更新和删除操作后不执行 commit() 提交事务亦可自动生效。

2.2.3 SqlSession

SqlSession 是 MyBatis 框架中极其重要的接口。SqlSession 类似于 JDBC 中的 Connection，它代表 MyBatis 和数据库的一次会话，主要用于执行持久化操作。SqlSession 对象底层封装了 JDBC 连接，所以可以直接使用 SqlSession 对象执行已映射的 SQL 语句。SqlSession 中包含了所有执行 SQL 语句的方法、提交或回滚事务的方法、获取映射器实例的方法。SqlSession 不是线程安全的，每个线程都应有一个属于自己的 SqlSession 实例并且该实例不能够被共享。在使用 SqlSession 执行相关操作后应将其关闭，以释放资源。

SqlSession 中的方法较多，为了方便理解，我们将它们分成几个组进行介绍。

1. 语句执行

这些方法被用来执行定义在 SQL 映射文件中的 SELECT、INSERT、UPDATE 和 DELETE 语句。每一个方法接收的参数可以是原始类型（支持自动装箱或包装类）、JavaBean、POJO 或 Map。

常用的语句执行方法如下：

```
<T> T selectOne(String statement, Object parameter)

<E> List<E> selectList(String statement, Object parameter)
```

```
<T> Cursor<T> selectCursor(String statement, Object parameter)

<K,V> Map<K,V> selectMap(String statement, Object parameter, String mapKey)

int insert(String statement, Object parameter)

int update(String statement, Object parameter)

int delete(String statement, Object parameter)
```

在以上所有方法中都存在一个 String 类型的参数 statement，该参数为映射文件中某条 SQL 语句的完整路径，即 Mapper 的 namespace+.+ 标签的 id 值。例如，下述查询操作的 statement 为 com.cn.mapper.UserMapper.queryUserById：

```
<mapper namespace="com.cn.mapper.UserMapper">
    <select id="queryUserById" parameterType="int" resultType="com.cn.pojo.User">
        select * from user where id = #{id}
    </select>
</mapper>
```

在以上所有方法中，都存在一个 Object 类型的参数 parameter，该参数表示执行 SQL 时所需要的参数。

在以上方法中，selectOne() 和 selectList() 的不同之处在于 selectOne() 必须返回一个对象或 null 值。如果不确定返回对象的个数，请使用 selectList() 方法。

在以上方法中，selectMap() 方法的返回值为 Map。它会将返回对象的其中一个属性作为 Map 的键，将对象本身作为 Map 的值。

关于以上方法的实际应用，我们将在稍后的章节中介绍，目前只需熟悉相关 API 即可。

2. 获取 Mapper

常用的获取 Mapper 的方法如下：

```
<T> T getMapper(Class<T> type)
```

3. 批量更新

将 ExecutorType 设置为 ExecutorType.BATCH 时，可以使用 flushStatements() 方法清除或执行缓存在 JDBC 驱动类中的批量更新语句。常用的批量更新方法如下：

```
List<BatchResult> flushStatements()
```

4. 事务控制

SqlSession 有四个方法用来控制事务作用域。当然，如果已经设置自动提交或使用了外部事务管理器，这些方法也就失去了作用。常用的事务控制方法如下：

```
void commit()

void commit(boolean force)

void rollback()

void rollback(boolean force)
```

5. 清空缓存

常用的清空缓存的方法如下：

```
void clearCache()
```

6. 关闭 SqlSession

常用的关闭 SqlSession 的方法如下：

```
void close()
```

对于打开的任何会话，请确保它们被妥善关闭。

2.3 MyBatis 运行原理

为了更加透彻和清晰地掌握 MyBatis，我们来深入了解 MyBatis 的运行原理，如图 2-2 所示。

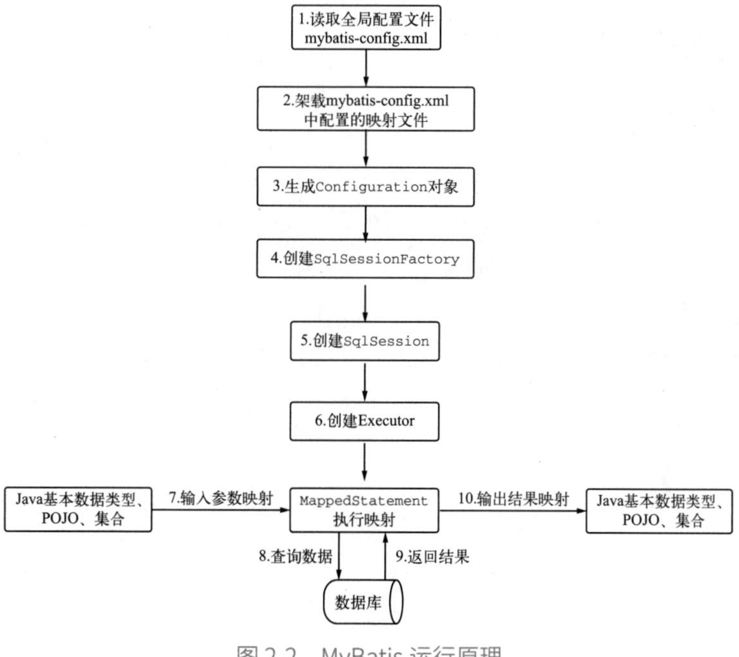

图 2-2 MyBatis 运行原理

从图 2-2 中可以看出，MyBatis 框架在操作数据库时大致经历了 10 个步骤，具体如下。

(1) 读取 MyBatis 全局配置文件 mybatis-config.xml。该文件中存有 MyBatis 的运行信息以及数据库连接信息。

(2) 加载 mybatis-config.xml 中配置的映射文件 mapper.xml。映射文件需要在 mybatis-config.xml 中配置才能被加载。

(3) 利用从 mybatis-config.xml 中读取到的信息创建 `Configuration` 对象。通俗地说，`Configuration` 对象存储了 mybatis-config.xml 中的所有配置信息。在初始化 `Configuration` 对象的时候，还会创建 `MappedStatement` 对象。映射文件中的每一个 `<select>`、`<insert>`、`<update>`、`<delete>` 标签都对应一个 `MappedStatement` 对象。而且，这些标签的 `id` 即 `MappedStatement` 的 `id`。

(4) 通过 MyBatis 配置信息构建会话工厂 `SqlSessionFactory`。

(5) 由 `SqlSessionFactory` 创建 `SqlSession` 对象。

(6) 创建 Executor。`SqlSession` 内部通过 Executor 操作数据库。在 Executor 的执行过程中需要 `MappedStatement` 类型的参数。除此以外，Executor 还负责维护查询缓存。

(7) 通过 `MappedStatement` 将接口文件中的输入参数映射到映射文件的 SQL 语句中，输入参数的类型可以为 Java 基本数据类型、POJO、集合等。此处对输入参数的映射过程类似于 JDBC 编程中为 `preparedStatement` 对象设置参数的过程。在完成输入参数映射后，Executor 执行数据库操作。

(8) 数据库执行 SQL 语句。

(9) 数据库返回 SQL 语句的执行结果。

(10) 通过 `MappedStatement` 将执行结果映射成 Java 基本数据类型、POJO、集合等。此处对执行结果的映射类似于 JDBC 编程中对数据的解析处理过程。

2.4　小结

在本章中，我们剖析了 MyBatis 的运行原理和流程以及关键 API，详细介绍了 MyBatis 的核心配置文件 mybatis-config.xml。从整体上而言，本章内容以理论为主。读者对本章内容有初步的了解和认知即可，重点在于后续章节中的实际应用。

其实，在软件开发领域，尤其是应用层开发入门阶段，应尽量避免过度深入研究概念和理论，深陷细节。对于某个技术领域的新手，建议先了解框架的基本原理、环境搭建、常见用法，随后开始在项目开发中实际多次地反复应用相关技能。待在开发过程中熟悉了框架的全貌和特征后，再去研读框架源码，深入框架实现原理和底层机制。

第3章

MyBatis 开发技能进阶

在第 2 章中，我们学习了 MyBatis 全局配置文件、关键 API 和运行原理，而且实现了最常见的增删改查操作。本章将在入门案例的基础上详细介绍 MyBatis 开发的进阶技能，重点关注项目开发中的实际应用场景和使用方式。

3.1 查询操作详解

在项目开发过程中，对于数据库的操作主要是增删改查，而这其中运用最多也最复杂的应该是查询操作，本节就对 MyBatis 的查询操作专门进行详细讲解。

该示例的完整代码请参见随书配套源码中的 MyBatis_Advance 项目。

3.1.1 查询单行数据，返回单个对象

本节中我们以依据 `id` 查询用户并将查询结果封装为 Java 对象为例，讲解针对单行数据的查询。先来回顾一下之前的做法。

接口文件 UserQueryMapper.java 的相关代码如下：

```
User queryUserById(Integer id);
```

这里定义了依据 `id` 查询用户的方法 `queryUserById()`。

映射文件 UserQueryMapper.xml 的相关代码如下：

```
<select id="queryUserById" resultType="User">
    select * from user where id = #{id}
</select>
```

在该 `<select>` 标签中，`resultType` 属性的值为 `User`，表示将查询结果转换为 `User` 类型的对象。

测试文件 MybatisQueryTest.java 的相关代码如下：

```
@Test
public void testQueryUserById() {
    SqlSession sqlSession = null;
    try {
        sqlSession = SqlSessionUtil.getSqlSession();
        UserQueryMapper userQueryMapper = sqlSession.getMapper(UserQueryMapper.class);
        int userID = 1;
        User user = userQueryMapper.queryUserById(userID);
        System.out.println(user);
    } catch (Exception e) {
        System.out.println(e);
    } finally {
        SqlSessionUtil.closeSqlSession(sqlSession);
    }
}
```

除了以上的方式之外，我们还可以尝试使用 `SqlSession` 的 `selectOne()` 方法实现相同的功能。在该方式中，只需保留之前的映射文件，而不再需要接口文件。

测试代码如下：

```
@Test
public void testSelectOne() {
    SqlSession sqlSession = null;
    try {
        // 获取 SqlSession 类型的对象
        sqlSession = SqlSessionUtil.getSqlSession();
        // 映射文件中 queryUserById 的完整路径
        String statement = "com.cn.mapper.UserQueryMapper.queryUserById";
        // 用户 id
        int userID = 1;
        // 依据用户 id 查询用户
        User user = sqlSession.selectOne(statement, userID);
        // 打印用户信息
        System.out.println(user);
    } catch (Exception e) {
        System.out.println(e);
    } finally {
        SqlSessionUtil.closeSqlSession(sqlSession);
    }
}
```

在该测试中，通过工具类 `SqlSessionUtil` 获取 `SqlSession`，再调用 `SqlSession` 的 `selectOne()` 方法依据 `id` 查询用户。`selectOne()` 方法的第一个参数表示映射文件 UserQueryMapper.xml 中 `queryUserById` 的完整路径，第二个参数表示用户 `id` 值，其返回值表示查询到的用户。

测试打印结果如下：

```
DEBUG [main] - ==>  Preparing: select * from user where id = ?
DEBUG [main] - ==> Parameters: 1(Integer)
DEBUG [main] - <==      Total: 1
User [id=1, username=lucy, password=123456, gender=female]
```

3.1.2 查询多行数据，返回 List 集合

本节中，我们以查询所有用户并将查询结果封装为 List 集合为例，讲解针对多行数据的查询。先来回顾一下之前的做法。

接口文件 UserQueryMapper.java 的相关代码如下：

```
List<User> queryAllUser();
```

这里定义了查询所有用户的方法 queryAllUser()。

映射文件 UserQueryMapper.xml 的相关代码如下：

```
<select id="queryAllUser" resultType="User">
    select * from user
</select>
```

在该 <select> 标签中，resultType 属性的值为 User，表示将每条查询记录均转换为 User 类型的对象。

测试文件 MybatisQueryTest.java 的相关代码如下：

```
@Test
public void testQueryAllUser(){
    SqlSession sqlSession = null;
    try {
        sqlSession = SqlSessionUtil.getSqlSession();
        UserQueryMapper userQueryMapper = sqlSession.getMapper(UserQueryMapper.class);
        List<User> list = userQueryMapper.queryAllUser();
        for(User user:list){
            System.out.println(user);
        }
    } catch (Exception e) {
        System.out.println(e);
    } finally {
        SqlSessionUtil.closeSqlSession(sqlSession);
    }
}
```

除了以上的做法之外，我们还可以尝试使用 SqlSession 的 selectList() 方法实现相同的功能。与上一个案例类似，在该方式中只需保留之前的映射文件，而不再需要接口文件。

测试代码如下：

```
@Test
public void testSelectList() {
    SqlSession sqlSession = null;
    try {
        // 获取 SqlSession 类型的对象
        sqlSession = SqlSessionUtil.getSqlSession();
        // 映射文件中 queryAllUser 的完整路径
        String statement = "com.cn.mapper.UserQueryMapper.queryAllUser";
        // 查询所有用户
        List<User> list = sqlSession.selectList(statement);
        // 遍历打印用户信息
        for(User user:list){
            System.out.println(user);
        }
    } catch (Exception e) {
        System.out.println(e);
    } finally {
        SqlSessionUtil.closeSqlSession(sqlSession);
    }
}
```

在该测试中，通过工具类 `SqlSessionUtil` 获取 `SqlSession`，再调用 `SqlSession` 的 `selectList()` 方法查询所有用户。`selectList()` 方法的参数表示映射文件 UserQueryMapper.xml 中 `queryAllUser` 的完整路径。`selectList()` 方法的返回值表示查询到的所有用户。

测试打印结果如下：

```
DEBUG [main] - ==>  Preparing: select * from user
DEBUG [main] - ==> Parameters:
DEBUG [main] - <==      Total: 4
User [id=1, username=lucy, password=123456, gender=female]
User [id=2, username=momo, password=234567, gender=female]
User [id=3, username=xixi, password=345678, gender=female]
User [id=4, username=pepe, password=456123, gender=female]
```

3.1.3　统计记录条数

本节中，我们以查询用户表 `user` 的记录总条数为例讲解与统计相关的查询。

接口文件 UserQueryMapper.java 的相关代码如下：

```
Integer getUserCount();
```

这里定义了统计用户记录总条数的方法 `getUserCount()`。

映射文件 UserQueryMapper.xml 的相关代码如下：

```
<select id="getUserCount" resultType="Integer">
    select count(*) from user
</select>
```

在 <select> 标签中，resultType 属性的值为 Integer，这表示查询结果的类型。

测试文件 MybatisQueryTest.java 的相关代码如下：

```
@Test
public void testGetUserCount(){
    SqlSession sqlSession = null;
    try {
        // 获取 SqlSession 类型的对象
        sqlSession = SqlSessionUtil.getSqlSession();
        // 获取 UserQueryMapper 类型的对象
        UserQueryMapper userQueryMapper = sqlSession.getMapper(UserQueryMapper.class);
        // 统计用户总量
        Integer count = userQueryMapper.getUserCount();
        System.out.println("用户总量 = "+count);
    } catch (Exception e) {
        System.out.println(e);
    } finally {
        SqlSessionUtil.closeSqlSession(sqlSession);
    }
}
```

在该测试中，通过工具类 SqlSessionUtil 获取 SqlSession，再通过 SqlSession 获取 UserQueryMapper。接下来，利用 UserQueryMapper 调用 getUserCount() 方法统计用户总量。

测试打印结果如下：

```
DEBUG [main] - ==>  Preparing: select count(*) from user
DEBUG [main] - ==> Parameters:
DEBUG [main] - <==      Total: 1
用户总量 = 4
```

3.1.4 查询单行数据，返回 Map 集合

本节中，我们以依据 id 查询用户为例，讲解针对单行数据的查询并将查询结果封装至 Map。其中，表中的字段作为 Map 的键，字段对应的值作为 Map 的值。

接口文件 UserQueryMapper.java 的相关代码如下：

```
Map<String, Object> queryUserMapById(Integer id);
```

这里定义了依据 id 查询用户的方法 queryUserMapById()，该方法的返回值类型为 Map<String, Object> 类型。

映射文件 UserQueryMapper.xml 的相关代码如下：

```
<!-- resultType="java.util.HashMap" 可简写为 resultType="hashMap" -->
<select id="queryUserMapById" resultType="java.util.HashMap">
    select * from user where id = #{id}
</select>
```

请注意，在该 <select> 标签中，resultType 属性的值为 java.util.HashMap，表示将查询的结果转换为 HashMap 类型。

测试文件 MybatisQueryTest.java 的相关代码如下：

```
@Test
public void testQueryUserMapById(){
    SqlSession sqlSession = null;
    try {
        // 获取 SqlSession 类型的对象
        sqlSession = SqlSessionUtil.getSqlSession();
        // 获取 UserQueryMapper 类型的对象
        UserQueryMapper userQueryMapper = sqlSession.getMapper(UserQueryMapper.class);
        // 用户 id
        int userID = 1;
        // 依据用户 id 查询用户
        Map<String, Object> map = userQueryMapper.queryUserMapById(userID);
        // 获取 Map 的 KeySet
        Set<String> keySet = map.keySet();
        // 获取 keySet 的迭代器
        Iterator<String> iterator = keySet.iterator();
        // 获取 Map 中的每个键及其对应的值
        while(iterator.hasNext()) {
            String key = iterator.next();
            Object value = map.get(key);
            System.out.println("key="+key+",value="+value);
        }
    } catch (Exception e) {
        System.out.println(e);
    } finally {
        SqlSessionUtil.closeSqlSession(sqlSession);
    }
}
```

在该测试中，通过工具类 SqlSessionUtil 获取 SqlSession 类型的对象，再通过 sqlSession 获取 UserQueryMapper 类型的对象。接下来，利用 userQueryMapper 调用 queryUserMapById() 方法，依据 id 查找用户并将查询结果封装为 Map。

测试打印结果如下：

```
DEBUG [main] - ==>  Preparing: select * from user where id = ?
DEBUG [main] - ==> Parameters: 1(Integer)
DEBUG [main] - <==      Total: 1
key=password,value=123456
```

```
key=gender,value=female
key=id,value=1
key=username,value=lucy
```

从打印结果可以看出，封装查询结果的 Map 的键是用户表 user 中的各个字段名，Map 的值是用户表 user 中各个字段对应的值。

3.1.5 查询多行数据，返回 Map 集合

本节中，我们以查询所有用户为例，讲解针对多行数据的查询并将查询结果封装至 Map。其中，将表中的某个字段作为 Map 的键，将表的每条记录转换为 JavaBean 后作为 Map 的值。

接口文件 UserQueryMapper.java 的相关代码如下：

```
@MapKey("id")
Map<Integer, Object> queryAllUserMap();
```

这里定义了查询所有用户的方法 queryAllUserMap()。该方法的返回值为 Map<Integer, Object> 类型。在该方法上使用 @MapKey 注解指定 id 字段作为 Map 的键。

映射文件 UserQueryMapper.xml 的相关代码如下：

```
<select id="queryAllUserMap" resultType="User">
    select * from user
</select>
```

在该 <select> 标签中，resultType 属性的值为 User，表示将查询结果转换为 User 类型的对象。

测试文件 MybatisQueryTest.java 的相关代码如下：

```
@Test
public void testQueryAllUserMap(){
    SqlSession sqlSession = null;
    try {
        // 获取 SqlSession 类型的对象
        sqlSession = SqlSessionUtil.getSqlSession();
        // 获取 UserQueryMapper 类型的对象
        UserQueryMapper userQueryMapper = sqlSession.getMapper(UserQueryMapper.class);
        // 获取所有用户
        Map<Integer, Object> map = userQueryMapper.queryAllUserMap();
        // 获取 Map 的 KeySet
        Set<Integer> keySet = map.keySet();
        // 获取 keySet 的迭代器
        Iterator<Integer> iterator = keySet.iterator();
        // 获取 Map 中的每个键及其对应的值
        while(iterator.hasNext()) {
            Integer key = iterator.next();
```

```
            Object value = map.get(key);
            System.out.println("key="+key+",value="+value);
        }
    } catch (Exception e) {
        System.out.println(e);
    } finally {
        SqlSessionUtil.closeSqlSession(sqlSession);
    }
}
```

在该测试中通过工具类 SqlSessionUtil 获取 SqlSession 类型的对象，再通过 sqlSession 获取 UserQueryMapper 类型的对象。接下来，利用 userQueryMapper 调用 queryAllUserMap() 方法查询所有用户并将查询结果封装为 Map。

测试打印结果如下：

```
DEBUG [main] - ==>  Preparing: select * from user
DEBUG [main] - ==> Parameters:
DEBUG [main] - <==      Total: 4
key=1,value=User [id=1, username=lucy, password=123456, gender=female]
key=2,value=User [id=2, username=momo, password=234567, gender=female]
key=3,value=User [id=3, username=xixi, password=345678, gender=female]
key=4,value=User [id=4, username=pepe, password=456123, gender=female]
```

从打印结果可以看出，封装查询结果的 Map 的键是用户表的 id 字段值，Map 的值是由每条记录转换成的 JavaBean 对象。

3.1.6　模糊查询

本节中，我们以用户名为例讲解模糊查询。在使用 MyBatis 进行模糊查询时，一定要格外注意 ${} 和 #{} 的差异。

接口文件 UserQueryMapper.java 的相关代码如下：

```
List<User> queryUsersByLike(String username);
```

这里定义了依据用户名进行模糊查询的方法 queryUsersByLike()。

映射文件 UserQueryMapper.xml 的相关代码如下：

```
<select id="queryUsersByLike" resultType="User">
    <!-- 模糊查询的常见写法 1 -->
    <!-- select * from user where username like '%${username}%' -->
    <!-- 模糊查询的常见写法 2 -->
    <!-- select * from user where username like concat('%',#{username},'%') -->
    <!-- 模糊查询的常见写法 3 -->
    select * from user where username like "%"#{username}"%"
</select>
```

在该 <select> 标签中，可使用三种常见的方式进行模糊查询。

测试文件 MybatisQueryTest.java 的相关代码如下：

```
@Test
public void testQueryUsersByLike() {
    SqlSession sqlSession = null;
    try {
        // 获取 SqlSession 类型的对象
        sqlSession = SqlSessionUtil.getSqlSession();
        // 获取 UserQueryMapper 类型的对象
        UserQueryMapper userQueryMapper = sqlSession.getMapper(UserQueryMapper.class);
        // 查询名字中包含 xi 的用户
        List<User> list = userQueryMapper.queryUsersByLike("xi");
        // 打印查询结果
        System.out.println(list);
    } catch (Exception e) {
        System.out.println(e);
    } finally {
        SqlSessionUtil.closeSqlSession(sqlSession);
    }
}
```

在该测试中通过工具类 SqlSessionUtil 获取 SqlSession 类型的对象，再通过 sqlSession 获取 UserQueryMapper 类型的对象。接下来，利用 userQueryMapper 调用 queryUsersByLike() 方法进行模糊查询。

测试打印结果如下：

```
DEBUG [main] - ==>  Preparing: select * from user where username like "%"?"%"
DEBUG [main] - ==> Parameters: xi(String)
DEBUG [main] - <==      Total: 1
[User [id=3, username=xixi, password=345678, gender=female]]
```

从打印结果可以看出，List 集合保存了模糊查询的结果。

3.2 参数传递与接收

在之前的案例里，我们在接口文件中所定义的方法的参数都较为简单，比如基本数据类型、包装类型、字符串、POJO 等，而且在方法中输入参数的个数都仅为一个。在本节中，我们来深入学习 MyBatis 参数的传递方式，例如，传递多个参数、传递 POJO 类型的参数、传递集合类型的参数、传递数组类型的参数，等等。

该示例的完整代码请参见随书配套源码中的 MyBatis_Advance 项目。

3.2.1　传递和接收单个普通类型参数

当传递单个普通类型参数（例如，基本数据类型、包装类型、字符串等）时，映射中的占位符 #{ } 里可使用任意字符接收传递过来的参数。但是，为了提高代码的可读性，建议与原参数名保持一致。

本节中，我们以依据 id 查询用户为例讲解传递和接收单个普通类型参数。

接口文件 UserParameterMapper.java 的相关代码如下：

```
User queryUserById(Integer id);
```

这里定义了依据 id 查询用户的方法 queryUserById()。

映射文件 UserParameterMapper.xml 的相关代码如下：

```
<select id="queryUserById" parameterType="java.lang.Integer" resultType="User">
    select id,username,password,gender from user where id = #{id}
</select>
```

在该 <select> 标签中，resultType 属性的值为 User，表示将查询结果转换为 User 类型的对象，parameterType 属性的值为 java.lang.Integer，表示输入参数的类型。在 select 语句中使用 #{ 参数名 } 的方式获取传递过来的参数。

测试文件 MybatisParameterTest.java 的相关代码如下：

```
@Test
public void testQueryUserById() {
    SqlSession sqlSession = null;
    try {
        // 获取 SqlSession 类型的对象
        sqlSession = SqlSessionUtil.getSqlSession();
        // 获取 UserParameterMapper 类型的对象
        UserParameterMapper userParameterMapper = sqlSession.getMapper(UserParameterMapper.class);
        // 用户 id
        int userID = 1;
        // 依据用户 id 查询用户
        User user = userParameterMapper.queryUserById(userID);
        // 打印用户
        System.out.println(user);
    } catch (Exception e) {
        System.out.println(e);
    } finally {
        SqlSessionUtil.closeSqlSession(sqlSession);
    }
}
```

在该测试中通过工具类 SqlSessionUtil 获取 SqlSession 类型的对象，再通过 sqlSession

获取 UserQueryMapper 类型的对象。接下来，利用 userQueryMapper 调用 queryUserById() 方法查询用户。

测试打印结果如下：

```
DEBUG [main] - ==>  Preparing: select id,username,password,gender from user where id = ?
DEBUG [main] - ==> Parameters: 1(Integer)
DEBUG [main] - <==      Total: 1
User [id=1, username=lucy, password=123456, gender=female]
```

3.2.2　传递和接收多个普通类型参数

当传递的参数为多个普通类型的参数时，MyBatis 会将这些参数封装在 Map 中，封装方式有如下两种。

(1) 以 arg0,arg1,...,argN 为键，以参数为值。

(2) 以 param1,param2,...,paramN 为键，以参数为值。

与此对应，在映射文件中接收这些参数的方式有如下两种。

(1) 使用 #{arg0},#{arg1},...,#{argN} 的方式依次接收参数。

(2) 使用 #{param1},#{param2},...,#{paramN} 的方式依次接收参数。

本节中，我们以查询为例，讲解传递和接收多个普通类型的参数。例如，以用户名和性别作为条件查询用户，需要传递两个参数。

接口文件 UserParameterMapper.java 的相关代码如下：

```
List<User> queryUsersByUsernameAndGender(String username, String gender);
```

这里定义了依据用户名和性别查询用户的方法 queryUsersByUsernameAndGender()。

映射文件 UserParameterMapper.xml 的相关代码如下：

```
<select id="queryUsersByUsernameAndGender" resultType="User">
    <!-- 接收多个普通类型参数的方式一 -->
    <!-- select * from user where username = #{arg0} and gender= #{arg1} -->
    <!-- 接收多个普通类型参数的方式二 -->
    select * from user where username = #{param1} and gender= #{param2}
</select>
```

在该 <select> 标签中，我们使用了两种不同的方式接收多个普通参数。

测试文件 MybatisParameterTest.java 的相关代码如下：

```
@Test
public void testQueryUsersByUsernameAndGender() {
```

```
    SqlSession sqlSession = null;
    try {
        // 获取 SqlSession 类型的对象
        sqlSession = SqlSessionUtil.getSqlSession();
        // 获取 UserParameterMapper 类型的对象
        UserParameterMapper userParameterMapper = sqlSession.getMapper(UserParameterMapper.
            class);
        // 用户名
        String username = "lucy";
        // 用户性别
        String gender = "female";
        // 查询用户
        List<User> list = userParameterMapper.queryUsersByUsernameAndGender(username, gender);
        // 打印用户
        System.out.println(list);
    } catch (Exception e) {
        System.out.println(e);
    } finally {
        SqlSessionUtil.closeSqlSession(sqlSession);
    }
}
```

在该测试中通过工具类 SqlSessionUtil 获取 SqlSession 类型的对象，再通过 sqlSession 获取 UserQueryMapper 类型的对象。接下来，利用 userQueryMapper 调用 queryUsersByUsernameAndGender() 方法将用户名和性别作为条件进行查询操作。

测试打印结果如下：

```
DEBUG [main] - ==>  Preparing: select * from user where username = ? and gender= ?
DEBUG [main] - ==> Parameters: lucy(String), female(String)
DEBUG [main] - <==      Total: 1
[User [id=1, username=lucy, password=123456, gender=female]]
```

3.2.3　利用 @Param 注解传递多个普通类型参数

在刚才的案例中，传递多个普通类型的参数时，我们必须通过 #{arg0},#{arg1},..., #{argN} 或 #{param1},#{param2},...,#{paramN} 的方式来接收。这样的写法不但效率低，而且代码可读性不强。为了解决此问题，我们在传递参数时可使用 @Param 注解为参数起别名，再由 MyBatis 将这些参数的别名封装进 Map 中。于是，在接收端便可使用 #{ 别名 } 的方式接收参数。

简单地说，在接口文件中使用 org.apache.ibatis.annotations.Param 类型的注解 @Param 为参数定义别名，在映射文件中使用 #{ 别名 } 的方式获取参数。

在此，我们以查询为例，讲解利用 @Param 注解传递和接收多个普通类型的参数。例如，以用户名或性别作为条件查询用户，需要传递两个参数。

接口文件 UserParameterMapper.java 的相关代码如下：

```
List<User> queryUsersByUsernameOrGender(@Param("username") String u, @Param("gender") String g);
```

这里定义了依据用户名或性别查询用户的方法 queryUsersByUsernameOrGender()。在该方法中，使用 @Param 注解为第一个参数设定别名 username，为第二个参数设定别名 gender。

映射文件 UserParameterMapper.xml 的相关代码如下：

```
<select id="queryUsersByUsernameOrGender" resultType="User">
    select * from user where username = #{username} or gender= #{gender}
</select>
```

在该 <select> 标签中利用 #{ 别名 } 的方式获取传递过来的用户名和性别。

测试文件 MybatisParameterTest.java 的相关代码如下：

```
@Test
public void testQueryUsersByUsernameOrGender() {
    SqlSession sqlSession = null;
    try {
        // 获取 SqlSession 类型的对象
        sqlSession = SqlSessionUtil.getSqlSession();
        // 获取 UserParameterMapper 类型的对象
        UserParameterMapper userParameterMapper = sqlSession.getMapper(UserParameterMapper.class);
        // 用户名
        String username = "lucy";
        // 用户性别
        String gender = "female";
        // 查询用户
        List<User> list = userParameterMapper.queryUsersByUsernameOrGender(username, gender);
        // 打印用户
        for(User user : list){
            System.out.println(user);
        }
    } catch (Exception e) {
        System.out.println(e);
    } finally {
        SqlSessionUtil.closeSqlSession(sqlSession);
    }
}
```

在该测试中通过工具类 SqlSessionUtil 获取 SqlSession 类型的对象，再通过 sqlSession 获取 UserParameterMapper 类型的对象。接下来，利用 userParameterMapper 调用 queryUsersByUsernameOrGender() 方法将用户名和性别作为条件执行查询操作。

测试打印结果如下：

```
DEBUG [main] - ==>  Preparing: select * from user where username = ? or gender= ?
DEBUG [main] - ==> Parameters: lucy(String), female(String)
DEBUG [main] - <==      Total: 4
User [id=1, username=lucy, password=123456, gender=female]
```

```
User [id=2, username=momo, password=234567, gender=female]
User [id=3, username=xixi, password=345678, gender=female]
User [id=4, username=pepe, password=456123, gender=female]
```

3.2.4 传递和接收单个 POJO 参数

当传递的参数是单个 POJO 时，映射文件的占位符中可使用 `#{POJO 的属性名}` 的形式获取对应参数。

在此，我们以插入单条记录为例，讲解传递和接收单个 POJO 作为参数的情况。

接口文件 UserParameterMapper.java 的相关代码如下：

```
int insertUser(User user);
```

这里定义了插入用户的方法 `insertUser()`，该方法的返回值表示插入操作中受影响的行数。如果返回值大于 0，表示插入成功，反之表示插入失败。

映射文件 UserParameterMapper.xml 的相关代码如下：

```
<insert id="insertUser" parameterType="User">
    insert into user(username,password,gender) values (#{username},#{password},#{gender})
</insert>
```

在该 `<insert>` 标签中，`parameterType` 属性的值为 `User`，表示输入参数为 `User` 类型的对象。在 `insert` 语句中使用 `#{POJO 的属性名}` 的方式从 `User` 对象中获取用户名、密码和性别。

测试文件 MybatisParameterTest.java 的相关代码如下：

```
@Test
public void testInsertUser() {
    SqlSession sqlSession = null;
    try {
        // 获取 SqlSession 类型的对象
        sqlSession = SqlSessionUtil.getSqlSession();
        // 获取 UserParameterMapper 类型的对象
        UserParameterMapper userParameterMapper = sqlSession.getMapper(UserParameterMapper.class);
        // 用户名
        String username = "gugu";
        // 密码
        String password = "123456";
        // 用户性别
        String gender = "female";
        // 创建用户对象
        User user = new User(null, username, password, gender);
        // 插入用户
        int result = userParameterMapper.insertUser(user);
```

```
        // 打印插入操作结果
        if(result>0){
            System.out.println("插入用户成功");
        }else {
            System.out.println("插入用户失败");
        }
    } catch (Exception e) {
        System.out.println(e);
    } finally {
        SqlSessionUtil.closeSqlSession(sqlSession);
    }
}
```

在该测试中通过工具类 SqlSessionUtil 获取 SqlSession 类型的对象，再通过 sqlSession 获取 UserParameterMapper 类型的对象。接下来，利用 userParameterMapper 调用 insertUser() 方法将 user 对象插入数据库。

测试打印结果如下：

```
DEBUG [main] - ==>  Preparing: insert into user(username,password,gender) values (?,?,?)
DEBUG [main] - ==> Parameters: gugu(String), 123456(String), female(String)
DEBUG [main] - <==    Updates: 1
插入用户成功
```

在完成该操作后，用户表 user 中的数据如图 3-1 所示。

id	username	password	gender
1	lucy	123456	female
2	momo	234567	female
3	xixi	345678	female
4	pepe	456123	female
5	gugu	123456	female

图 3-1 用户表 user 中的数据

3.2.5 传递和接收多个 POJO 参数

当传递的参数是多个 POJO 时，在映射文件的占位符中可使用 #{paramN. POJO 的属性名 } 的形式获取对应的参数。

在此，我们以传入 2 个 User 类型的对象为例，讲解传递和接收多个 POJO 作为参数的情况。

接口文件 UserParameterMapper.java 的相关代码如下：

```
List<User> queryUsersByTwoUser(User firstUser, User secondUser);
```

这里定义了查询用户的方法 queryUsersByTwoUser()，该方法需要两个 User 类型的对象作为参数。

映射文件 UserParameterMapper.xml 的相关代码如下：

```
<select id="queryUsersByTwoUser" resultType="User">
    select * from user where username = #{param1.username} or gender= #{param2.gender}
</select>
```

在该 <select> 标签中，利用 #{paramN. POJO 的属性名 } 的方式获取第一个 User 对象的 username，获取第二个 User 对象的 gender 作为查询条件。

测试文件 MybatisParameterTest.java 的相关代码如下：

```
@Test
public void testQueryUsersByTwoUser() {
    SqlSession sqlSession = null;
    try {
        // 获取 SqlSession 类型的对象
        sqlSession = SqlSessionUtil.getSqlSession();
        // 获取 UserParameterMapper 类型的对象
        UserParameterMapper userParameterMapper = sqlSession.getMapper(UserParameterMapper.class);
        // 用户名
        String username = "hghg";
        // 密码
        String password = "123456";
        // 用户性别
        String gender = "female";
        // 创建第一个 User 类型的对象
        User user1 = new User(null, username, password, gender);
        // 用户名
        username = "pkpk";
        // 密码
        password = "123456";
        // 用户性别
        gender = "female";
        // 创建第二个 User 类型的对象
        User user2 = new User(null, username, password, gender);
        // 查询用户
        List<User> list = userParameterMapper.queryUsersByTwoUser(user1, user2);
        // 打印查询结果
        for(User user : list){
            System.out.println(user);
        }
    } catch (Exception e) {
        System.out.println(e);
    } finally {
        SqlSessionUtil.closeSqlSession(sqlSession);
    }
}
```

在该测试中通过工具类 SqlSessionUtil 获取 SqlSession 类型的对象，再通过 sqlSession 获取 UserParameterMapper 类型的对象。接下来，利用 userParameterMapper 调用 queryUsersByTwoUser() 方法查询满足条件的用户。

测试打印结果如下：

```
DEBUG [main] - ==>  Preparing: select * from user where username = ? or gender= ?
DEBUG [main] - ==> Parameters: hghg(String), female(String)
DEBUG [main] - <==      Total: 5
User [id=1, username=lucy, password=123456, gender=female]
User [id=2, username=momo, password=234567, gender=female]
User [id=3, username=xixi, password=345678, gender=female]
User [id=4, username=pepe, password=456123, gender=female]
User [id=5, username=gugu, password=123456, gender=female]
```

3.2.6 利用 @Param 注解传递多个 POJO 类型参数

与利用 @Param 传递多个普通类型的参数类似，我们可利用 @Param 传递多个 POJO 类型的参数。在此，我们以传入两个 User 类型的对象为例，讲解结合 @Param 传递多个 POJO 作为参数的情况。

接口文件 UserParameterMapper.java 的相关代码如下：

```
List<User> queryUsersByTwoUserWithParam(@Param("firstUser")User fu, @Param("secondUser")User su);
```

这里定义了查询用户的方法 queryUsersByTwoUserWithParam()，它利用 @Param 注解设置第一个参数的别名为 firstUser，设置第二个参数的别名为 secondUser。

映射文件 UserParameterMapper.xml 的相关代码如下：

```
<select id="queryUsersByTwoUserWithParam" resultType="User">
    select * from user where username = #{firstUser.username} or gender= #{secondUser.gender}
</select>
```

在该 <select> 标签中利用 #{POJO 别名 . 的属性名 } 的方式获取第一个 User 对象的 username，获取第二个 User 对象的 gender 作为查询条件。

测试文件 MybatisParameterTest.java 的相关代码如下：

```
@Test
public void testQueryUsersByTwoUserWithParam() {
    SqlSession sqlSession = null;
    try {
        // 获取 SqlSession 类型的对象
        sqlSession = SqlSessionUtil.getSqlSession();
        // 获取 UserParameterMapper 类型的对象
        UserParameterMapper userParameterMapper = sqlSession.getMapper(UserParameterMapper.
            class);
```

```
        // 用户名
        String username = "hghg";
        // 密码
        String password = "123456";
        // 用户性别
        String gender = "female";
        // 创建第一个 User 类型的对象
        User user1 = new User(null, username, password, gender);
        // 用户名
        username = "pkpk";
        // 密码
        password = "123456";
        // 用户性别
        gender = "female";
        // 创建第二个 User 类型的对象
        User user2 = new User(null, username, password, gender);
        // 查询用户
        List<User> list = userParameterMapper.queryUsersByTwoUserWithParam(user1, user2);
        // 打印查询结果
        for(User user : list){
            System.out.println(user);
        }
    } catch (Exception e) {
        System.out.println(e);
    } finally {
        SqlSessionUtil.closeSqlSession(sqlSession);
    }
}
```

在该测试中，通过工具类 `SqlSessionUtil` 获取 `SqlSession` 类型的对象，再通过 `sqlSession` 获取 `UserParameterMapper` 类型的对象。接下来，利用 `userParameterMapper` 调用 `queryUsersByTwoUserWithParam()` 方法查询满足条件的用户。

测试打印结果如下：

```
DEBUG [main] - ==>  Preparing: select * from user where username = ? or gender= ?
DEBUG [main] - ==> Parameters: hghg(String), female(String)
DEBUG [main] - <==      Total: 5
User [id=1, username=lucy, password=123456, gender=female]
User [id=2, username=momo, password=234567, gender=female]
User [id=3, username=xixi, password=345678, gender=female]
User [id=4, username=pepe, password=456123, gender=female]
User [id=5, username=gugu, password=123456, gender=female]
```

3.2.7　传递和接收 Map 类型参数

在 MyBatis 开发中，我们还可以使用 `Map` 传递参数。在这种情况下，在映射文件的占位符中使用 `#{Map 的 key}` 的形式获取键所对应的值。

在此，以查询username为lucy或gender为female的用户为例，讲解以Map的形式传递参数。

接口文件UserParameterMapper.java的相关代码如下：

```
List<User> queryUsersByMap(Map<String, Object> paramMap);
```

这里定义了查询用户的方法queryUsersByMap()，该方法的参数为Map类型。

映射文件UserParameterMapper.xml的相关代码如下：

```
<select id="queryUsersByMap" resultType="User">
    select * from user where username = #{username} or gender= #{gender}
</select>
```

在该<select>标签中，使用#{Map的key}的方式获取键所对应的值。

测试文件MybatisParameterTest.java的相关代码如下：

```
@Test
public void testQueryUsersByMap() {
    SqlSession sqlSession = null;
    try {
        // 获取SqlSession类型的对象
        sqlSession = SqlSessionUtil.getSqlSession();
        // 获取UserParameterMapper类型的对象
        UserParameterMapper userParameterMapper = sqlSession.getMapper(UserParameterMapper.
            class);
        // 创建Map对象
        Map<String, Object> paramMap=new HashMap<>();
        // 以username为键、lucy为值向Map中添加数据
        paramMap.put("username", "lucy");
        // 以gender为键、female为值向Map中添加数据
        paramMap.put("gender", "female");
        // 查询用户
        List<User> list = userParameterMapper.queryUsersByMap(paramMap);
        // 打印查询结果
        for(User user : list){
            System.out.println(user);
        }
    } catch (Exception e) {
        System.out.println(e);
    } finally {
        SqlSessionUtil.closeSqlSession(sqlSession);
    }
}
```

在该测试中，通过工具类SqlSessionUtil获取SqlSession类型的对象，再通过SqlSession获取UserParameterMapper类型的对象。接下来，利用Map封装需要传递的参数。最后，利用userParameterMapper调用queryUsersByMap()方法查询满足条件的用户。

测试打印结果如下：

```
DEBUG [main] - ==>  Preparing: select * from user where username = ? or gender= ?
DEBUG [main] - ==> Parameters: lucy(String), female(String)
DEBUG [main] - <==      Total: 5
User [id=1, username=lucy, password=123456, gender=female]
User [id=2, username=momo, password=234567, gender=female]
User [id=3, username=xixi, password=345678, gender=female]
User [id=4, username=pepe, password=456123, gender=female]
User [id=5, username=gugu, password=123456, gender=female]
```

3.2.8　传递和接收 List 类型参数

当传递的参数是 List 类型时，在映射文件中需使用 foreach 迭代获取参数。关于 foreach，在本示例中只需熟悉其最基本的用法即可，我们将在后续章节中详细讲解。

在此，以查询 id 为 1、2、3 的用户为例讲解以 List 的形式传递参数。

接口文件 UserParameterMapper.java 的相关代码如下：

```
List<User> queryUsersByList(@Param("idList") List<Integer> list);
```

这里定义了查询用户的方法 queryUsersByList()，该方法的输入参数为一个用于保存用户 id 的 List。

映射文件 UserParameterMapper.xml 的相关代码如下：

```
<select id="queryUsersByList" resultType="User">
    select * from user where id in
    <foreach item="userID" collection=" idList " separator="," open="(" close=")">
        #{userID}
    </foreach>
</select>
```

在该 <select> 标签中，结合 foreach 从传递过来的 List 中获取各个参数。

测试文件 MybatisParameterTest.java 的相关代码如下：

```
@Test
public void testQueryUsersByList() {
    SqlSession sqlSession = null;
    try {
        // 获取 SqlSession 类型的对象
        sqlSession = SqlSessionUtil.getSqlSession();
        // 获取 UserParameterMapper 类型的对象
        UserParameterMapper userParameterMapper = sqlSession.getMapper(UserParameterMapper.class);
        // 创建 List
        List<Integer> idList=new ArrayList<>();
        // 利用 List 保存用户 id
        idList.add(1);
        idList.add(2);
        idList.add(3);
```

```
        // 查询用户
        List<User> list = userParameterMapper.queryUsersByList(idList);
        // 打印查询结果
        for(User user : list){
            System.out.println(user);
        }
    } catch (Exception e) {
        System.out.println(e);
    } finally {
        SqlSessionUtil.closeSqlSession(sqlSession);
    }
}
```

在该测试中通过工具类 SqlSessionUtil 获取 SqlSession 类型的对象，再通过 sqlSession 获取 UseParameterMapper 类型的对象。接下来，利用 List 封装需要传递的参数。最后，利用 userParameterMapper 调用 queryUsersByList() 方法查询满足条件的用户。

测试打印结果如下：

```
DEBUG [main] - ==>  Preparing: select * from user where id in ( ? , ? , ? )
DEBUG [main] - ==> Parameters: 1(Integer), 2(Integer), 3(Integer)
DEBUG [main] - <==      Total: 3
User [id=1, username=lucy, password=123456, gender=female]
User [id=2, username=momo, password=234567, gender=female]
User [id=3, username=xixi, password=345678, gender=female]
```

3.2.9　传递和接收数组类型参数

与传递的参数是 List 类型类似，在传递数组类型的参数时，在映射文件中需使用 foreach 迭代获取参数。

在此，以查询 id 为 1、2、3 的用户为例讲解以数组的形式传递参数。

接口文件 UserParameterMapper.java 的相关代码如下：

```
List<User> queryUsersByArray(@Param("idArray") int[] array);
```

这里定义了查询用户的方法 queryUsersByArray()，该方法的输入参数为一个用于保存用户 id 的数组。

映射文件 UserParameterMapper.xml 的相关代码如下：

```
<select id="queryUsersByArray" resultType="User">
    select * from user where id in
    <foreach item="userID" collection="idArray" separator="," open="(" close=")">
        #{userID}
    </foreach>
</select>
```

在该 <select> 标签中，结合 foreach 从传递过来的数组中获取各个参数。

测试文件 MybatisParameterTest.java 的相关代码如下：

```
@Test
public void testQueryUsersByArray() {
    SqlSession sqlSession = null;
    try {
        // 获取 SqlSession 类型的对象
        sqlSession = SqlSessionUtil.getSqlSession();
        // 获取 UserParameterMapper 类型的对象
        UserParameterMapper userParameterMapper = sqlSession.getMapper(UserParameterMapper.class);
        // 利用数组保存用户 id
        int[] idArray = {1,2,3};
        // 查询用户
        List<User> list = userParameterMapper.queryUsersByArray(idArray);
        // 打印查询结果
        for(User user : list){
            System.out.println(user);
        }
    } catch (Exception e) {
        System.out.println(e);
    } finally {
        SqlSessionUtil.closeSqlSession(sqlSession);
    }
}
```

在该测试中，通过工具类 SqlSessionUtil 获取 SqlSession 类型的对象，再通过 sqlSession 获取 UserParameterMapper 类型的对象。接下来，利用数组封装需要传递的参数。最后，利用 userParameterMapper 调用 queryUsersByArray() 方法查询满足条件的用户。

测试打印结果如下：

```
DEBUG [main] - ==>  Preparing: select * from user where id in ( ? , ? , ? )
DEBUG [main] - ==> Parameters: 1(Integer), 2(Integer), 3(Integer)
DEBUG [main] - <==      Total: 3
User [id=1, username=lucy, password=123456, gender=female]
User [id=2, username=momo, password=234567, gender=female]
User [id=3, username=xixi, password=345678, gender=female]
```

3.3　实用小技能

本节中，我们来了解在开发中看似不起眼却很重要的实用小技能。

3.3.1　获取自增的主键值

在用户表 user 中，id 字段是主键而且是自动增长的。也就是说，当我们向数据库中插入 User

对象时不用指定其 id 值，而且在插入完成后数据库会自动生成与之对应的 id。在此，我们以插入用户为例，介绍获取自增主键的值的两种常见方式。

1. 方式一

在映射文件中的 <insert> 标签中增加两个属性来实现该功能。利用 keyProperty 属性指定类的某个属性（通常为与主键对应的 Java 属性）接收主键返回值，与此同时，将 useGeneratedKeys 属性值设置为 true 即可。

接口文件 UserSkillMapper.java 的相关代码如下：

```
int insertUserGetID1(User user);
```

这里定义了插入用户的方法 insertUserGetID1()，该方法的参数为 User 类型的对象。

映射文件 UserSkillMapper.xml 的相关代码如下：

```
<insert id="insertUserGetID1" parameterType="User" useGeneratedKeys="true" keyProperty="id">
    insert into user(username,password,gender) values (#{username},#{password},#{gender})
</insert>
```

在该 <insert> 标签中，利用 keyProperty 属性指定利用 User 对象的 id 属性接收自动生成的主键，并将 useGeneratedKeys 属性的值设置为 true，表示允许 JDBC 支持自动生成主键。

测试文件 MybatisSkillTest.java 的相关代码如下：

```
@Test
public void testInsertUserGetID1(){
    SqlSession sqlSession = null;
    try {
        // 获取 SqlSession 类型的对象
        sqlSession = SqlSessionUtil.getSqlSession();
        // 获取 UserSkillMapper 类型的对象
        UserSkillMapper userSkillMapper = sqlSession.getMapper(UserSkillMapper.class);
        // 创建用户对象
        User user = new User(null, "nini", "222666", "female");
        // 插入用户
        int insertResult = userSkillMapper.insertUserGetID1(user);
        System.out.println(insertResult);
        // 获取用户 id
        Integer id = user.getId();
        // 打印用户 id
        System.out.println(" 执行插入操作后获得自动生成的主键 id="+id);
    } catch (Exception e) {
        System.out.println(e);
    } finally {
        SqlSessionUtil.closeSqlSession(sqlSession);
    }
}
```

在该测试中，通过工具类 SqlSessionUtil 获取 SqlSession 类型的对象，再通过 sqlSession 获取 UserSkillMapper 类型的对象。接下来，创建 User 类型的对象并将其作为待插入数据，该对象的 id 属性值为 null。最后，利用 userSkillMapper 调用 insertUserGetID1() 方法向数据库中插入新用户。

测试打印结果如下：

```
DEBUG [main] - ==>  Preparing: insert into user(username,password,gender) values (?,?,?)
DEBUG [main] - ==> Parameters: nini(String), 222666(String), female(String)
DEBUG [main] - <==    Updates: 1
1
执行插入操作后获得自动生成的主键 id=6
```

从测试结果可以看出，将 User 类型的对象成功插入数据库后，其 id 值不再为 null，而被替换成了新的 id 值。在完成该操作后，用户表 user 中的数据如图 3-2 所示。

id	username	password	gender
1	lucy	123456	female
2	momo	234567	female
3	xixi	345678	female
4	pepe	456123	female
5	gugu	123456	female
6	nini	222666	female

图 3-2　用户表 user 中的数据

2. 方式二

当数据库（例如 Oracle）不支持主键自动增长时，则可使用 MyBatis 提供的 <selectKey> 标签获取主键。<selectKey> 标签的 order 属性可被设置为 BEFORE 和 AFTER 中的任意值。如果设置为 BEFORE，表示先执行 <selectKey> 标签中的语句用于设置主键，再执行插入语句。如果设置为 AFTER，则表示先执行插入语句，再执行 <selectKey> 标签中的语句设置主键。此示例中，我们将 <selectKey> 标签的 order 属性值设定为 AFTER，表示先执行插入操作再获取最新记录的主键值，并将该值赋给 User 对象的 id 属性。

接口文件 UserSkillMapper.java 的相关代码如下：

```
int insertUserGetID2(User user);
```

这里定义了插入用户的方法 insertUserGetID2()，该方法的参数为 User 类型的对象。

映射文件 UserSkillMapper.xml 的相关代码如下：

```
<insert id="insertUserGetID2" parameterType="User">
```

```
    <selectKey order="AFTER" keyProperty="id" resultType="int">
        select last_insert_id()
    </selectKey>
    insert into user(username,password,gender) values (#{username},#{password},#{gender})
</insert>
```

在该 <insert> 标签中，利用 <selectKey> 标签获取新插入记录的自增主键值。

测试文件 MybatisSkillTest.java 的相关代码如下：

```
@Test
public void testInsertUserGetID2(){
    SqlSession sqlSession = null;
    try {
        // 获取 SqlSession 类型的对象
        sqlSession = SqlSessionUtil.getSqlSession();
        // 获取 UserSkillMapper 类型的对象
        UserSkillMapper userSkillMapper = sqlSession.getMapper(UserSkillMapper.class);
        // 创建用户对象
        User user = new User(null, "kpkp", "111999", "female");
        // 插入用户
        int insertResult = userSkillMapper.insertUserGetID2(user);
        System.out.println(insertResult);
        // 获取用户 id
        Integer id = user.getId();
        // 打印用户 id
        System.out.println("执行插入操作后获得自动生成的主键 id="+id);
    } catch (Exception e) {
        System.out.println(e);
    } finally {
        SqlSessionUtil.closeSqlSession(sqlSession);
    }
}
```

在该测试中，通过工具类 SqlSessionUtil 获取 SqlSession 类型的对象，再通过 sqlSession 获取 UserSkillMapper 类型的对象。接下来，创建 User 类型的对象作为待插入数据，该对象的 id 属性值为 null。最后，利用 userSkillMapper 调用 insertUserGetID2() 方法向数据库中插入新用户。

测试打印结果如下：

```
DEBUG [main] - ==>  Preparing: insert into user(username,password,gender) values (?,?,?)
DEBUG [main] - ==> Parameters: kpkp(String), 111999(String), female(String)
DEBUG [main] - <==    Updates: 1
1
执行插入操作后获得自动生成的主键 id=7
```

从测试结果可以看出，将 User 类型对象成功插入数据库后，该对象的 id 值不再为 null，而被替换成了新的 id 值。在完成该操作后，用户表 user 中的数据如图 3-3 所示。

id	username	password	gender
1	lucy	123456	female
2	momo	234567	female
3	xixi	345678	female
4	pepe	456123	female
5	gugu	123456	female
6	nini	222666	female
7	kpkp	111999	female

图 3-3　用户表 user 中的数据

3.3.2　传递表名

我们先来看开发中常见的三个需求：

- 统计 user 表中的记录总数；
- 统计 emp 表中的记录总数；
- 统计 boss 表中的记录总数。

其实，这三个需求的 SQL 操作基本一致，唯一的差别就是表的名字不同。如果我们单独写三个方法就有些冗余了，所以只写一个方法将表名作为参数输入即可。

接口文件 UserSkillMapper.java 的相关代码如下：

```
Integer getCount();
```

这里定义了 getCount() 方法来获取记录总数。

映射文件 UserSkillMapper.xml 的相关代码如下：

```
<select id="getCount" resultType="Integer">
    select count(*) from #{tableName}
</select>
```

在该 <select> 标签中，通过 #{ } 的方式获取传递过来的表名。

测试文件 MybatisSkillTest.java 的相关代码如下：

```
@Test
public void testGetCount(){
    SqlSession sqlSession = null;
    try {
        // 获取 SqlSession 类型的对象
        sqlSession = SqlSessionUtil.getSqlSession();
        // 获取 UserSkillMapper 类型的对象
        UserSkillMapper userSkillMapper = sqlSession.getMapper(UserSkillMapper.class);
```

```
        // 表名
        String tableName = "user";
        // 查询表的记录总数
        Integer count = userSkillMapper.getCount(tableName);
        // 打印记录总数
        System.out.println("表中的记录总数 = "+count);
    } catch (Exception e) {
        System.out.println(e);
    } finally {
        SqlSessionUtil.closeSqlSession(sqlSession);
    }
}
```

在该测试中，通过工具类 `SqlSessionUtil` 获取 `SqlSession` 类型的对象，再通过 `sqlSession` 获取 `UserSkillMapper` 类型的对象。接下来，利用 `userSkillMapper` 调用 `getCount()` 方法获取用户表 `user` 中的记录总数。

在此单元测试中出现了错误，报错信息如下：

```
You have an error in your SQL syntax; check the manual that corresponds to your MySQL server
version for the right syntax to use near ''user'' at line 1
```

错误的原因在于，我们在映射文件中使用 `#{ }` 的方式获取了参数。此时，SQL 语句等价于 `select count(*) FROM 'user';`，在表名上添加了单引号引发了错误。

明白了错误的原因之后，将其修改为利用 `${ }` 的方式获取参数即可。修改后的映射文件 UserSkillMapper.xml 的相关代码如下：

```
<select id="getCount" resultType="Integer">
    <!-- 错误写法如下 -->
    <!-- select count(*) from #{tableName} -->
    <!-- 正确写法如下 -->
    select count(*) from ${tableName}
</select>
```

测试打印结果如下：

```
DEBUG [main] - ==>  Preparing: select count(*) from user
DEBUG [main] - ==> Parameters:
DEBUG [main] - <==      Total: 1
表中的记录总数 = 7
```

3.3.3 批量删除

本节中，我们以删除 `id` 为 7、8、9 的用户为例讲解批量删除。在此示例中依然要注意获取参数时 `#{ }` 与 `${ }` 的差异。

接口文件 UserSkillMapper.java 的相关代码如下：

```
Integer deleteMore(String ids);
```

这里定义了批量删除用户的方法 deleteMore()。

映射文件 UserSkillMapper.xml 的相关代码如下：

```
<delete id="deleteMore">
    <!-- 错误写法如下 -->
    <!-- delete from user where id in(#{ids}) -->
    <!-- 正确写法如下 -->
    delete from user where id in(${ids})
</delete>
```

在该 <delete> 标签中，利用 ${ } 的方式获取传递过来的用户 id。

完成接口文件和映射文件的编写后，我们在测试类中进行功能测试。测试文件 MybatisSkillTest.java 的相关代码如下：

```
@Test
public void testDeleteMore(){
    SqlSession sqlSession = null;
    try {
        // 获取 SqlSession 类型的对象
        sqlSession = SqlSessionUtil.getSqlSession();
        // 获取 UserSkillMapper 类型的对象
        UserSkillMapper userSkillMapper = sqlSession.getMapper(UserSkillMapper.class);
        // 用户 id
        String ids = "7,8,9";
        // 批量删除用户
        Integer count = userSkillMapper.deleteMore(ids);
        System.out.println("被删除的用户数量 = "+count);
    } catch (Exception e) {
        System.out.println(e);
    } finally {
        SqlSessionUtil.closeSqlSession(sqlSession);
    }
}
```

在该测试中，通过工具类 SqlSessionUtil 获取 SqlSession 类型的对象，再通过 sqlSession 获取 UserSkillMapper 类型的对象。接下来，利用 userSkillMapper 调用 deleteMore() 方法批量删除用户。

测试打印结果如下：

```
DEBUG [main] - ==>  Preparing: delete from user where id in(7,8,9)
DEBUG [main] - ==> Parameters:
DEBUG [main] - <==    Updates: 1
被删除的用户数量 = 1
```

在完成该操作后，用户表 user 中的数据如图 3-4 所示。

id	username	password	gender
1	lucy	123456	female
2	momo	234567	female
3	xixi	345678	female
4	pepe	456123	female
5	gugu	123456	female
6	nini	222666	female

图 3-4 用户表 user 中的数据

3.4 小结

本章所涉及的技能属于 MyBatis 开发中的基础核心技术，重要性不言而喻，请各位读者务必掌握。在阅读的过程中勤动手多练习，在熟练运用的基础上夯实开发基本功。

第 4 章

MyBatis 关联映射

在之前章节的学习中，我们掌握了 MyBatis 的基本用法、常见操作、参数传递与接收等开发技能。总体而言，这些操作较为简单。在实际开发中，我们的项目中可能包含多张表，除了针对单表的查询以外，还经常涉及多表操作。为此，MyBatis 专门提供了关联查询用于处理多表数据操作。

在本章中，我们将详细介绍 resultMap 与自定义结果映射、一对一查询、一对多查询、多对一查询、多对多查询。

本章相关示例的完整代码请参见随书配套源码中的 MyBatis_AssociationMap 项目。

4.1 resultType 与自动映射

在之前的案例中，我们通过 MyBatis 进行数据操作时都遵循一个开发规范：类的属性名与表的字段名相对应并保持一致。假若我们不遵从该规范，能实现从查询结果到 POJO 的自动映射吗？下面以针对客户的查询为例进行验证。

客户表 customer 具有 c_id、c_name 和 c_age 三个字段，它们分别表示客户的 id、名字和年龄。其中，c_id 为主键。数据库代码如下：

```
-- 创建客户表 customer
CREATE TABLE customer(
  c_id INT primary key auto_increment,
  c_name VARCHAR(50),
  c_age INT(10)
);

-- 向客户表 customer 中插入数据
INSERT INTO customer(c_name,c_age) VALUES("lucy",21);
INSERT INTO customer(c_name,c_age) VALUES("momo",22);
INSERT INTO customer(c_name,c_age) VALUES("xixi",23);

-- 查询客户表 customer 中的数据
SELECT * FROM customer;
```

在完成该操作后，客户表 customer 中的数据如图 4-1 所示。

```
+------+--------+-------+
| c_id | c_name | c_age |
+------+--------+-------+
|    1 | lucy   |    21 |
|    2 | momo   |    22 |
|    3 | xixi   |    23 |
+------+--------+-------+
```

图 4-1 客户表 customer 中的数据

客户类 Customer 有三个属性 cId、cName 和 cAge，代码如下：

```
public class Customer {
    private Integer cId;
    private String cName;
    private Integer cAge;
    // 省略构造函数、各属性的 set 和 get 方法、toString 方法
}
```

从客户表与客户类中我们可以看出，客户表中的字段名与客户类中的属性名不一致。

接口文件 CustomerMapper.java 的相关代码如下：

```
Customer queryCustomerById0(Integer id);
```

这里定义了依据 id 查询客户的方法 queryCustomerById0()。

映射文件 CustomerMapper.xml 的相关代码如下：

```
<select id="queryCustomerById0" resultType="Customer">
    select * from customer where c_id = #{id}
</select>
```

这里在查询语句中传入客户 id，其返回值为客户对象。

测试文件 MyBatisCustomerTest.java 的相关代码如下：

```
@Test
public void testQueryCustomerById0(){
    SqlSession sqlSession = null;
    try {
        // 获取 SqlSession 类型的对象
        sqlSession = SqlSessionUtil.getSqlSession();
        // 获取 CustomerMapper 类型的对象
        CustomerMapper customerMapper = sqlSession.getMapper(CustomerMapper.class);
        // 客户 id
        int customerID = 1;
        // 查询客户
        Customer customer = customerMapper.queryCustomerById0(customerID);
        // 打印查询结果
        System.out.println(customer);
```

```
    } catch (Exception e) {
        System.out.println(e);
    } finally {
        SqlSessionUtil.closeSqlSession(sqlSession);
    }
}
```

在该测试中，通过工具类 SqlSessionUtil 获取 SqlSession 类型的对象，再通过 sqlSession 获取 CustomerMapper 类型的对象。接下来，利用 customerMapper 调用 queryCustomerById0() 方法依据客户 id 查询客户。

测试打印结果如下：

```
DEBUG [main] - ==>  Preparing: select * from customer where c_id = ?
DEBUG [main] - ==> Parameters: 1(Integer)
DEBUG [main] - <==      Total: 1
null
```

从测试结果可以看出，虽然 SQL 语句正确执行，但是查询结果为 null。造成该现象的根本原因就在于客户表中的字段名与客户类中的属性名并不一致，导致 MyBatis 无法自动映射。

接下来，我们用两种方式来解决此类问题。

4.1.1　利用字段别名实现自动映射

在 SQL 语句中为字段取别名，使其与类中的属性名保持一致。

接口文件 CustomerMapper.java 的相关代码如下：

```
Customer queryCustomerById1(Integer id);
```

这里定义了依据 id 查询客户的方法 queryCustomerById1()。

映射文件 CustomerMapper.xml 的相关代码如下：

```
<select id="queryCustomerById1" resultType="Customer">
    select c_id as cId,c_name as cName,c_age as cAge from customer where c_id = #{id}
</select>
```

在查询语句中为字段取别名，使查询结果中的字段名与用户类的属性名保持一致。

测试文件 MyBatisCustomerTest.java 的相关代码如下：

```
@Test
public void testQueryCustomerById1(){
    SqlSession sqlSession = null;
    try {
        // 获取 SqlSession 类型的对象
```

```
        sqlSession = SqlSessionUtil.getSqlSession();
        // 获取 CustomerMapper 类型的对象
        CustomerMapper customerMapper = sqlSession.getMapper(CustomerMapper.class);
        // 客户 id
        int customerID = 1;
        // 查询客户
        Customer customer = customerMapper.queryCustomerById1(customerID);
        // 打印查询结果
        System.out.println(customer);
    } catch (Exception e) {
        System.out.println(e);
    } finally {
        SqlSessionUtil.closeSqlSession(sqlSession);
    }
}
```

在该测试中，通过工具类 SqlSessionUtil 获取 SqlSession 类型的对象，再通过 sqlSession 获取 CustomerMapper。接下来，利用 customerMapper 调用 queryCustomerById1() 方法依据客户 id 查询客户。

测试打印结果如下：

```
DEBUG [main] - ==>  Preparing: select c_id as cId,c_name as cName,c_age as cAge from
    customer where c_id = ?
DEBUG [main] - ==> Parameters: 1(Integer)
DEBUG [main] - <==      Total: 1
Customer{cId=1, cName='lucy', cAge=21}
```

从测试结果可以看出，通过设置别名的方式查询，结果不再为空，实现了查询结果与 POJO 的映射。虽然顺利通过了测试，但是让我们试想：如果表中的字段众多，这种取别名的方法还具有可行性吗？显而易见，答案是否定的。

4.1.2 利用全局配置实现自动映射

在 MyBatis 全局配置文件 mybatis-config.xml 中添加配置开启驼峰命名自动映射，即从经典数据库列名 A_COLUMN 映射到经典 Java 属性名 aColumn。比如，将表中的 c_id 自动映射到类的 cId 属性。具体配置如下：

```
<settings>
    <!-- 开启驼峰命名自动映射 -->
    <setting name="mapUnderscoreToCamelCase" value="true"/>
</settings>
```

接口文件 CustomerMapper.java 的相关代码如下：

```
Customer queryCustomerById2(Integer id);
```

这里定义了依据 id 查询客户的方法 queryCustomerById2()。

映射文件 CustomerMapper.xml 的相关代码如下：

```
<select id="queryCustomerById2" resultType="Customer">
    select * from customer where c_id = #{id}
</select>
```

在查询语句中传入客户 id，返回值为客户对象。

测试文件 MyBatisCustomerTest.java 的相关代码如下：

```
@Test
public void testQueryCustomerById2(){
    SqlSession sqlSession = null;
    try {
        // 获取 SqlSession 类型的对象
        sqlSession = SqlSessionUtil.getSqlSession();
        // 获取 CustomerMapper 类型的对象
        CustomerMapper customerMapper = sqlSession.getMapper(CustomerMapper.class);
        // 客户 id
        int customerID = 1;
        // 查询客户
        Customer customer = customerMapper.queryCustomerById2(customerID);
        // 打印查询结果
        System.out.println(customer);
    } catch (Exception e) {
        System.out.println(e);
    } finally {
        SqlSessionUtil.closeSqlSession(sqlSession);
    }
}
```

测试打印结果如下：

```
DEBUG [main] - ==>  Preparing: select * from customer where c_id = ?
DEBUG [main] - ==> Parameters: 1(Integer)
DEBUG [main] - <==      Total: 1
Customer{cId=1, cName='lucy', cAge=21}
```

从测试结果可以看出，通过配置开启驼峰命名自动映射的方式，可实现查询结果与 POJO 的映射。

在通过测试之后，我们发现一个潜在的问题：如果通过驼峰命名自动映射后的字段仍然与类的属性名不一致，那么查询操作依然失败。例如，客户表中使用 c_id 表示客户 id，客户类中使用 customerID 属性表示客户 id，在此情况下通过自动映射仍无法查询到结果。

为此，我们可通过 MyBatis 提供的 resultMap 解决类似问题。

4.2 自定义结果映射 resultMap

在 MyBatis 中通过 resultMap 实现自定义结果映射。简单来说，我们在 <select> 标签中利用 resultMap 替代 resultType，可以自行决定将表中的字段映射成 POJO 的哪个属性。请注意，在 <select> 标签中不能同时使用 resultMap 和 resultType。一般而言，符合开发规范的简易查询使用 resultType，需自定义结果映射时使用 resultMap。

resultMap 的常用属性及其作用如表 4-1 所示。

表 4-1　resultMap 的常用属性及其作用

属　性	作　用
id	resultMap 的唯一标识
type	表示将查询结果映射成何种 POJO

除以上属性外，还需要掌握 resultMap 中常用的子标签，如 <id>、<result>、<association>、<collection> 等。接下来，我们分别对其进行详细介绍。

- <id> 子标签：用于将查询结果的主键列映射到 POJO 对应的属性。该子标签的 column 属性表示查询结果的列名，property 属性表示 POJO 对应的属性。
- <result> 子标签：用于将查询结果的非主键列映射到 POJO 对应的属性。该子标签的 column 属性表示查询结果的列名，property 属性表示 POJO 对应的属性。
- <association> 子标签：无论是何种映射，只要某方持有另一方的对象，则使用该子标签实现映射。所以，我们常在一对一查询和多对一查询中使用 <association> 子标签。
- <collection> 子标签：无论是何种映射，只要某方持有另一方的对象集合，则使用该子标签实现映射。所以，我们常在一对多查询和多对多查询中使用 <collection> 子标签。

了解了 resultMap 的属性及其子标签后，我们使用 resultMap 实现依据 id 查询客户。

接口文件 CustomerMapper.java 的相关代码如下：

```
Customer queryCustomerById3(Integer id);
```

这里定义了依据 id 查询客户的方法 queryCustomerById3()。

映射文件 CustomerMapper.xml 的相关代码如下：

```
<select id="queryCustomerById3" resultMap="customerResultMap">
    select * from customer where c_id = #{id}
</select>
<resultMap id="customerResultMap" type="Customer">
    <id column="c_id" property="cId"></id>
    <result column="c_name" property="cName"></result>
    <result column="c_age" property="cAge"></result>
</resultMap>
```

和之前的 SQL 语句类似，通过 id 查询客户。但是，查询的结果不再是使用 <select> 标签的 resultType 属性自动映射，而是通过 resultMap 属性设置自定义映射。

创建 <resultMap> 标签，将标签的 id 属性值设置为 customerResultMap 作为唯一标识。将标签的 type 属性设置为 Customer，表示将查询结果映射成 Customer 类型的对象。在 <resultMap> 中通过 <id> 子标签将查询结果的主键列 c_id 映射到 Customer 类的 cId 属性。在 <resultMap> 中，通过 <result> 子标签将查询结果的非主键列 c_name 映射到 Customer 类的 cName 属性。在 <resultMap> 中通过 <result> 子标签将查询结果的非主键列 c_age 映射到 Customer 类的 cAge 属性。

最后，将 <select> 标签的 resultMap 属性值设置为 customerResultMap，表示将查询结果交由指定的 resultMap 进行映射。

测试文件 MyBatisCustomerTest.java 的相关代码如下：

```
@Test
public void testQueryCustomerById3(){
    SqlSession sqlSession = null;
    try {
        // 获取 SqlSession 类型的对象
        sqlSession = SqlSessionUtil.getSqlSession();
        // 获取 CustomerMapper 类型的对象
        CustomerMapper customerMapper = sqlSession.getMapper(CustomerMapper.class);
        // 客户 id
        int customerID = 1;
        // 查询客户
        Customer customer = customerMapper.queryCustomerById3(customerID);
        // 打印查询结果
        System.out.println(customer);
    } catch (Exception e) {
        System.out.println(e);
    } finally {
        SqlSessionUtil.closeSqlSession(sqlSession);
    }
}
```

测试打印结果如下：

```
DEBUG [main] - ==>  Preparing: select * from customer where c_id = ?
DEBUG [main] - ==> Parameters: 1(Integer)
DEBUG [main] - <==      Total: 1
Customer{cId=1, cName='lucy', cAge=21}
```

从这个简单的入门示例可以看出，使用 resultMap 极大地提升了处理查询结果的效率。在此情况下，不必要求列名与属性名一一对应，而且操作灵活、简单便捷。

接下来，我们结合 resultMap 实现一对一查询、多对一查询、一对多查询和多对多查询。

4.3 一对一查询

在现实生活中，每个公民都拥有一张身份证。也就是说，人和身份证存在一对一的关系。在此，我们利用级联属性和 resultMap 采用三种方式处理一对一查询。

4.3.1 案例开发准备

请在数据库中分别创建身份证表 card 和公民表 person 并插入数据。其中，身份证表 card 有 id 和 number 字段，用于表示主键 id 和身份证号。公民表 person 有 id、name 和 mark 字段，用于表示主键 id、姓名和所关联的身份证。数据库中身份证表的相关代码如下：

```
-- 创建身份证表
CREATE TABLE card(
  id INT primary key auto_increment,
  number VARCHAR(20)
);

-- 向身份证表中插入数据
INSERT INTO card(number) VALUES("23413719800304006X");
INSERT INTO card(number) VALUES("34513719822304111X");

-- 查询身份证表中的数据
SELECT * FROM card;
```

完成该操作后，身份证表中的数据如图 4-2 所示。

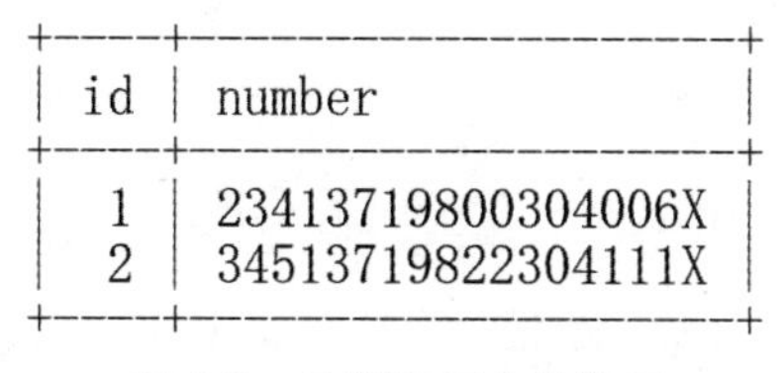

id	number
1	23413719800304006X
2	34513719822304111X

图 4-2　身份证表中的数据

数据库中公民表的相关代码如下：

```
-- 创建公民表
CREATE TABLE person(
  id INT primary key auto_increment,
  name VARCHAR(50),
  mark INT unique
);

-- 添加外键约束
ALTER TABLE person ADD CONSTRAINT fk_person_mark FOREIGN KEY(mark) REFERENCES card(id);
```

```
-- 向公民表中插入数据
INSERT INTO person(name,mark) VALUES("lucy",1);
INSERT INTO person(name,mark) VALUES("momo",2);

-- 查询公民表数据
SELECT * FROM person;
```

为公民表中的 mark 字段添加外键约束。完成以上操作后，公民表中的数据如图 4-3 所示。

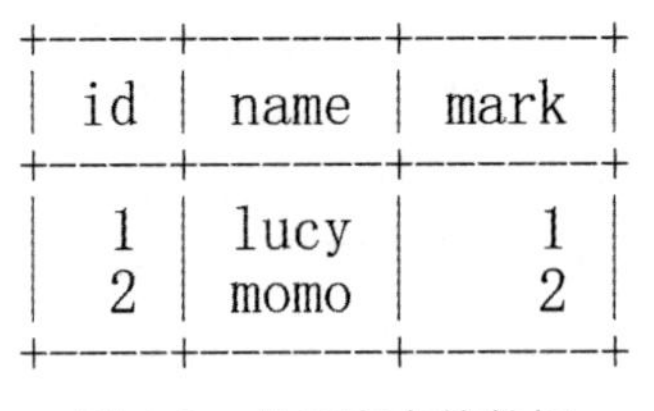

id	name	mark
1	lucy	1
2	momo	2

图 4-3　公民表中的数据

身份证类 Card 具有编号 id 和身份证号码 number 这两个属性，代码如下：

```
public class Card {
    private Integer id;
    private String number;
    // 省略构造函数、各属性的 set 和 get 方法、toString 方法
}
```

公民类 Person 具有 id、姓名 name 和身份证 card 这三个属性，代码如下：

```
public class Person {
    private Integer id;
    private String name;
    private Card card;
    // 省略构造函数、各属性的 set 和 get 方法、toString 方法
}
```

在 Person 类中有一个 card 属性，card 又有 id 属性和 number 属性。我们可以通过 Person 获取 card，再随之获取 card 中的 id 和 number。我们将类似的操作称为级联属性的获取。

准备好相关的数据表和类之后，我们开始利用公民 id 查询名字及身份证信息。

4.3.2　方式一

本节中，我们结合级联属性实现一对一查询。

1. 接口文件

接口文件 PersonMapper.java 的相关代码如下：

```
public interface PersonMapper {
    Person findPersonById1(Integer id);
}
```

在该接口中定义依据 id 查询公民信息的方法 findPersonById1()。

2. 映射文件

映射文件 PersonMapper.xml 的相关代码如下：

```
<select id="findPersonById1" resultMap="personResultMap1">
    SELECT
        p.id AS pid,
        p.name,
        c.id AS cid,
        c.number
    FROM
        person AS p
            INNER JOIN card AS c ON p.mark = c.id
    WHERE
        p.id = #{id}
</select>
<resultMap id="personResultMap1" type="Person">
    <id property="id" column="pid"></id>
    <result property="name" column="name"></result>
    <result property="card.id" column="cid"></result>
    <result property="card.number" column="number"></result>
</resultMap>
```

通过连接查询后，我们可以获得人的 id、名字 name、身份证 id、身份证号码 number 等信息。在此情况下，利用 resultType 无法实现自动映射。于是，我们创建 id 为 personResultMap1 的 resultMap 来处理。其中，该 resultMap 的 type 属性值为 Person，表示将查询结果映射为 Person 类型的数据。

在 personResultMap1 中，利用 <id> 子标签将查询结果中公民表的主键列 pid 映射到 Person 的 id 属性，利用 <result> 子标签将查询结果中公民表的非主键列 name 映射到 Person 的 name 属性，利用 <result> 子标签将查询结果中身份证表的 cid 映射到 Person 中 card 的 id 属性（即 card.id），利用 <result> 子标签将查询结果中身份证表的 number 映射到 Person 中 card 的 number 属性（即 card.number）。

3. 测试代码

测试文件 MyBatisPersonTest.java 的相关代码如下：

```
@Test
public void testFindPersonById1(){
    SqlSession sqlSession = null;
    try {
```

```
        // 获取 SqlSession 类型的对象
        sqlSession = SqlSessionUtil.getSqlSession();
        // 获取 PersonMapper 类型的对象
        PersonMapper personMapper = sqlSession.getMapper(PersonMapper.class);
        // 公民 id
        int personID = 1;
        // 依据 id 查询公民
        Person person = personMapper.findPersonById1(personID);
        // 打印查询信息
        System.out.println(person);
    } catch (Exception e) {
        System.out.println(e);
    } finally {
        SqlSessionUtil.closeSqlSession(sqlSession);
    }
}
```

在该测试中，通过工具类 `SqlSessionUtil` 获取 `SqlSession` 类型的对象，再通过 `sqlSession` 获取 `PersonMapper` 类型的对象。接下来，利用 `personMapper` 调用 `findPersonById1()` 方法依据公民 `id` 查询公民信息。

4. 测试结果

```
DEBUG [main] - ==>  Preparing: SELECT p.id AS pid, p.name, c.id AS cid, c.number FROM person
    AS p INNER JOIN card AS c ON p.mark = c.id WHERE p.id = ?
DEBUG [main] - ==> Parameters: 1(Integer)
DEBUG [main] - <==      Total: 1
Person{id=1, name='lucy', card=Card{id=1, number='23413719800304006X'}}
```

从测试结果可以看出，利用连接查询并使用 `resultMap` 实现了一对一查询。

4.3.3 方式二

接下来，我们利用 `association` 立即查询实现一对一查询。

1. 接口文件

接口文件 PersonMapper.java 的相关代码如下：

```
public interface PersonMapper {
    Person findPersonById2(Integer id);
}
```

在该接口中，定义依据 `id` 查询公民信息的方法 `findPersonById2()`。

2. 映射文件

映射文件 PersonMapper.xml 的相关代码如下：

```
<select id="findPersonById2" resultMap="personResultMap2">
    SELECT
        p.id AS pid,
        p.name,
        c.id AS cid,
        c.number
    FROM
        person AS p
            INNER JOIN card AS c ON p.mark = c.id
    WHERE
        p.id = #{id}
</select>
<resultMap id="personResultMap2" type="Person">
    <id property="id" column="pid"></id>
    <result property="name" column="name"></result>
    <association property="card" javaType="Card">
        <id property="id" column="cid"></id>
        <result property="number" column="number"></result>
    </association>
</resultMap>
```

通过连接查询后，我们可以获得人的 id、名字 name、身份证 id、身份证号码 number 等信息。类似地，我们创建 id 为 personResultMap2 的 resultMap 来处理查询结果。其中，该 resultMap 的 type 属性值为 Person，表示将查询结果映射为 Person 类型的数据。

在 personResultMap2 中，利用 <id> 子标签将查询结果中公民表的主键列 pid 映射到 Person 的 id 属性，利用 <result> 子标签将查询结果公民表中的非主键列 name 映射到 Person 的 name 属性。接下来利用 <association> 处理 Person 的 card 属性。

在 <association> 中，利用 <id> 子标签将查询结果中身份证表的主键列 cid 映射到 card 的 id 属性，利用 <result> 子标签将查询结果中身份证表的非主键列 number 映射到 card 的 number 属性。

3. 测试代码

测试文件 MyBatisPersonTest.java 的相关代码如下：

```
@Test
public void testFindPersonById2(){
    SqlSession sqlSession = null;
    try {
        // 获取 SqlSession 类型的对象
        sqlSession = SqlSessionUtil.getSqlSession();
        // 获取 PersonMapper 类型的对象
        PersonMapper personMapper = sqlSession.getMapper(PersonMapper.class);
        // 公民 id
        int personID = 1;
        // 依据 id 查询公民
        Person person = personMapper.findPersonById2(personID);
```

```
        // 打印查询信息
        System.out.println(person);
    } catch (Exception e) {
        System.out.println(e);
    } finally {
        SqlSessionUtil.closeSqlSession(sqlSession);
    }
}
```

在该测试中，通过工具类 SqlSessionUtil 获取 SqlSession 类型的对象，再通过 sqlSession 获取 PersonMapper 类型的对象。接下来，利用 personMapper 调用 findPersonById2() 方法依据公民 id 查询公民信息。

4. 测试结果

```
DEBUG [main] - ==>  Preparing: SELECT p.id AS pid, p.name, c.id AS cid, c.number FROM person
    AS p INNER JOIN card AS c ON p.mark = c.id WHERE p.id = ?
DEBUG [main] - ==> Parameters: 1(Integer)
DEBUG [main] - <==      Total: 1
Person{id=1, name='lucy', card=Card{id=1, number='23413719800304006X'}}
```

其实，从本质上而言，方式一和方式二是一样的。它们都是通过复杂的SQL语句实现两张表联查，只不过对查询结果的处理方式不同而已，其中方式一使用级联属性，而方式二使用了 association。

4.3.4　方式三

本节中，我们利用 association 分步处理查询实现一对一查询。第一步，从 person 表中查出公民的 id 和姓名 name 以及身份证 id。第二步，利用第一步获取到的身份证 id 从 card 表中查询身份证详细信息。最终，从两次查询中获取不同信息并实现结果映射。

1. 接口文件

接口文件 CardMapper.java 的相关代码如下：

```
public interface CardMapper {
    Card findCardById(Integer id);
}
```

在该接口中，定义依据 id 查询身份证信息的方法 findCardById()。

接口文件 PersonMapper.java 的相关代码如下：

```
public interface PersonMapper {
    Person findPersonById3(Integer id);
}
```

在该接口中，定义依据 id 查询公民信息的方法 findPersonById3()。

2. 映射文件

映射文件 CardMapper.xml 的相关代码如下：

```
<select id="findCardById" resultType="Card">
    select * from card where id = #{id}
</select>
```

在查询语句中，依据 id 查询身份证。

映射文件 PersonMapper.xml 的相关代码如下：

```
<select id="findPersonById3" resultMap="personResultMap3">
    select * from person where id = #{id}
</select>
<resultMap id="personResultMap3" type="Person">
    <id property="id" column="id"></id>
    <result property="name" column="name"></result>
    <association property="card" column="mark" javaType="Card"
                 select="com.cn.mapper.CardMapper.findCardById"/>
</resultMap>
```

在映射文件 PersonMapper.xml 中，通过两步走的方式实现查询以及结果映射。

在第一步查询中，依据公民 id 查询获得公民的名字和身份证 id，但是缺少与身份证 id 对应的身份证号码。所以，创建 id 为 personResultMap3 的 resultMap，继续第二步查询。

在 personResultMap3 中，利用 <id> 子标签将第一步查询结果中公民表的主键列 id 映射到 Person 的 id 属性，利用 <result> 子标签将第一步查询结果中公民表的非主键列 name 映射到 Person 的 name 属性。接下来，利用 <association> 处理 Person 的 card 属性。在 <association> 中，利用 select 属性指定第二次查询的 SQL 语句，利用 column 属性指定将第一步查询结果中的哪个字段值作为第二次查询的输入参数，利用 javaType 属性指定将第二次查询的结果封装为何种类型的 POJO，利用 property 属性指定将查询结果映射为 Person 的哪个属性。

3. 测试代码

测试文件 MyBatisPersonTest.java 的相关代码如下：

```
@Test
public void testFindPersonById3(){
    SqlSession sqlSession = null;
    try {
        // 获取 SqlSession 类型的对象
        sqlSession = SqlSessionUtil.getSqlSession();
        // 获取 PersonMapper 类型的对象
        PersonMapper personMapper = sqlSession.getMapper(PersonMapper.class);
        // 公民 id
        int personID = 1;
        // 依据 id 查询公民
```

```
        Person person = personMapper.findPersonById3(personID);
        // 打印查询信息
        System.out.println(person);
        //System.out.println(person.getId());
    } catch (Exception e) {
        System.out.println(e);
    } finally {
        SqlSessionUtil.closeSqlSession(sqlSession);
    }
}
```

在该测试中，通过工具类 SqlSessionUtil 获取 SqlSession 类型的对象，再通过 sqlSession 获取 PersonMapper 类型的对象。接下来，利用 personMapper 调用 findPersonById3() 方法依据公民 id 查询公民信息。

4. 测试结果

```
DEBUG [main] - ==>  Preparing: select * from person where id = ?
DEBUG [main] - ==> Parameters: 1(Integer)
DEBUG [main] - <==      Total: 1
DEBUG [main] - ==>  Preparing: select * from card where id = ?
DEBUG [main] - ==> Parameters: 1(Integer)
DEBUG [main] - <==      Total: 1
Person{id=1, name='lucy', card=Card{id=1, number='23413719800304006X'}}
```

从打印日志中我们可以清楚地看到，本次查询操作一共执行了两条 SQL 语句。先依据公民 id 从公民表中查询公民信息，再依据身份证 id 从身份证表中查询身份证详情。

4.3.5　MyBatis 延迟加载

在方式三的测试中，我们尝试只获取 Person 的 id 并打印。测试文件 MyBatisPersonTest.java 的相关代码如下：

```
@Test
public void testFindPersonById3(){
    SqlSession sqlSession = null;
    try {
        // 获取 SqlSession 类型的对象
        sqlSession = SqlSessionUtil.getSqlSession();
        // 获取 PersonMapper 类型的对象
        PersonMapper personMapper = sqlSession.getMapper(PersonMapper.class);
        // 公民 id
        int personID = 1;
        // 依据 id 查询公民
        Person person = personMapper.findPersonById3(personID);
        // 打印查询信息
        // System.out.println(person);
        System.out.println(person.getId());
```

```
    } catch (Exception e) {
        System.out.println(e);
    } finally {
        SqlSessionUtil.closeSqlSession(sqlSession);
    }
}
```

观察控制台，打印日志如下：

```
DEBUG [main] - ==>  Preparing: select * from person where id = ?
DEBUG [main] - ==> Parameters: 1(Integer)
DEBUG [main] - ====>  Preparing: select * from card where id = ?
DEBUG [main] - ====> Parameters: 1(Integer)
DEBUG [main] - <====      Total: 1
DEBUG [main] - <==      Total: 1
1
```

从打印结果来看，查询到了公民 id，也没有发生异常错误。但是，只需执行第一步查询就已经可以获取到 Person 的 id，却又执行了第二步多余的查询，导致资源浪费与性能降低。为了避免类似的情况发生，我们可以在 MyBatis 的核心配置文件 mybatis-config.xml 的 <settings> 标签中开启全局的延迟加载。mybatis-config.xm 的相关配置如下：

```
<settings>
    <!-- 开启驼峰命名自动映射 -->
    <setting name="mapUnderscoreToCamelCase" value="true"/>
    <!-- 开启延迟加载 -->
    <setting name="lazyLoadingEnabled" value="true"/>
    <!-- 关闭积极加载 -->
    <setting name="aggressiveLazyLoading" value="false"/>
</settings>
```

修改完毕后再次测试，结果如下：

```
DEBUG [main] - ==>  Preparing: select * from person where id = ?
DEBUG [main] - ==> Parameters: 1(Integer)
DEBUG [main] - <==      Total: 1
1
```

从打印日志中我们可以观察到，只执行了一条 SQL 查询语句，从而提升了运行效率。

<settings> 标签中开启的延迟加载对项目中所有的 <association> 标签和 <collection> 标签均起作用。在此情况下，如果某特定操作需立即加载，则可将标签的 fetchType 属性值设置为 eager，用于关闭局部延迟加载并开启局部立即加载。

4.4 多对一查询

学完一对一查询后，我们再来学习 MyBatis 如何处理多对一查询。在现实生活中，员工与部门的关系就是典型的多对一的关系，即多个员工属于同一个部门。

4.4.1　案例开发准备

在数据库中分别创建部门表 department 和员工表 employee 并为其插入数据。其中，部门表 department 有 d_id 和 d_name 字段，用于表示部门 id 和部门名称。员工表 employee 有 e_id、e_name 和 d_id 字段，用于表示员工 id、员工姓名和员工所属的部门。数据库中部门表的相关代码如下：

```
-- 创建部门表
CREATE TABLE department(
  d_id INT PRIMARY KEY auto_increment,
  d_name VARCHAR(20)
);

-- 向部门表中插入数据
INSERT INTO department(d_name) VALUES('财务部');
INSERT INTO department(d_name) VALUES('技术部');
INSERT INTO department(d_name) VALUES('行政部');

-- 查询部门表中的数据
SELECT * FROM department;
```

完成该操作后，部门表中的数据如图 4-4 所示。

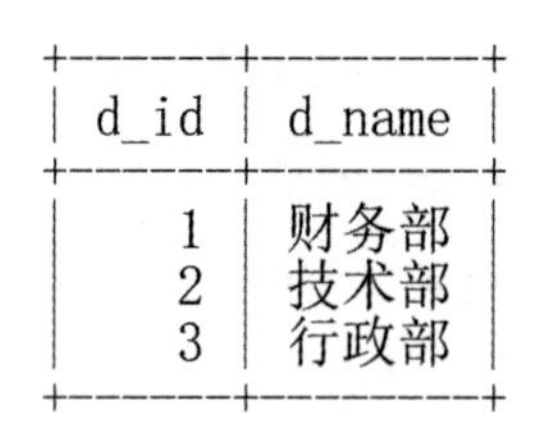

d_id	d_name
1	财务部
2	技术部
3	行政部

图 4-4　部门表中的数据

数据库中员工表的相关代码如下：

```
-- 创建员工表
CREATE TABLE employee(
  e_id INT primary key auto_increment,
  e_name VARCHAR(20),
  d_id INT
);

-- 添加外键约束
ALTER TABLE employee ADD CONSTRAINT fk_employee_did FOREIGN KEY(d_id) REFERENCES
    department(d_id);

-- 向员工表中插入数据
INSERT INTO employee(e_name,d_id) VALUES('lucy',1);
INSERT INTO employee(e_name,d_id) VALUES('lili',1);
```

```
INSERT INTO employee(e_name,d_id) VALUES('momo',2);
INSERT INTO employee(e_name,d_id) VALUES('mymy',2);
INSERT INTO employee(e_name,d_id) VALUES('xuxu',3);
INSERT INTO employee(e_name,d_id) VALUES('xexe',3);

-- 查询员工表中的数据
SELECT * FROM employee;
```

为员工表中的 d_id 字段添加外键约束。

完成以上操作后，员工表中的数据如图 4-5 所示。

```
+------+--------+------+
| e_id | e_name | d_id |
+------+--------+------+
|    1 | lucy   |    1 |
|    2 | lili   |    1 |
|    3 | momo   |    2 |
|    4 | mymy   |    2 |
|    5 | xuxu   |    3 |
|    6 | xexe   |    3 |
+------+--------+------+
```

图 4-5 员工表中的数据

部门 Department 类具有部门编号和部门名称两个属性，代码如下：

```
public class Department {
    private Integer dId;
    private String dName;
    // 省略构造函数、各属性的 set 和 get 方法、toString 方法
}
```

员工 Employee 类具有员工编号、姓名和所属部门三个属性，代码如下：

```
public class Employee {
    private Integer eId;
    private String eName;
    private Department department;
    // 省略构造函数、各属性的 set 和 get 方法、toString 方法
}
```

准备好相关的数据表和类之后，我们开始利用 id 查询员工的信息及其所属部门的编号和部门名称。

4.4.2 方式一

本节中，我们利用 association 立即查询实现多对一查询。

1. 接口文件

接口文件 EmployeeMapper.java 的相关代码如下：

```
public interface EmployeeMapper {
    Employee findEmployeeById1(Integer id);
}
```

在该接口中，定义依据 id 查询员工的方法 findEmployeeById1()。

2. 映射文件

映射文件 EmployeeMapper.xml 的相关代码如下：

```
<select id="findEmployeeById1" resultMap="employeeResultMap1">
    SELECT
        e.e_id,
        e.e_name,
        d.d_id,
        d.d_name
    FROM
        employee AS e
            INNER JOIN department AS d ON e.d_id = d.d_id
    WHERE
        e.e_id = #{id}
</select>
<resultMap id="employeeResultMap1" type="Employee">
    <id property="eId" column="e_id"></id>
    <result property="eName" column="e_name"></result>
    <association property="department" javaType="Department">
        <id property="dId" column="d_id"></id>
        <result property="dName" column="d_name"></result>
    </association>
</resultMap>
```

通过连接查询后，我们可以获得员工的 id、名字、所属部门的 id、部门名称等信息。在此情况下，利用 resultType 无法实现自动映射。于是，我们创建 id 为 employeeResultMap1 的 resultMap 来处理。其中，该 resultMap 的 type 属性值为 Employee，表示将查询结果映射为 Employee 类型的数据。

在 employeeResultMap1 中，利用 <id> 子标签将查询结果中员工表的主键列 e_id 映射到 Employee 的 eId 属性，利用 <result> 子标签将查询结果中员工表的非主键列 e_name 映射到 Employee 的 eName 属性。接下来利用 <association> 处理 Employee 的 department 属性。

在 <association> 中，利用 <id> 子标签将查询结果中部门表的主键列 d_id 映射到 department 的 dId 属性，利用 <result> 子标签将查询结果中部门表的非主键列 d_name 映射到 department 的 dName 属性。

3. 测试代码

测试文件 MyBatisEmployeeTest.java 的相关代码如下：

```
@Test
public void testFindEmployeeById1(){
    SqlSession sqlSession = null;
    try {
        // 获取 SqlSession 类型的对象
        sqlSession = SqlSessionUtil.getSqlSession();
        // 获取 EmployeeMapper 类型的对象
        EmployeeMapper employeeMapper = sqlSession.getMapper(EmployeeMapper.class);
        // 员工 id
        int employeeID = 1;
        // 依据 id 查询员工
        Employee employee = employeeMapper.findEmployeeById1(employeeID);
        // 打印查询信息
        System.out.println(employee);
    } catch (Exception e) {
        System.out.println(e);
    } finally {
        SqlSessionUtil.closeSqlSession(sqlSession);
    }
}
```

在该测试中，通过工具类 SqlSessionUtil 获取 SqlSession 类型的对象，再通过 sqlSession 获取 EmployeeMapper 类型的对象。接下来，利用 employeeMapper 调用 findEmployeeById1() 方法依据员工 id 查询员工信息。

4. 测试结果

```
DEBUG [main] - ==>  Preparing: SELECT e.e_id, e.e_name, d.d_id, d.d_name FROM employee AS e
    INNER JOIN department AS d ON e.d_id = d.d_id WHERE e.e_id = ?
DEBUG [main] - ==> Parameters: 1(Integer)
DEBUG [main] - <==      Total: 1
Employee{eId=1, eName='lucy', department=Department{dId=1, dName='财务部'}}
```

从测试结果中可以看出，利用连接查询并使用 <association> 实现了多对一查询。

4.4.3 方式二

本节中，我们利用 association 分步查询实现多对一查询。第一步，从 employee 表中查出员工的 id 和姓名及其所属部门的 id。第二步，利用第一步获取到的部门 id 从 department 表中查询部门详细信息。最终，从两次查询中获取不同信息并完成结果映射。

1. 接口文件

接口文件 EmployeeMapper.java 的相关代码如下：

```
public interface EmployeeMapper {
    Employee findEmployeeById2(Integer id);
}
```

在该接口中，定义依据 id 查询员工的方法 findEmployeeById2()。

接口文件 DepartmentMapper.java 的相关代码如下：

```
public interface DepartmentMapper {
    Department findDepartmentById(Integer id);
}
```

在该接口中，定义依据 id 查询部门的方法 findDepartmentById()。

2. 映射文件

映射文件 DepartmentMapper.xml 的相关代码如下：

```
<select id="findDepartmentById" resultType="Department">
    select * from department where d_id = #{id}
</select>
```

可以看到，其中的 SQL 语句非常简单，只需依据 id 查询部门详细信息即可。

映射文件 EmployeeMapper.xml 的相关代码如下：

```
<select id="findEmployeeById2" resultMap="employeeResultMap2">
    select * from employee where e_id = #{id}
</select>
<resultMap id="employeeResultMap2" type="Employee">
    <id property="eId" column="e_id"></id>
    <result property="eName" column="e_name"></result>
    <association property="department" column="d_id" javaType="Department"
                 select="com.cn.mapper.DepartmentMapper.findDepartmentById"/>
</resultMap>
```

通过第一步的查询，我们可获得员工的 id、名字、所属部门的 id，但是缺少部门名称。所以，创建 id 为 employeeResultMap2 的 resultMap 继续第二步查询。在第二步查询中，将第一步查询出的 d_id 作为输入参数。

在 employeeResultMap2 中，利用 <id> 子标签将第一步查询结果中员工表的主键列 e_id 映射到 Employee 的 eId 属性，利用 <result> 子标签将第一步查询结果中员工表的非主键列 e_name 映射到 Employee 的 eName 属性。接下来，利用 <association> 处理 Employee 的 department 属性。<association> 中的 select 属性用于指定第二次查询的 SQL 语句，column 属性用于指定将第一步查询结果中的哪个字段值作为第二次查询的输入参数，javaType 属性用于指定将第二次查询的结果封装为何种 POJO，property 属性用于指定将查询结果映射为 Employee 的哪个属性。

3. 测试代码

测试文件 MyBatisEmployeeTest.java 的相关代码如下：

```
@Test
public void testFindEmployeeById2(){
    SqlSession sqlSession = null;
    try {
        // 获取 SqlSession 类型的对象
        sqlSession = SqlSessionUtil.getSqlSession();
        // 获取 EmployeeMapper 类型的对象
        EmployeeMapper employeeMapper = sqlSession.getMapper(EmployeeMapper.class);
        // 员工 id
        int employeeID = 1;
        // 依据 id 查询员工
        Employee employee = employeeMapper.findEmployeeById2(employeeID);
        // 打印查询信息
        System.out.println(employee);
    } catch (Exception e) {
        System.out.println(e);
    } finally {
        SqlSessionUtil.closeSqlSession(sqlSession);
    }
}
```

在该测试中，通过工具类 SqlSessionUtil 获取 SqlSession 类型的对象，再通过 sqlSession 获取 EmployeeMapper 类型的对象。接下来，利用 employeeMapper 调用 findEmployeeById2() 方法依据员工 id 查询员工信息。

4. 测试结果

```
DEBUG [main] - ==>  Preparing: select * from employee where e_id = ?
DEBUG [main] - ==> Parameters: 1(Integer)
DEBUG [main] - <==      Total: 1
DEBUG [main] - ==>  Preparing: select * from department where d_id = ?
DEBUG [main] - ==> Parameters: 1(Integer)
DEBUG [main] - <==      Total: 1
Employee{eId=1, eName='lucy', department=Department{dId=1, dName='财务部'}}
```

从打印日志中我们可以清楚地看到，本次查询操作一共执行了两条 SQL 语句。先依据员工 id 从员工表中查询员工信息，再依据部门 id 从部门表中查询部门详情。

4.4.4 方式三

与一对一查询类似，利用级联属性亦可实现多对一查询，在此不再赘述。

4.5　一对多查询

学完一对一查询和多对一查询后，我们再来学习 MyBatis 如何处理一对多查询。在现实生活中，省份与城市的关系就是典型的一对多关系，即一个省份之中有多个城市。

4.5.1　案例开发准备

在数据库中分别创建省份表 province 和城市表 city 并为其插入数据。其中，省份表 province 有 p_id 和 p_name 字段，用于表示省份 id 和省份名称。城市表 city 有 c_id、c_name 和 p_id 字段，用于表示城市 id、城市名称和城市所属的省份。

数据库中省份表 province 的相关代码如下：

```
-- 创建省份表 province
CREATE TABLE province(
    p_id INT PRIMARY KEY auto_increment,
    p_name VARCHAR(50)
);

-- 向省份表中插入数据
INSERT INTO province(p_name) VALUES('陕西省');
INSERT INTO province(p_name) VALUES('甘肃省');
INSERT INTO province(p_name) VALUES('四川省');

-- 查询省份表中的数据
SELECT * FROM province;
```

完成该操作后，省份表中的数据如图 4-6 所示。

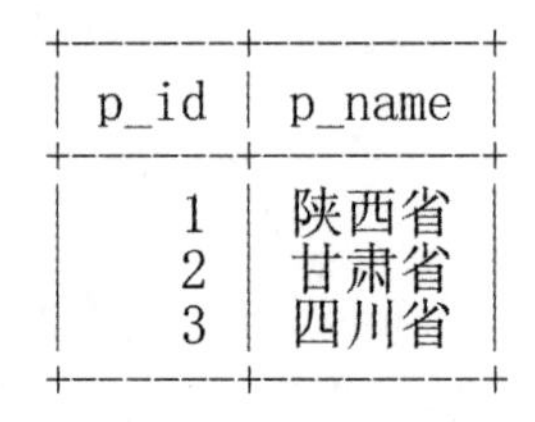

p_id	p_name
1	陕西省
2	甘肃省
3	四川省

图 4-6　省份表中的数据

数据库中城市表 city 的相关代码如下：

```
-- 创建城市表 city
CREATE TABLE city(
    c_id INT primary key auto_increment,
    c_name VARCHAR(50),
    p_id INT
);
```

```
-- 添加外键约束
ALTER TABLE city ADD CONSTRAINT fk_city_pid FOREIGN KEY(p_id) REFERENCES province(p_id);

-- 向城市表中插入数据
INSERT INTO city(c_name,p_id) VALUES('西安',1);
INSERT INTO city(c_name,p_id) VALUES('咸阳',1);
INSERT INTO city(c_name,p_id) VALUES('兰州',2);
INSERT INTO city(c_name,p_id) VALUES('武威',2);
INSERT INTO city(c_name,p_id) VALUES('成都',3);
INSERT INTO city(c_name,p_id) VALUES('绵阳',3);

-- 查询城市表中的数据
SELECT * FROM city;
```

为城市表中的 p_id 字段添加外键约束。在完成该操作后，城市表中的数据如图 4-7 所示。

c_id	c_name	p_id
1	西安	1
2	咸阳	1
3	兰州	2
4	武威	2
5	成都	3
6	绵阳	3

图 4-7 城市表中的数据

省份类 Province 具有省份编号、省份名称和省份管辖城市 3 个属性，其中每个省份管辖多个城市，代码如下：

```
public class Province {
    private Integer pId;
    private String pName;
    private List<City> cityList;
    // 省略构造函数、各属性的 set 和 get 方法、toString 方法
}
```

在 Province 类中，利用 List 保存省份所管辖的城市。

城市类 City 具有城市编号、名称和所属省份 3 个属性，代码如下：

```
public class City {
    private Integer cId;
    private String cName;
    private Integer pId;
    // 省略构造函数、各属性的 set 和 get 方法、toString 方法
}
```

在 City 类中，利用 pId 属性表示该城市所属的省份。

准备好相关的数据表和类之后，我们开始利用 id 查询省份的信息及其所管辖的城市。

4.5.2　方式一

本节中，我们利用 <collection> 立即查询实现一对多查询。

1. 接口文件

接口文件 ProvinceMapper.java 的相关代码如下：

```
public interface ProvinceMapper {
    Province findProvinceById1(Integer id);
}
```

在该接口中，定义依据 id 查询省份的方法 findProvinceById1()。

2. 映射文件

映射文件 ProvinceMapper.xml 的相关代码如下：

```
<select id="findProvinceById1" resultMap="provinceResultMap1">
    select p.*,c.c_id,c.c_name
    from province as p inner join city as c on p.p_id=c.p_id
    where p.p_id = #{id}
</select>
<resultMap id="provinceResultMap1" type="Province">
    <id property="pId" column="p_id"></id>
    <result property="pName" column="p_name"></result>
    <collection property="cityList" ofType="City">
        <id property="cId" column="c_id"></id>
        <result property="cName" column="c_name"></result>
        <result property="pId" column="p_id"></result>
    </collection>
</resultMap>
```

通过连接查询我们可以获得省份名称、所辖城市的 id、城市名称等信息。在此情况下利用 resultType 无法实现自动映射。于是，我们创建 id 为 provinceResultMap1 的 <resultMap> 来处理。其中，该 <resultMap> 的 type 属性值为 Province，表示将查询结果映射为 Province 类型的数据。

在 provinceResultMap1 中，利用 <id> 子标签将查询结果中省份表的主键列 p_id 映射到 Province 的 pId 属性，利用 <result> 子标签将查询结果中省份表的非主键列 p_name 映射到 Province 的 pName 属性。接下来利用 <collection> 处理 Province 的 cityList 属性。

<collection> 的 ofType 属性表示将每个查询结果映射为哪种类型的 POJO，property 属性用于表示将映射后的多个查询结果保存至 Province 的哪个属性。

在 <collection> 中，利用 <id> 子标签将查询结果中城市表的主键列 c_id 映射到 City 的 cId 属性，利用 <result> 子标签将查询结果中城市表的非主键列 c_name 映射到 City 的 cName 属性，利用 <result> 子标签将查询结果中城市表的非主键列 p_id 映射到 City 的 pId 属性。

3. 测试代码

测试文件 MyBatisProvinceTest.java 的相关代码如下：

```
@Test
public void testFindProvinceById1(){
    SqlSession sqlSession = null;
    try {
        // 获取 SqlSession 类型的对象
        sqlSession = SqlSessionUtil.getSqlSession();
        // 获取 ProvinceMapper 类型的对象
        ProvinceMapper provinceMapper = sqlSession.getMapper(ProvinceMapper.class);
        // 省份 id
        int provinceID = 1;
        // 查询省份
        Province province = provinceMapper.findProvinceById1(provinceID);
        // 打印省份信息
        System.out.println(province);
    } catch (Exception e) {
        System.out.println(e);
    } finally {
        SqlSessionUtil.closeSqlSession(sqlSession);
    }
}
```

在该测试中通过工具类 SqlSessionUtil 获取 SqlSession 类型的对象，再通过 SqlSession 获取 ProvinceMapper 类型的对象。接下来，利用 provinceMapper 调用 findProvinceById1() 方法依据省份 id 查询省份信息。

4. 测试结果

```
DEBUG [main] - ==>  Preparing: select p.*,c.c_id,c.c_name from province as p inner join city
    as c on p.p_id=c.p_id where p.p_id = ?
DEBUG [main] - ==> Parameters: 1(Integer)
DEBUG [main] - <==      Total: 2
Province{pId=1, pName='陕西省', cityList=[City{cId=1, cName='西安', pId=1}, City{cId=2,
    cName='咸阳', pId=1}]}
```

从测试结果可以看出，利用连接查询并使用 <collection> 实现了一对多查询。

4.5.3 方式二

本节中，我们利用 <collection> 分步查询实现一对多查询。第一步，从 province 表中查出省份的 id 和名称。第二步，利用第一步获取到的省份 id 从 city 表中查询该省份所辖城市的详细信息。最终，从两次查询中获取不同信息并完成结果映射。

1. 接口文件

接口文件 CityMapper.java 的相关代码如下：

```
public interface CityMapper {
    List<City> findCityByProvinceId(Integer id);
}
```

在该接口中，定义依据省份 id 查询所辖城市的方法 findCityByProvinceId()。

接口文件 ProvinceMapper.java 的相关代码如下：

```
Province findProvinceById2(Integer id);
```

在该接口中，定义依据 id 查询省份的方法 findProvinceById2()。

2. 映射文件

映射文件 CityMapper.xml 的相关代码如下：

```
<select id="findCityByProvinceId" resultType="City">
    select * from city where p_id = #{id}
</select>
```

这里的 SQL 语句非常简单，依据省份 id 查询所辖城市。

映射文件 ProvinceMapper.xml 的相关代码如下：

```
<select id="findProvinceById2" resultMap="provinceResultMap2">
    select * from province where p_id = #{id}
</select>
<resultMap id="provinceResultMap2" type="Province">
    <id property="pId" column="p_id"></id>
    <result property="pName" column="p_name"></result>
    <collection property="cityList" column="p_id" ofType="City"
                select="com.cn.mapper.CityMapper.findCityByProvinceId"/>
</resultMap>
```

通过第一步的查询我们可获得省份的 id、名称等数据，但是缺少所辖城市的信息。所以，创建 id 为 provinceResultMap2 的 <resultMap> 继续第二步查询。在第二步查询中，将第一步查询出的 p_id 作为输入参数。

在 provinceResultMap2 中，利用 <id> 子标签将查询第一步结果中省份表的主键列 p_id 映射到 Province 的 pId 属性，利用 <result> 子标签将第一步查询结果中省份表的非主键列 p_name 映射到 Province 的 pName 属性。

接下来，利用<collection>处理 Province 的 cityList 属性。<collection >中的 select 属性用于指定第二次查询所执行的 SQL 语句，column 属性用于指定将第一次查询结果中的哪个字段值作为第二次查询的输入参数，ofType 属性用于指定将第二次查询的结果封装为何种 POJO，property 属性用于指定将查询结果映射为 Province 的哪个属性。

3. 测试代码

测试文件 MyBatisProvinceTest.java 的相关代码如下：

```
@Test
public void testFindProvinceById2(){
    SqlSession sqlSession = null;
    try {
        // 获取 SqlSession 类型的对象
        sqlSession = SqlSessionUtil.getSqlSession();
        // 获取 ProvinceMapper 类型的对象
        ProvinceMapper provinceMapper = sqlSession.getMapper(ProvinceMapper.class);
        // 省份 id
        int provinceID = 1;
        // 查询省份
        Province province = provinceMapper.findProvinceById2(provinceID);
        // 打印省份信息
        System.out.println(province);
    } catch (Exception e) {
        System.out.println(e);
    } finally {
        SqlSessionUtil.closeSqlSession(sqlSession);
    }
}
```

在该测试中，通过工具类 SqlSessionUtil 获取 SqlSession 类型的对象，再通过 sqlSession 获取 ProvinceMapper 类型的对象。接下来，利用 provinceMapper 调用 findProvinceById2() 方法依据省份 id 查询省份信息。

4. 测试结果

```
DEBUG [main] - ==>  Preparing: select * from province where p_id = ?
DEBUG [main] - ==> Parameters: 1(Integer)
DEBUG [main] - <==      Total: 1
DEBUG [main] - ==>  Preparing: select * from city where p_id = ?
DEBUG [main] - ==> Parameters: 1(Integer)
DEBUG [main] - <==      Total: 2
Province{pId=1, pName='陕西省', cityList=[City{cId=1, cName='西安', pId=1}, City{cId=2,
    cName='咸阳', pId=1}]}
```

从打印日志中我们可以清楚地看到，本次查询操作一共执行了两条 SQL 语句。先依据省份 id 从省份表中查询省份信息，再依据省份 id 从城市表中查询该省管辖的所有城市。

4.6　多对多查询

在学习一对一查询、多对一查询和一对多查询之后，我们再来学习 MyBatis 如何处理多对多查询。在现实生活中，教师与学生的关系就是典型的多对多关系，即一名教师有多个学生，一个学生有多名教师。

4.6.1　案例开发准备

在数据库中分别创建学生表 student 和教师表 teacher。由于教师和学生是多对多的关系，所以还需要创建教师和学生的中间表。其中，学生表 student 有 s_id 和 s_name 字段，用于表示学生 id 和学生名字。教师表 teacher 有 t_id 和 t_name 字段，用于表示教师 id 和教师名字。中间表有 s_id 和 t_id 字段，用于表示学生 id 和教师 id。

数据库中学生表 student 的相关代码如下：

```
-- 创建学生表 student
CREATE TABLE student(
    s_id INT PRIMARY KEY,
    s_name VARCHAR(50) NOT NULL
);

-- 向学生表中添加数据
INSERT INTO student(s_id,s_name) VALUES(1,'lucy');
INSERT INTO student(s_id,s_name) VALUES(2,'dila');
INSERT INTO student(s_id,s_name) VALUES(3,'yuki');
INSERT INTO student(s_id,s_name) VALUES(4,'kedo');

-- 查询学生表中的数据
SELECT * FROM student;
```

在完成该操作后，学生表中的数据如图 4-8 所示。

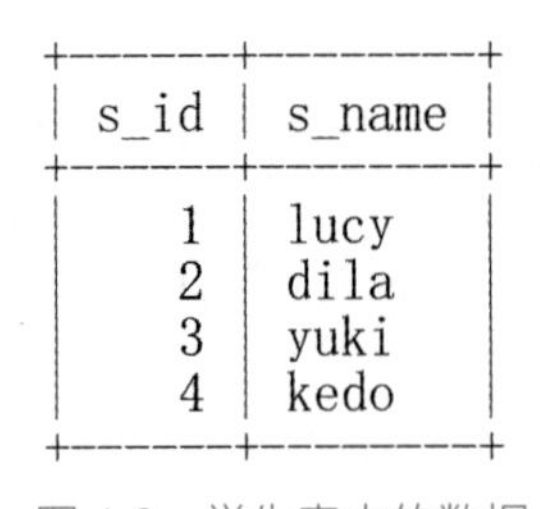

s_id
s_name
1
lucy
2
dila
3
yuki
4
kedo

图 4-8　学生表中的数据

数据库中教师表的相关代码如下：

```
-- 创建教师表 teacher
CREATE TABLE teacher(
```

```
    t_id INT(4) PRIMARY KEY,
    t_name VARCHAR(50) NOT NULL
);

-- 向教师表中添加数据
INSERT INTO teacher(t_id,t_name) VALUES(1,'lili');
INSERT INTO teacher(t_id,t_name) VALUES(2,'aiai');
INSERT INTO teacher(t_id,t_name) VALUES(3,'klkl');
INSERT INTO teacher(t_id,t_name) VALUES(4,'rqrq');

-- 查询教师表中的数据
SELECT * FROM teacher;
```

在完成该操作后，教师表中的数据如图 4-9 所示。

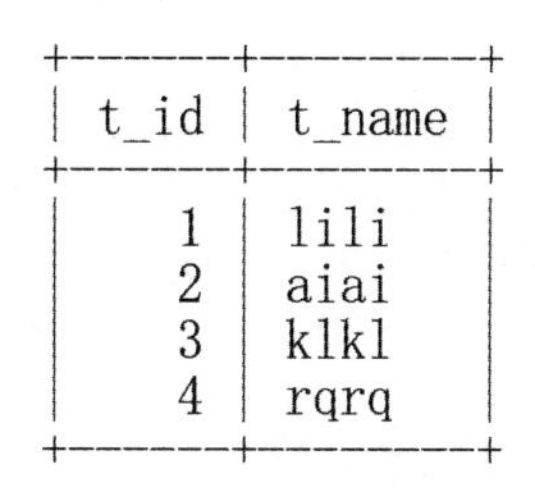

t_id	t_name
1	lili
2	aiai
3	klkl
4	rqrq

图 4-9　教师表中的数据

数据库中学生和教师的关系表的相关代码如下：

```
-- 创建学生和教师的关系表
CREATE TABLE student_teacher_relation(
  s_id INT(4),
  t_id INT(4)
);

-- 为学生和教师的关系表添加外键
ALTER TABLE student_teacher_relation ADD CONSTRAINT fk_sid FOREIGN KEY (s_id) REFERENCES
    student(s_id);
ALTER TABLE student_teacher_relation ADD CONSTRAINT fk_tid FOREIGN KEY (t_id) REFERENCES
    teacher(t_id);

-- 向学生和教师的关系表中添加数据
INSERT INTO student_teacher_relation(s_id,t_id) VALUES(1,1);
INSERT INTO student_teacher_relation(s_id,t_id) VALUES(1,3);
INSERT INTO student_teacher_relation(s_id,t_id) VALUES(2,1);
INSERT INTO student_teacher_relation(s_id,t_id) VALUES(2,2);
INSERT INTO student_teacher_relation(s_id,t_id) VALUES(2,3);
INSERT INTO student_teacher_relation(s_id,t_id) VALUES(3,4);
INSERT INTO student_teacher_relation(s_id,t_id) VALUES(4,1);

-- 查询学生和教师的关系表数据
SELECT * FROM student_teacher_relation;
```

在完成该操作后，学生和教师的关系表中的数据如图 4-10 所示。

```
+------+------+
| s_id | t_id |
+------+------+
|    1 |    1 |
|    1 |    3 |
|    2 |    1 |
|    2 |    2 |
|    2 |    3 |
|    3 |    4 |
|    4 |    1 |
+------+------+
```

图 4-10 学生和教师的关系表数据

学生类 Student 具有 id、名字和所属教师 3 个属性，代码如下：

```
public class Student {
    private Integer sId;
    private String sName;
    private List<Teacher> teacherList;
    // 省略构造函数、各属性的 set 和 get 方法、toString 方法
}
```

在 Student 类中，利用 List 保存学生所属的教师。

教师类 Teacher 具有 id、名字和所拥有学生 3 个属性，代码如下：

```
public class Teacher {
    private Integer tId;
    private String tName;
    private List<Student> studentList;
    // 省略构造函数、各属性的 set 和 get 方法、toString 方法
}
```

在 Teacher 类中，利用 List 保存教师所拥有的学生。

准备好相关的数据表和类之后，我们利用教师 id 查询教师的基本信息及其所拥有的学生信息，实践多对多查询。

4.6.2 方式一

本节中，我们利用 <collection> 立即查询实现多对多查询。

1. 接口文件

接口文件 TeacherMapper.java 的相关代码如下：

```
public interface TeacherMapper {
    Teacher getTeacherByID1(Integer id);
}
```

在该接口文件中，定义依据 id 查询教师的方法 getTeacherByID1()。

2. 映射文件

映射文件 TeacherMapper.xml 的相关代码如下：

```
<select id="getTeacherByID1" resultMap="teacherResultMap1">
    SELECT
        s.*,t.*
    FROM
        student AS s
            LEFT JOIN student_teacher_relation AS str ON s.s_id = str.s_id
            LEFT JOIN teacher AS t ON t.t_id = str.t_id
    WHERE
        t.t_id = #{id}
</select>
<resultMap id="teacherResultMap1" type="Teacher">
    <id property="tId" column="t_id"></id>
    <result property="tName" column="t_name"></result>
    <collection property="studentList" ofType="Student">
        <id property="sId" column="s_id"></id>
        <result property="sName" column="s_name"></result>
    </collection>
</resultMap>
```

以上映射文件的编码思路和技术与之前的一对多查询高度类似，在此不再赘述。

3. 测试代码

测试文件 MyBatisTeacherTest.java 的相关代码如下：

```
@Test
public void testGetTeacherByID1(){
    SqlSession sqlSession = null;
    try {
        // 获取 SqlSession 类型的对象
        sqlSession = SqlSessionUtil.getSqlSession();
        // 获取 TeacherMapper 类型的对象
        TeacherMapper teacherMapper = sqlSession.getMapper(TeacherMapper.class);
        // 教师 id
        int teacherID = 1;
        // 查询教师信息
        Teacher teacher = teacherMapper.getTeacherByID1(teacherID);
        // 打印教师信息
        System.out.println(teacher.gettId());
        System.out.println(teacher.gettName());
        List<Student> list = teacher.getStudentList();
        for(Student student : list){
```

```
            System.out.println(student);
        }
    } catch (Exception e) {
        System.out.println(e);
    } finally {
        SqlSessionUtil.closeSqlSession(sqlSession);
    }
}
```

在该测试中通过工具类 SqlSessionUtil 获取 SqlSession 类型的对象，再通过 sqlSession 获取 TeacherMapper 类型的对象。接下来，利用 teacherMapper 调用 getTeacherByID1() 方法依据教师 id 查询教师信息。

4. 测试结果

```
DEBUG [main] - ==>  Preparing: SELECT s.*,t.* FROM student AS s LEFT JOIN student_teacher_relation
    AS str ON s.s_id = str.s_id LEFT JOIN teacher AS t ON t.t_id = str.t_id WHERE t.t_id = ?
DEBUG [main] - ==> Parameters: 1(Integer)
DEBUG [main] - <==      Total: 3
1
lili
Student{sId=1, sName='lucy', teacherList=null}
Student{sId=2, sName='dila', teacherList=null}
Student{sId=4, sName='kedo', teacherList=null}
```

从测试结果可以看出，不但查询了教师的基本信息，还查询了教师所拥有的学生。

4.6.3　方式二

本节中，我们利用 <collection> 分步查询实现多对多查询。

1. 接口文件

接口文件 TeacherMapper.java 的相关代码如下：

```
public interface TeacherMapper {
    Teacher getTeacherByID2(Integer id);
}
```

在该接口文件中，定义依据 id 查询教师的方法 getTeacherByID2()。

接口文件 StudentMapper.java 的相关代码如下：

```
List<Student> findStudents(Integer tid);
```

在该接口文件中，定义依据教师 id 查询学生的方法 findStudents()，该方法的返回值为 List 类型的集合。

2. 映射文件

映射文件 TeacherMapper.xml 的相关代码如下：

```
<select id="getTeacherByID2" resultMap="teacherResultMap2">
    SELECT * FROM teacher WHERE t_id = #{id}
</select>
<resultMap id="teacherResultMap2" type="Teacher">
    <id property="tId" column="t_id"></id>
    <result property="tName" column="t_name"></result>
    <collection property="studentList" column="t_id" ofType="Student"
            select="com.cn.mapper.StudentMapper.findStudents">

    </collection>
</resultMap>
```

映射文件 StudentMapper.xml 的相关代码如下：

```
<select id="findStudents" resultType="Student">
    SELECT * FROM student WHERE s_id
IN (SELECT s_id FROM student_teacher_relation WHERE t_id=#{id})
</select>
```

以上映射文件的编码思路和技术与之前的一对多查询高度类似，在此不再赘述。

3. 测试代码

测试文件 MyBatisTeacherTest.java 的相关代码如下：

```
@Test
public void testGetTeacherByID2(){
    SqlSession sqlSession = null;
    try {
        // 获取 SqlSession 类型的对象
        sqlSession = SqlSessionUtil.getSqlSession();
        // 获取 TeacherMapper 类型的对象
        TeacherMapper teacherMapper = sqlSession.getMapper(TeacherMapper.class);
        // 教师 id
        int teacherID = 1;
        // 查询教师信息
        Teacher teacher = teacherMapper.getTeacherByID2(teacherID);
        // 打印教师信息
        System.out.println(teacher.gettId());
        System.out.println(teacher.gettName());
        List<Student> list = teacher.getStudentList();
        for(Student student : list){
            System.out.println(student);
        }
    } catch (Exception e) {
        System.out.println(e);
    } finally {
```

```
            SqlSessionUtil.closeSqlSession(sqlSession);
    }
}
```

在该测试中，通过工具类 SqlSessionUtil 获取 SqlSession 类型的对象，再通过 sqlSession 获取 TeacherMapper 类型的对象。接下来，利用 teacherMapper 调用 getTeacherByID2() 方法依据教师 id 查询教师信息。

4. 测试结果

```
DEBUG [main] - ==>  Preparing: SELECT * FROM teacher WHERE t_id = ?
DEBUG [main] - ==> Parameters: 1(Integer)
DEBUG [main] - <==      Total: 1
1
lili
DEBUG [main] - ==>  Preparing: SELECT * FROM student WHERE s_id IN (SELECT s_id FROM
    student_teacher_relation WHERE t_id=?)
DEBUG [main] - ==> Parameters: 1(Integer)
DEBUG [main] - <==      Total: 3
Student{sId=1, sName='lucy', teacherList=null}
Student{sId=2, sName='dila', teacherList=null}
Student{sId=4, sName='kedo', teacherList=null}
```

在本案例中，我们实现了利用教师 id 查询教师的基本信息及其所拥有的学生。请各位读者在此基础上实践利用学生 id 查询学生的基本信息及其所属教师的多对多查询。

4.7　小结

在软件项目的持久层开发中，一对一查询、一对多查询、多对一查询和多对多查询是执行频率非常高的操作。它们很基础，但很关键，属于软件开发中必须掌握的技能。所以，在本章中，我们用了较大的篇幅以示例的形式详细介绍了 MyBatis 的关联查询。虽然本章内容难度不算高，但是读者朋友在阅读时一定要亲自实践各个案例。毕竟古训说得好，纸上得来终觉浅，绝知此事要躬行。只有多实践才能真正掌握技术要领。

第5章

MyBatis 动态 SQL

在项目开发中，编码人员经常需要根据不同的条件拼接 SQL 语句。在组拼 SQL 语句的过程中，除了实现核心功能以外，还需要处处小心，时时警惕，确保不遗漏必要的标点符号、空格以及关键字。总体而言，开发人员在使用 JDBC 或其他持久层框架进行开发时，SQL 拼接烦琐、效率低、易出错、复用性差。为解决此类问题带来的不便，MyBatis 提供了动态 SQL。

MyBatis 框架借助性能卓越的 OGNL（Object Graph Navigation Language）表达式实现动态 SQL。在映射文件中，开发人员可通过标签高效、灵活地组装 SQL 语句，从而极大地提高 SQL 语句的复用性和项目开发效率。

MyBatis 动态 SQL 的常用标签如下：

- <if>
- <where>
- <choose>、<when>、<otherwise>
- <set>
- <trim>
- <bind>
- <foreach>
- <sql>
- <include>

5.1 案例开发准备

为便于本章案例开发，请在数据库中创建用户表 user 并为其插入数据。用户表 user 使用 id、username、password、gender 字段表示用户 id、用户名、密码、性别。数据库中用户表 user 的相关代码如下：

```
-- 创建用户表 user
DROP TABLE IF EXISTS user;
CREATE TABLE user(
```

```
    id INT primary key auto_increment,
    username VARCHAR(50),
    password VARCHAR(50),
    gender VARCHAR(10)
);

-- 向用户表 user 中插入数据
INSERT INTO user(username,password,gender) VALUES("lucy","123456","female");
INSERT INTO user(username,password,gender) VALUES("momo","234567","female");
INSERT INTO user(username,password,gender) VALUES("xixi","345678","female");
INSERT INTO user(username,password,gender) VALUES("pepe","456123","female");

-- 查询用户表 user 中的数据
SELECT * FROM user;
```

完成该操作后，用户表 user 中的数据如图 5-1 所示。

id	username	password	gender
1	lucy	123456	female
2	momo	234567	female
3	xixi	345678	female
4	pepe	456123	female

图 5-1　用户表 user 中的数据

与用户表 user 对应的用户类 User 具有用户编号、用户名、密码和性别等 4 个属性，代码如下：

```
public class User {
    private Integer id;
    private String username;
    private String password;
    private String gender;
    // 省略构造函数、各属性的 set 和 get 方法、toString 方法
}
```

完成以上准备工作后，我们结合案例详细介绍 MyBatis 动态 SQL 的常用标签及其用法。

本章相关示例的完整代码请参见随书配套源码中的 MyBatis_DynamicSQL 项目。

5.2　常用标签详解与应用

MyBatis 提供了动态 SQL 常用的十余个标签。接下来，我们依次详细介绍这些标签并结合案例学习它们的用法。

5.2.1 <if>

<if>标签类似于 Java 中的 if 语句，主要用于实现简单的条件判断，比如非空判断、空值判断等。如果<if>标签 test 属性的值为 true，则标签中的内容会执行，反之标签中的内容不会被执行。使用<if>时请注意，在 test 属性的值中不必再使用占位符 #{ 参数名 } 的形式获取参数值，直接使用参数名获取对应的参数值即可。

关于<if>标签的用法，请参见如下案例。

1. 接口文件

接口文件 UserMapper.java 的相关代码如下：

```
List<User> queryUserWithIf(@Param("username") String username, @Param("password")
    String password);
```

这里依据用户名和密码查询用户。

2. 映射文件

映射文件 UserMapper.xml 的相关代码如下：

```
<select id="queryUserWithIf" resultType="User">
    select * from user where 1=1
    <if test="username !=null and username !='' ">
        and username=#{username}
    </if>
    <if test="password !=null and password !='' ">
        and password=#{password}
    </if>
</select>
```

在传入的 username 和 password 不为空，即<if>标签的 test 属性值为 true 的情况下，则将其作为查询条件拼接至 SQL 语句。

3. 测试代码

测试文件 MyBatisTest.java 的相关代码如下：

```
@Test
public void testQueryUserWithIf() {
    SqlSession sqlSession = null;
    try {
        // 获取 SqlSession 类型的对象
        sqlSession = SqlSessionUtil.getSqlSession();
        // 获取 UserMapper 类型的对象
        UserMapper userMapper = sqlSession.getMapper(UserMapper.class);
        // 依据用户名和密码查询用户
```

```
        List<User> userList = userMapper.queryUserWithIf("lucy", "");
        //List<User> userList = userMapper.queryUserWithIf("", "123456");
        //List<User> userList = userMapper.queryUserWithIf("", "");
        //List<User> userList = userMapper.queryUserWithIf("lucy","123456");
        // 遍历打印查询结果
        Iterator<User> iterator = userList.iterator();
        while (iterator.hasNext()) {
            User user = iterator.next();
            System.out.println(user);
        }
    } catch (Exception e) {
        System.out.println(e);
    } finally {
        SqlSessionUtil.closeSqlSession(sqlSession);
    }
}
```

在该测试中，通过工具类 SqlSessionUtil 获取 SqlSession 类型的对象，再通过 sqlSession 获取 UserMapper 类型的对象。接下来，利用 userMapper 调用 queryUserWithIf() 方法依据用户名和密码查询用户。在此，利用输入的用户名为 lucy、密码为空字符串进行测试。

4. 测试结果

```
DEBUG [main] - ==>  Preparing: select * from user where 1=1 and username=?
DEBUG [main] - ==> Parameters: lucy(String)
DEBUG [main] - <==      Total: 1
User [id=1, username=lucy, password=123456, gender=female]
```

从测试结果中可以看出，MyBatis 将非空的 username 拼接到了 SQL 中。但是，空的 password 没有拼接到 SQL 中执行查询。

5.2.2 <where>

在 <if> 标签的案例中，为了防止 SQL 语句拼接后的意外报错，特意加入了“where 1=1”的查询条件，以此避免了 where 后面第一个单词是 and 或者 or 之类的关键字。

为了更合理地处理类似的状况，我们来学习 <where> 标签。通常情况下，<where> 标签结合 <if> 标签一起使用，主要用于管理 SQL 中的 where 子句，其主要作用如下。

(1) 如果 <if> 满足条件，那么 <where> 标签将自动添加 where 关键字，并自动删除查询条件中最前方多余的 and 或 or 关键字。

(2) 如果 <if> 不满足条件，那么 <where> 标签失效而且不添加 and 或 or 关键字。

(3) 如果没有 where 子句，则不生成 where 关键字。

关于 <where> 标签的使用，请参见如下案例。

1. 接口文件

接口文件 UserMapper.java 的相关代码如下：

```
List<User> queryUserWithWhere(@Param("username") String username, @Param("password")
    String password);
```

这里依据用户名和密码查询用户。

2. 映射文件

映射文件 UserMapper.xml 的相关代码如下：

```
<select id="queryUserWithWhere" resultType="User">
    select * from user
    <where>
        <if test="username !=null and username !=''">
            and username=#{username}
        </if>
        <if test="password !=null and password !=''">
            and password=#{password}
        </if>
    </where>
</select>
```

在 <where> 标签中嵌套使用两个 <if> 标签进行条件判断。当传入的 username 和 password 不为空时，<if> 标签中 test 属性的值为 true，此时将其作为 where 子句拼接至 SQL 语句。

3. 测试代码

测试文件 MyBatisTest.java 的相关代码如下：

```
@Test
public void testQueryUserWithWhere() {
    SqlSession sqlSession = null;
    try {
        // 获取 SqlSession 类型的对象
        sqlSession = SqlSessionUtil.getSqlSession();
        // 获取 UserMapper 类型的对象
        UserMapper userMapper = sqlSession.getMapper(UserMapper.class);
        // 依据用户名和密码查询用户
        List<User> userList = userMapper.queryUserWithWhere("lucy", "");
        //List<User> userList = userMapper.queryUserWithWhere("", "123456");
        //List<User> userList = userMapper.queryUserWithWhere("", "");
        //List<User> userList = userMapper.queryUserWithWhere("lucy","123456");
        // 遍历打印查询结果
        Iterator<User> iterator = userList.iterator();
        while (iterator.hasNext()) {
            User user = iterator.next();
            System.out.println(user);
        }
```

```
    } catch (Exception e) {
        System.out.println(e);
    } finally {
        SqlSessionUtil.closeSqlSession(sqlSession);
    }
}
```

在该测试中，通过工具类 SqlSessionUtil 获取 SqlSession 类型的对象，再通过 sqlSession 获取 UserMapper 类型的对象。接下来，利用 userMapper 调用 queryUserWithWhere() 方法依据用户名和密码查询用户。在此，利用输入的用户名为 lucy、密码为空字符串进行测试。

4. 测试结果

```
DEBUG [main] - ==>  Preparing: select * from user WHERE username=?
DEBUG [main] - ==> Parameters: lucy(String)
DEBUG [main] - <==      Total: 1
User [id=1, username=lucy, password=123456, gender=female]
```

从测试结果中可以看出，MyBatis 将非空的 username 拼接到了 SQL 中。但是，空的 password 没有拼接到 SQL 中。与此同时，MyBatis 自动删除了第一个 <if> 标签中的 and 关键字。

5.2.3 <choose>、<when>、<otherwise>

<choose> 标签常与 <when> 标签、<otherwise> 标签搭配使用，实现多分支选择。其使用方式和作用非常类似于 Java 语言中的 switch...case...default 语句，它只从多个分支中选一个执行。

关于 <choose>、<when>、<otherwise> 标签的用法，请参见如下案例。

1. 接口文件

接口文件 UserMapper.java 的相关代码如下：

```
List<User> queryUserWithChoose(@Param("username") String username, @Param("password")
    String password);
```

这里依据用户名和密码查询用户。

2. 映射文件

映射文件 UserMapper.xml 的相关代码如下：

```
<select id="queryUserWithChoose" resultType="User">
    select * from user
    <where>
        <choose>
            <when test="username !=null and username !=''">
                and username=#{username}
```

```
            </when>
            <when test="password !=null and password !=''">
                and password=#{password}
            </when>
            <otherwise>
                and username like concat('%','lu','%')
            </otherwise>
        </choose>
    </where>
</select>
```

在映射文件中依据用户名和密码实现如下查询需求。

(1) 如果用户名不为空，则依据用户名进行查询。

(2) 如果用户名为空且密码不为空，则依据密码查询。

(3) 如果密码和用户名均为空，则进行模糊查询，例如查询名字中包含 `lu` 的用户。

3. 测试代码

测试文件 MyBatisTest.java 的相关代码如下：

```
@Test
public void testQueryUserWithChoose() {
    SqlSession sqlSession = null;
    try {
        // 获取 SqlSession 类型的对象
        sqlSession = SqlSessionUtil.getSqlSession();
        // 获取 UserMapper 类型的对象
        UserMapper userMapper = sqlSession.getMapper(UserMapper.class);
        // 依据用户名和密码查询用户
        List<User> userList = userMapper.queryUserWithChoose("", "123456");
        //List<User> userList = userMapper.queryUserWithChoose("lucy", "");
        //List<User> userList = userMapper.queryUserWithChoose("", "");
        // 遍历打印查询结果
        Iterator<User> iterator = userList.iterator();
        while (iterator.hasNext()) {
            User user = iterator.next();
            System.out.println(user);
        }
    } catch (Exception e) {
        System.out.println(e);
    } finally {
        SqlSessionUtil.closeSqlSession(sqlSession);
    }
}
```

在该测试中，通过工具类 `SqlSessionUtil` 获取 `SqlSession` 类型的对象，再通过 `sqlSession` 获取 `UserMapper` 类型的对象。接下来，利用 `userMapper` 调用 `queryUserWithChoose()` 方法依据用户名和密码查询用户。在此，利用输入的用户名为空字符串、密码为 123456 进行测试。

4. 测试结果

```
DEBUG [main] - ==>  Preparing: select * from user WHERE password=?
DEBUG [main] - ==> Parameters: 123456(String)
DEBUG [main] - <==      Total: 1
User [id=1, username=lucy, password=123456, gender=female]
```

从测试结果中可以看出，MyBatis 剔除了空值的 username，而将非空的 password 作为查询条件。类似地，如果用户名和密码都不为空，测试代码中又会选择哪个分支执行呢？请读者自行思考并验证。

5.2.4　<set>

通常情况下，<set> 标签结合 <if> 标签一起使用，主要用于管理映射文件中 <update> 语句的 set 子句，其主要作用如下。

(1) 如果 <if> 满足条件，那么 <set> 标签将自动添加 set 关键字。

(2) 如果 <if> 不满足条件，那么 <set> 标签失效，而且也不会添加 set 关键字。

(3) 删除 set 子句中多余的逗号。

关于 <set> 标签的用法，请参见如下案例。

1. 接口文件

接口文件 UserMapper.java 的相关代码如下：

```
int updateUserWithSet(User user);
```

这里用于更新系统中的原有用户。

2. 映射文件

映射文件 UserMapper.xml 的相关代码如下：

```
<update id="updateUserWithSet" parameterType="User">
    update user
    <set>
        <if test="username !=null and username !=''">
            username=#{username},
        </if>
        <if test="password !=null and password !=''">
            password=#{password},
        </if>
        <if test="gender !=null and gender !=''">
            gender=#{gender}
        </if>
```

```
    </set>
    where id=#{id}
</update>
```

在映射文件中，依据 id 进行用户更新操作。

3. 测试代码

测试文件 MyBatisTest.java 的相关代码如下：

```
@Test
public void testUpdateUserWithSet() {
    SqlSession sqlSession = null;
    try {
        // 获取 SqlSession 类型的对象
        sqlSession = SqlSessionUtil.getSqlSession();
        // 获取 UserMapper 类型的对象
        UserMapper userMapper = sqlSession.getMapper(UserMapper.class);
        // 创建用户对象
        User user = new User(1, "tutu", "666999", "male");
        // 更新用户
        int result = userMapper.updateUserWithSet(user);
        // 打印更新结果
        if(result > 0){
            System.out.println(" 用户更新成功 ");
        }else{
            System.out.println(" 用户更新失败 ");
        }
    } catch (Exception e) {
        System.out.println(e);
    } finally {
        SqlSessionUtil.closeSqlSession(sqlSession);
    }
}
```

在该测试中，通过工具类 SqlSessionUtil 获取 SqlSession 类型的对象，再通过 sqlSession 获取 UserMapper 类型的对象。接下来，利用 userMapper 调用 updateUserWithSet() 方法更新用户。在此，更新 id 为 1 的用户信息。

4. 测试结果

```
DEBUG [main] - ==>  Preparing: update user SET username=?, password=?, gender=? where id=?
DEBUG [main] - ==> Parameters: tutu(String), 666999(String), male(String), 1(Integer)
DEBUG [main] - <==    Updates: 1
用户更新成功
```

从测试结果中可以看出，MyBatis 利用 <set> 标签拼接出了完整的 SQL 语句进行更新操作。完成该操作后，用户表 user 中的数据如图 5-2 所示。

```
+----+----------+----------+--------+
| id | username | password | gender |
+----+----------+----------+--------+
|  1 | tutu     | 666999   | male   |
|  2 | momo     | 234567   | female |
|  3 | xixi     | 345678   | female |
|  4 | pepe     | 456123   | female |
+----+----------+----------+--------+
```

图 5-2　用户表 user 中的数据

5.2.5　<trim>

<trim> 标签常用于在 SQL 语句前后添加或删除一些内容。<trim> 标签的常用属性及其作用如表 5-1 所示。

表 5-1　<trim> 标签的属性及作用

属　性	作　用
prefix	在 SQL 语句前添加内容
prefixOverrides	删除 SQL 语句前多余的关键字或字符
suffix	在 SQL 语句后添加内容
suffixOverrides	删除 SQL 语句后多余的关键字或字符

关于 <trim> 标签的用法，请参见如下案例。

1. 接口文件

接口文件 UserMapper.java 的相关代码如下：

```
int updateUserWithTrim(User user);
```

这里用于更新系统中的原有用户。

2. 映射文件

映射文件 UserMapper.xml 的相关代码如下：

```
<update id="updateUserWithTrim" parameterType="User">
    update user
    <trim prefix="set" suffixOverrides="and">
        username=#{username} and
    </trim>
    where id=#{id}
</update>
```

在映射文件中，依据用户 id 进行更新操作。在更新语句中，利用 <trim> 标签的 prefix 属性在 username 前添加 set 关键字，并利用 <trim> 标签的 suffixOverrides 属性去掉 and 关键字。假如不使用 <trim> 标签，那么拼接后的 SQL 语句为 update user username=#{username} and where id=#{id}。很明显，这条 SQL 语句是错误的。

3. 测试代码

测试文件 MyBatisTest.java 的相关代码如下：

```
@Test
public void testUpdateUserWithTrim() {
    SqlSession sqlSession = null;
    try {
        // 获取 SqlSession 类型的对象
        sqlSession = SqlSessionUtil.getSqlSession();
        // 获取 UserMapper 类型的对象
        UserMapper userMapper = sqlSession.getMapper(UserMapper.class);
        // 创建用户对象
        User user = new User(1, "wawa", "666666", "male");
        // 更新用户
        int result = userMapper.updateUserWithTrim(user);
        // 打印更新结果
        if(result > 0){
            System.out.println("用户更新成功");
        }else{
            System.out.println("用户更新失败");
        }
    } catch (Exception e) {
        System.out.println(e);
    } finally {
        SqlSessionUtil.closeSqlSession(sqlSession);
    }
}
```

在该测试中，通过工具类 SqlSessionUtil 获取 SqlSession 类型的对象，再通过 sqlSession 获取 UserMapper 类型的对象。接下来，利用 userMapper 调用 updateUserWithTrim() 方法更新用户。在此，更新用户 id 为 1 的用户信息。

4. 测试结果

```
DEBUG [main] - ==>  Preparing: update user set username=? where id=?
DEBUG [main] - ==> Parameters: wawa(String), 1(Integer)
DEBUG [main] - <==    Updates: 1
用户更新成功
```

从测试结果中可以看出，<trim> 标签通过添加和删除操作拼接出了完整的 SQL 语句进行更新操作。完成该操作后，用户表 user 中的数据如图 5-3 所示。

id	username	password	gender
1	wawa	666999	male
2	momo	234567	female
3	xixi	345678	female
4	pepe	456123	female

图 5-3　用户表 user 中的数据

5.2.6　<bind>

<bind> 标签用于数据绑定，常用于模糊查询。

关于 <bind> 标签的用法，请参见如下案例。

1. 接口文件

接口文件 UserMapper.java 的相关代码如下：

```
List<User> queryUserWithBind(@Param("username") String username);
```

这里根据用户名查询用户。

2. 映射文件

映射文件 UserMapper.xml 的相关代码如下：

```
<select id="queryUserWithBind" resultType="User">
    select * from user
    <where>
        <if test="username !=null and username !=''">
            <bind name="un" value="'%'+username+'%'"/>
            username like #{un}
        </if>
    </where>
</select>
```

在映射文件中，依据用户名进行模糊查询。在此，将模糊查询条件 '%'+username+'%' 绑定至 un 后进行查询。

3. 测试代码

测试文件 MyBatisTest.java 的相关代码如下：

```
@Test
public void testQueryUserWithBind() {
    SqlSession sqlSession = null;
```

```
    try {
        // 获取 SqlSession 类型的对象
        sqlSession = SqlSessionUtil.getSqlSession();
        // 获取 UserMapper 类型的对象
        UserMapper userMapper = sqlSession.getMapper(UserMapper.class);
        // 查询用户
        List<User> userList = userMapper.queryUserWithBind("xi");
        // 遍历打印查询结果
        Iterator<User> iterator = userList.iterator();
        while (iterator.hasNext()) {
            User user = iterator.next();
            System.out.println(user);
        }
    } catch (Exception e) {
        System.out.println(e);
    } finally {
        SqlSessionUtil.closeSqlSession(sqlSession);
    }
}
```

在该测试中，通过工具类 SqlSessionUtil 获取 SqlSession 类型的对象，再通过 sqlSession 获取 UserMapper 类型的对象。接下来，利用 userMapper 调用 queryUserWithBind 方法查询名字中包含 xi 的用户。

4. 测试结果

```
DEBUG [main] - ==>  Preparing: select * from user WHERE username like ?
DEBUG [main] - ==> Parameters: %xi%(String)
DEBUG [main] - <==      Total: 1
User [id=3, username=xixi, password=345678, gender=female]
```

从测试结果中可以看出，利用 <bind> 标签实现了数据绑定和模糊查询。

5.2.7 <foreach>

<foreach> 标签用于在 SQL 语句中遍历列表、数组、Map 等集合。除此以外，该标签还常用于 SQL 中的 in 查询。

<foreach> 标签的常用属性及其作用如表 5-2 所示。

表 5-2 <foreach> 标签的常用属性及其作用

属　性	作　用
collection	待遍历的集合
item	集合中被遍历的当前对象
index	当集合为列表和数组时，index 是对象的索引。 当集合是 Map 时，index 是 Map 的键

（续）

属　性	作　用
open	表示开始符号，其常用值为 "("
separator	表示各元素之间的分隔符，其常用值为 ","
close	表示结束符号，其常用值为 ")"

关于 <foreach> 标签的用法，我们重点介绍利用该标签遍历列表、数组和 Map，详情请参见如下案例。

1. 接口文件

接口文件 UserMapper.java 的相关示例如下。

在列表中存储用户 id 并依据这些 id 查询用户，代码如下：

```
// foreach 遍历列表
List<User> queryUserWithForeach1(@Param("userIDList") List<Integer> userIDList);
```

在数组中存储用户 id 并依据这些 id 查询用户，代码如下：

```
// foreach 遍历数组
List<User> queryUserWithForeach2(@Param("userIDArray") int[] userIDArray);
```

在 Map 中保存查询条件并依据这些条件查询用户，代码如下：

```
// foreach 与 Map 的使用
List<User> queryUserWithForeach3(@Param("userMap") Map<String ,Object> userMap);
```

2. 映射文件

映射文件 UserMapper.xml 的相关示例如下。

在查询语句中，利用 foreach 遍历传递过来的列表并组拼 in 查询。假若列表中的数据为 1、2、3，则组拼后的 SQL 语句为 select * from user where id in (1 , 2 , 3)，代码如下：

```
<!-- 测试 foreach 遍历列表 -->
<select id="queryUserWithForeach1" resultType="User">
    select * from user where id in
    <foreach collection="userIDList" open="(" separator="," close=")" item="userID">
        #{userID}
    </foreach>
</select>
```

在查询语句中，利用 foreach 遍历传递过来的数组并组拼 in 查询。假若数组中的数据为 1、2、3，则组拼后的 SQL 语句为 select * from user where id in (1 , 2 , 3)，代码如下：

```
<!-- 测试 foreach 遍历数组 -->
<select id="queryUserWithForeach2" resultType="User">
```

```
    select * from user where id in
    <foreach collection="userIDArray" index="i" item="userID" open="(" separator="," close=")" >
        #{userID}
    </foreach>
</select>
```

在查询语句中，利用 foreach 遍历传递过来的 Map 并组拼 in 查询。假若 Map 中的键 gender 对应的值为 female，键 userIDList 对应的值为 1、2、3，则组拼后的 SQL 语句为 select * from user where gender = 'female' and id in (1 , 2 , 3)。

当 MyBatis 传递的参数为 Map 时，在映射文件中通过 Map 名 .key 名的方式获取该键对应的值，代码如下：

```
<!-- 测试 foreach 与 Map 的用法 -->
<select id="queryUserWithForeach3" resultType="User">
    select * from user where gender = #{userMap.gender} and id in
    <foreach collection="userMap.userIDList" item="userID" index="key" open="(" separator=","
        close=")" >
        #{userID}
    </foreach>
</select>
```

3. 测试代码

测试文件 MyBatisTest.java 的相关示例如下。

首先，我们测试 foreach 遍历列表，代码如下：

```
@Test
public void testQueryUserWithForeach1() {
    SqlSession sqlSession = null;
    try {
        // 获取 SqlSession 类型的对象
        sqlSession = SqlSessionUtil.getSqlSession();
        // 获取 UserMapper 类型的对象
        UserMapper userMapper = sqlSession.getMapper(UserMapper.class);
        // 创建列表保存用户 id
        List<Integer> userIDList = new ArrayList<Integer>();
        // 向列表中添加用户 id
        userIDList.add(1);
        userIDList.add(2);
        userIDList.add(3);
        // 查询用户
        List<User> userList = userMapper.queryUserWithForeach1(userIDList);
        // 遍历打印查询结果
        Iterator<User> iterator = userList.iterator();
        while (iterator.hasNext()) {
            User user = iterator.next();
            System.out.println(user);
        }
```

```
    } catch (Exception e) {
        System.out.println(e);
    } finally {
        SqlSessionUtil.closeSqlSession(sqlSession);
    }
}
```

在该测试中，通过工具类 SqlSessionUtil 获取 SqlSession 类型的对象，再通过 sqlSession 获取 UserMapper 类型的对象。接下来，利用 userMapper 调用 queryUserWithForeach1() 方法查询列表中用户 id 为 1、2、3 的用户信息。

接下来，测试 foreach 遍历数组，代码如下：

```
@Test
public void testQueryUserWithForeach2() {
    SqlSession sqlSession = null;
    try {
        // 获取 SqlSession 类型的对象
        sqlSession = SqlSessionUtil.getSqlSession();
        // 获取 UserMapper 类型的对象
        UserMapper userMapper = sqlSession.getMapper(UserMapper.class);
        // 创建数组保存用户 id
        int[] userIDArray = {1,2,3};
        // 查询用户
        List<User> userList = userMapper.queryUserWithForeach2(userIDArray);
        // 遍历打印查询结果
        Iterator<User> iterator = userList.iterator();
        while (iterator.hasNext()) {
            User user = iterator.next();
            System.out.println(user);
        }
    } catch (Exception e) {
        System.out.println(e);
    } finally {
        SqlSessionUtil.closeSqlSession(sqlSession);
    }
}
```

在该测试中，通过工具类 SqlSessionUtil 获取 SqlSession 类型的对象，再通过 sqlSession 获取 UserMapper 类型的对象。接下来，利用 userMapper 调用 queryUserWithForeach2() 方法查询数组中用户 id 为 1、2、3 的用户信息。

最后，我们测试 foreach 与 Map 的用法，代码如下：

```
@Test
public void testQueryUserWithForeach3() {
    SqlSession sqlSession = null;
    try {
        // 获取 SqlSession 类型的对象
        sqlSession = SqlSessionUtil.getSqlSession();
```

```
        // 获取UserMapper类型的对象
        UserMapper userMapper = sqlSession.getMapper(UserMapper.class);
        // 创建Map
        Map<String,Object> userMap = new HashMap<>();
        // 向Map中添加数据
        userMap.put("gender", "female");
        List<Integer> userIDList = new ArrayList<Integer>();
        userIDList.add(1);
        userIDList.add(2);
        userIDList.add(3);
        // 向Map中添加数据
        userMap.put("userIDList",userIDList);
        // 查询用户
        List<User> userList = userMapper.queryUserWithForeach3(userMap);
        // 遍历打印查询结果
        Iterator<User> iterator = userList.iterator();
        while (iterator.hasNext()) {
            User user = iterator.next();
            System.out.println(user);
        }
    } catch (Exception e) {
        System.out.println(e);
    } finally {
        SqlSessionUtil.closeSqlSession(sqlSession);
    }
}
```

在该测试中，通过工具类 SqlSessionUtil 获取 SqlSession 类型的对象，再通过 sqlSession 获取 UserMapper 类型的对象。利用 Map 封装两个查询条件。第一个条件是 gender 为 female，第二个条件是用户 id 为 1、2、3。最后，利用 userMapper 调用 queryUserWithForeach3() 方法依据 Map 中的查询条件查询用户。

4. 测试结果

测试 foreach 遍历列表，结果如下：

```
DEBUG [main] - ==>  Preparing: select * from user where id in ( ? , ? , ? )
DEBUG [main] - ==> Parameters: 1(Integer), 2(Integer), 3(Integer)
DEBUG [main] - <==      Total: 3
User [id=1, username=wawa, password=666999, gender=male]
User [id=2, username=momo, password=234567, gender=female]
User [id=3, username=xixi, password=345678, gender=female]
```

从查询执行过程中可以看出，MyBatis 将列表中的数据取出并组拼成了 in 查询。

测试 foreach 遍历数组，结果如下：

```
DEBUG [main] - ==>  Preparing: select * from user where id in ( ? , ? , ? )
DEBUG [main] - ==> Parameters: 1(Integer), 2(Integer), 3(Integer)
DEBUG [main] - <==      Total: 3
```

```
User [id=1, username=wawa, password=666999, gender=male]
User [id=2, username=momo, password=234567, gender=female]
User [id=3, username=xixi, password=345678, gender=female]
```

从查询执行过程中可以看出，MyBatis 将数组中的数据取出并组拼成了 in 查询。

测试 foreach 与 Map 的用法，结果如下：

```
DEBUG [main] - ==>  Preparing: select * from user where gender = ? and id in ( ? , ? , ? )
DEBUG [main] - ==> Parameters: female(String), 1(Integer), 2(Integer), 3(Integer)
DEBUG [main] - <==      Total: 2
User [id=2, username=momo, password=234567, gender=female]
User [id=3, username=xixi, password=345678, gender=female]
```

从查询执行过程中可以看出，MyBatis 将 Map 中的数据取出并组拼成了 in 查询和其他查询条件。

5.2.8 <sql>

<sql> 标签用于定义可重用的 SQL 片段，该标签的常用属性为 id，作为 SQL 片段的唯一标识。

5.2.9 <include>

<include> 标签常与 <sql> 标签配合使用，即使用 <include> 引用已经定义的 SQL 片段。<include> 标签的属性 refid 表示引用的 <sql> 标签的 id 值。

关于 <include> 标签的用法，请参见如下案例。

1. 接口文件

接口文件 UserMapper.java 的相关代码如下：

```
List<User> queryUserWithInclude(@Param("username") String username, @Param("password")
    String password);
```

这里依据用户名和密码查询用户。

2. 映射文件

映射文件 UserMapper.xml 的相关代码如下：

```
<!-- 定义 SQL 片段 -->
<sql id="columns">id,username,password,gender</sql>
<!-- 测试动态 SQL 语句 include -->
<select id="queryUserWithInclude" resultType="User">
    select <include refid="columns"/> from user
    <where>
        <if test="username !=null and username !=''">
```

```
            and username=#{username}
        </if>
        <if test="password !=null and password !=''">
            and password=#{password}
        </if>
    </where>
</select>
```

在映射文件中，利用 <sql> 标签编写 SQL 片段列举常用的字段名。然后在 <select> 标签中利用 <include> 引用已声明的 SQL 片段。

3. 测试代码

测试文件 MyBatisTest.java 的相关代码如下：

```
@Test
public void testQueryUserWithInclude() {
    SqlSession sqlSession = null;
    try {
        // 获取 SqlSession 类型的对象
        sqlSession = SqlSessionUtil.getSqlSession();
        // 获取 UserMapper 类型的对象
        UserMapper userMapper = sqlSession.getMapper(UserMapper.class);
        // 查询用户
        List<User> userList = userMapper.queryUserWithInclude("pepe", "456123");
        // 遍历打印查询结果
        Iterator<User> iterator = userList.iterator();
        while (iterator.hasNext()) {
            User user = iterator.next();
            System.out.println(user);
        }
    } catch (Exception e) {
        System.out.println(e);
    } finally {
        SqlSessionUtil.closeSqlSession(sqlSession);
    }
}
```

在该测试中，通过工具类 SqlSessionUtil 获取 SqlSession 类型的对象，再通过 sqlSession 获取 UserMapper 类型的对象。接下来，利用 userMapper 调用 queryUserWithInclude() 方法查询名字为 pepe、密码为 456123 的用户。

4. 测试结果

```
DEBUG [main] - ==>  Preparing: select id,username,password,gender from user WHERE username=?
    and password=?
DEBUG [main] - ==> Parameters: pepe(String), 456123(String)
DEBUG [main] - <==      Total: 1
User [id=4, username=pepe, password=456123, gender=female]
```

从测试结果中可以看出，<select>标签中利用<include>引用了<sql>标签定义的SQL片段，并组拼成完整的查询语句。

5.3　小结

本章主要讲解了 MyBatis 动态 SQL 的常用标签。通过本章的学习，读者应掌握各个标签的应用场景和使用方式。其中，<if>、<where>、<choose>、<when>、<otherwise>、<set>、<trim>、<foreach> 等标签的使用频率较高，经常在项目开发中应用。熟练掌握这些标签可在很大程度上优化 SQL 语句的编写，从而减少冗余，提高开发效率。

第6章

MyBatis 缓存机制

在日常的生活和工作中，我们不难发现，为了提升响应速度和减少用户等待时间，浏览器或者App会缓存文本、图片、音频和视频。而且，当再次访问之前已经查看过的内容时，甚至都不用从网络上再次拉取。同理，MyBatis采用缓存机制提高查询效率和减轻数据库压力。

MyBatis的缓存分为一级缓存、二级缓存以及第三方缓存。接下来，我们分别详细介绍这几种缓存机制。

本章相关示例的完整代码请参见随书配套源码中的MyBatis_Cache项目。

6.1 一级缓存

MyBatis的一级缓存也叫作本地缓存（local cache），它是`SqlSession`级别的缓存。每当新`SqlSession`被创建时，MyBatis就会创建一个与之相关联的本地缓存。任何在`SqlSession`中执行过的查询，结果都会被保存在本地缓存中。所以，当再次利用同一个`SqlSession`执行参数相同的查询时，MyBatis会直接读取一级缓存中的数据，而不用再去数据库中查询，从而提高了数据库的查询效率。一级缓存并非一直有效，它会在非查询操作、事务提交或回滚以及关闭`SqlSession`等情况发生时失效。

默认情况下，MyBatis的一级缓存是开启的，无须开发人员进行额外设置。

当MyBatis仅有一级缓存时，MyBatis执行查询的流程如图6-1所示。

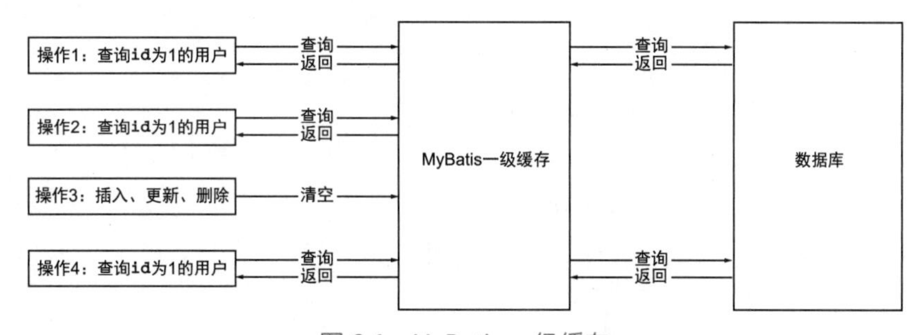

图6-1 MyBatis一级缓存

通过 MyBatis 操作数据库中的用户表 user，流程如下。

(1) 查询 id 为 1 的用户。先尝试从一级缓存中获取相关数据。由于一级缓存中没有相关数据，所以从数据库中查询并将查询结果存放在一级缓存中再返回。

(2) 再次查询 id 为 1 的用户。先尝试从一级缓存中获取相关数据，获取到数据后直接返回，无须再从数据库中查询。

(3) 对用户表 user 执行插入、删除、更新等操作时，会清空一级缓存以防止误读。

(4) 再一次查询 id 为 1 的用户。先尝试从一级缓存中获取相关数据。因为一级缓存已经被清空，所以需要再次从数据库中获取数据并将查询结果存放在一级缓存中然后返回。

6.1.1　一级缓存应用实践

本节以案例形式详细介绍 MyBatis 一级缓存的用法及注意事项。

1. 案例开发准备

在正式进入案例开发之前，在数据库中创建用户表 user 并为其插入数据。用户表 user 使用 id、username、password、gender 字段表示用户 id、用户名、密码、性别。数据库中用户表 user 的相关代码如下：

```
-- 创建用户表 user
DROP TABLE IF EXISTS user;
CREATE TABLE user(
    id INT primary key auto_increment,
    username VARCHAR(50),
    password VARCHAR(50),
    gender VARCHAR(10)
);

-- 向用户表 user 中插入数据
INSERT INTO user(username,password,gender) VALUES("lucy","123456","female");
INSERT INTO user(username,password,gender) VALUES("momo","234567","female");
INSERT INTO user(username,password,gender) VALUES("xixi","345678","female");
INSERT INTO user(username,password,gender) VALUES("pepe","456123","female");

-- 查询用户表 user 中的数据
SELECT * FROM user;
```

完成该操作后，用户表 user 中的数据如图 6-2 所示。

id	username	password	gender
1	lucy	123456	female
2	momo	234567	female
3	xixi	345678	female
4	pepe	456123	female

图 6-2　用户表 user 中的数据

User 类有 id、username、password 和 gender 属性，代码如下：

```
public class User {
    private Integer id;
    private String username;
    private String password;
    private String gender;
    // 省略构造函数、各属性的 set 和 get 方法、toString 方法
}
```

2. 接口文件

接口文件 UserLocalCacheMapper.java 的相关代码如下：

```
User queryUserById(int id);
```

这里定义了方法 queryUserById()，它依据 id 查询用户。

3. 映射文件

映射文件 UserLocalCacheMapper.xml 的相关代码如下：

```
<select id="queryUserById" resultType="User">
    select * from user where id = #{id}
</select>
```

这里依据传入的 id 查询用户信息并将其封装为 User 类型的对象。

4. 测试代码

测试文件 MyBatisLocalCacheTest.java 的相关代码如下：

```
@Test
public void testQueryUserById1() {
    SqlSession sqlSession = null;
    try {
        // 获取 SqlSession 类型的对象
        sqlSession = SqlSessionUtil.getSqlSession();
        // 获取 UserLocalCacheMapper 类型的对象
        UserLocalCacheMapper userLocalCacheMapper = sqlSession.getMapper
            (UserLocalCacheMapper.class);
        // 用户 id
        int userID = 1;
        // 第一次查询 id 为 1 的用户
        User user = userLocalCacheMapper.queryUserById(userID);
        // 打印查询结果
        System.out.println("第一次查询结果："+user);
        // 第二次查询 id 为 1 的用户
        user = userLocalCacheMapper.queryUserById(userID);
        // 打印查询结果
        System.out.println("第二次查询结果："+user);
```

```
    } catch (Exception e) {
        System.out.println(e);
    } finally {
        SqlSessionUtil.closeSqlSession(sqlSession);
    }
}
```

在该测试中，通过工具类 SqlSessionUtil 获取 SqlSession 类型的对象，再通过 sqlSession 获取 UserLocalCacheMapper 类型的对象。接下来，利用 userLocalCacheMapper 调用 queryUserById() 方法两次查询 id 为 1 的用户。

5. 测试结果

```
[DEBUG] [main] ==>  Preparing: select * from user where id = ?
[DEBUG] [main] ==> Parameters: 1(Integer)
[DEBUG] [main] <==      Total: 1
第一次查询结果：User [id=1, username=lucy, password=123456, gender=female]
第二次查询结果：User [id=1, username=lucy, password=123456, gender=female]
```

从测试结果可以看出，虽然进行了两次查询，但是数据库查询语句只执行了一次。这是因为第一次查询执行 SQL 语句后得到的查询结果保存在了 MyBatis 一级缓存中。第二次查询由于与第一次查询完全相同，所以不用从数据库查询而是直接从一级缓存中获取数据即可。

请各位读者思考以下两个问题并加以验证。

问题 1：假若在第二次查询前重新获取 UserLocalCacheMapper 类型的对象，那么还会从一级缓存中获取数据吗？相关测试代码如下：

```
// 省略以上部分代码
System.out.println("第一次查询结果："+user);
// 重新获取 userLocalCacheMapper
userLocalCacheMapper = sqlSession.getMapper(UserLocalCacheMapper.class);
// 第二次查询 id 为 1 的用户
user = userLocalCacheMapper.queryUserById(userID);
// 打印查询结果
System.out.println("第二次查询结果："+user);
// 省略以下部分代码
```

问题 2：假若在第二次查询前重新获取 SqlSession 和 UserLocalCacheMapper 类型的对象，那么还会从一级缓存中获取数据吗？相关测试代码如下：

```
// 省略以上部分代码
System.out.println("第一次查询结果："+user);
// 重新获取 SqlSession 类型的对象
sqlSession = SqlSessionUtil.getSqlSession();
// 重新获取 UserLocalCacheMapper 类型的对象
userLocalCacheMapper = sqlSession.getMapper(UserLocalCacheMapper.class);
// 第二次查询 id 为 1 的用户
```

```
user = userLocalCacheMapper.queryUserById(userID);
// 打印查询结果
System.out.println("第二次查询结果："+user);
// 省略以下部分代码
```

6.1.2 一级缓存失效情形

在使用 MyBatis 时，要注意以下五种情况将导致 MyBatis 一级缓存失效。

(1) 不同的 `SqlSession` 执行相同的 SQL 语句。

(2) 同一个 `SqlSession` 执行查询条件不同的 SQL 语句。

(3) 在同一个 `SqlSession` 的两次查询之间执行任何一次增删改操作。

(4) 在同一个 `SqlSession` 的两次查询之间执行 `sqlSession.clearCache()` 清空一级缓存。

(5) 在同一个 `SqlSession` 的两次查询之间执行 `sqlSession.commit()` 提交事务。

6.1.3 一级缓存失效案例

我们在之前案例的基础上验证一级缓存失效的情况。

接口文件 UserLocalCacheMapper.java 新增用户更新方法，相关代码如下：

```
int updateUser(User user);
```

这里定义了更新系统中原有用户的方法。

映射文件 UserLocalCacheMapper.xml 新增用户更新操作，相关代码如下：

```
<update id="updateUser" parameterType="User">
    update user set username=#{username},password=#{password},gender=#{gender} where id=#{id}
</update>
```

为了便于观察，我们在两次相同的查询之间执行一次更新操作。测试文件 MyBatisLocalCacheTest.java 的相关代码如下：

```
@Test
public void testQueryUserById2() {
    SqlSession sqlSession = null;
    try {
        // 获取 SqlSession 类型的对象
        sqlSession = SqlSessionUtil.getSqlSession();
        // 获取 UserLocalCacheMapper 类型的对象
        UserLocalCacheMapper userLocalCacheMapper = sqlSession.getMapper
            (UserLocalCacheMapper.class);
        // 用户 id
        int userID = 1;
```

```
        // 第一次查询 id 为 1 的用户
        User user = userLocalCacheMapper.queryUserById(userID);
        // 打印查询结果
        System.out.println("第一次查询结果: "+user);
        // 创建用户对象
        User u = new User(2, "tata", "666777", "male");
        // 更新 id 为 2 的用户
        userLocalCacheMapper.updateUser(u);
        // 第二次查询 id 为 1 的用户
        user = userLocalCacheMapper.queryUserById(userID);
        // 打印查询结果
        System.out.println("第二次查询结果: "+user);
    } catch (Exception e) {
        System.out.println(e);
    } finally {
        SqlSessionUtil.closeSqlSession(sqlSession);
    }
}
```

在测试代码中，先查询了 id 为 1 的用户；接下来，更新 id 为 2 的用户；最后，再次查询 id 为 1 的用户。测试结果如下：

```
[[DEBUG] [main] ==>  Preparing: select * from user where id = ?
[DEBUG] [main] ==> Parameters: 1(Integer)
[DEBUG] [main] <==      Total: 1
第一次查询结果: User [id=1, username=lucy, password=123456, gender=female]
[DEBUG] [main] ==>  Preparing: update user set username=?,password=?,gender=? where id=?
[DEBUG] [main] ==> Parameters: tata(String), 666777(String), male(String), 2(Integer)
[DEBUG] [main] <==    Updates: 1
[DEBUG] [main] ==>  Preparing: select * from user where id = ?
[DEBUG] [main] ==> Parameters: 1(Integer)
[DEBUG] [main] <==      Total: 1
第二次查询结果: User [id=1, username=lucy, password=123456, gender=female]
```

从查询结果可以看出，由于在两次查询之间执行了更新操作，导致一级缓存失效。因为任何的增删改操作都有可能影响数据库中的原有数据，从而导致一级缓存失效，所以两次查询都需要从数据库中获取数据。

完成该操作后，用户表 user 中的数据如图 6-3 所示。

id	username	password	gender
1	lucy	123456	female
2	tata	666777	male
3	xixi	345678	female
4	pepe	456123	female

图 6-3　用户表 user 中的数据

6.2　二级缓存

在使用一级缓存的过程中，如果 SqlSession 不同，那么就算执行相同的查询，也需要分别执行 SQL 语句从数据库中获取数据。为了进一步提升数据库查询效率，可使用 MyBatis 二级缓存对其进行优化。

MyBatis 二级缓存（second level cache）的作用域为 namespace，它是一个映射文件级别的缓存，它的作用域比一级缓存更大。多个 SqlSession 之间可以共用二级缓存，即不同的 SqlSession 访问同一个映射文件中的 SQL 查询语句时可使用缓存。所以，它又被称为 SqlSessionFactory 级别缓存。也就是说，通过同一个 SqlSessionFactory 创建出的 SqlSession 的查询结果会被缓存。例如，一个 SqlSessionFactory 创建了两个 namespace 相同的 SqlSession，即 SqlSession1 和 SqlSession2。SqlSession1 执行一条查询操作后将查询结果保存至缓存中，当 SqlSession2 执行相同的查询操作时就会从缓存中获取数据。

当 MyBatis 开启二级缓存后，MyBatis 执行查询的流程如图 6-4 所示。

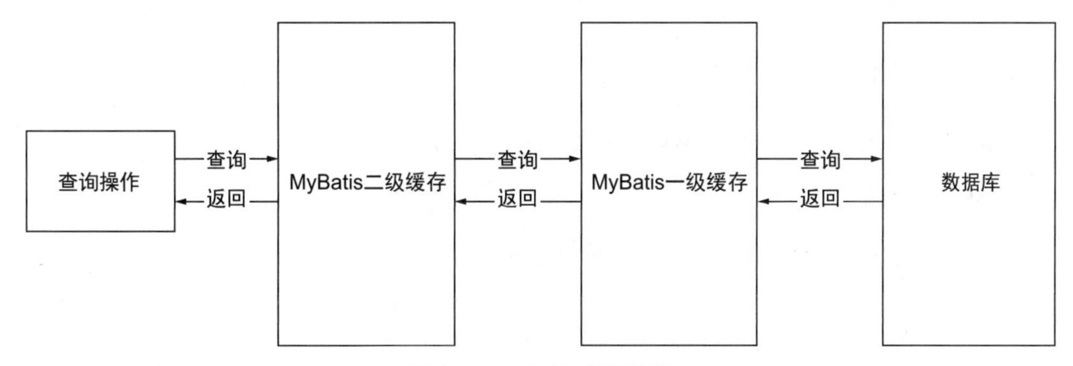

图 6-4　MyBatis 查询流程

默认情况下，MyBatis 二级缓存处于关闭状态，若需使用，请手动开启。当 MyBatis 中开启二级缓存后，查询流程如下。

(1) 当执行查询语句时先去二级缓存中查询数据，如果有，则返回。如果二级缓存中没有相关数据，则到一级缓存中查找。

(2) 如果在一级缓存中找到相关数据，则返回。如果一级缓存中也没有，则从数据库中查询。

(3) 查询后将结果保存至一级缓存。

(4) 当 SqlSession 关闭或者执行提交时，会将一级缓存中的数据保存到二级缓存。

概括地讲，当开启二级缓存后，数据查询的执行流程为：二级缓存→一级缓存→数据库。

6.2.1　二级缓存使用方式

在正式使用二级缓存前，请依次完成以下准备工作。

第一步：在核心配置文件 mybatis-config.xml 中开启二级缓存的全局配置。代码如下：

```
<!-- 开启二级缓存的全局配置 -->
<settings>
    <setting name="cacheEnabled" value="true"/>
</settings>
```

默认情况下 `cacheEnabled` 的值为 `true`。所以，该步骤可以省略。

第二步：开启映射文件 `namespace` 下的二级缓存。代码如下：

```
<!-- 开启二级缓存 -->
<cache></cache>
```

第三步：为需要缓存的 POJO 实现序列化接口 `Serializable`。

6.2.2　二级缓存应用实践

本节以案例的形式详细介绍 MyBatis 二级缓存的用法及注意事项。

1. 案例开发准备

在此，使用之前案例中的用户表 `user` 进行案例开发。

`User` 类拥有 `id`、`username`、`password`、`gender` 属性并且实现了 `Serializable` 接口，其代码如下：

```
public class User implements Serializable{
    private Integer id;
    private String username;
    private String password;
    private String gender;
    // 省略构造函数、各属性的 set 和 get 方法、toString 方法
}
```

2. 接口文件

接口文件 UserSecondLevelCacheMapper.java 的相关代码如下：

```
User queryUserById(int id);
```

这里定义了依据 `id` 查询用户的方法。

3. 映射文件

映射文件 UserSecondLevelCacheMapper.xml 的相关代码如下：

```
<!-- 开启二级缓存 -->
<cache></cache>

<select id="queryUserById" resultType="User">
    select * from user where id = #{id}
</select>
```

在映射文件中使用 <cache> 标签开启 MyBatis 二级缓存。

4. 测试代码

在测试代码中创建 4 个不同的 SqlSession 执行 4 次相同的查询操作，每个 SqlSession 执行完查询后，调用 commit() 方法将查询结果保存至二级缓存。

测试文件 MyBatisSecondLevelCacheTest.java 的相关代码如下：

```
@Test
public void testQueryUserById1() {
    try {
        // 用户 id
        int userID = 1;
        // 用户对象
        User user ;
        // 获取 SqlSession 类型的对象
        SqlSession sqlSession1 = SqlSessionUtil.getSqlSession();
        // 获取 UserSecondLevelCacheMapper 类型的对象
        UserSecondLevelCacheMapper userSecondLevelCacheMapper1 = sqlSession1.getMapper
            (UserSecondLevelCacheMapper.class);
        // 第一次查询 id 为 1 的用户
        user = userSecondLevelCacheMapper1.queryUserById(userID);
        // 打印查询结果
        System.out.println("第一次查询结果: "+user);
        // SqlSession 执行提交操作
        sqlSession1.commit();

        // 获取 SqlSession 类型的对象
        SqlSession sqlSession2 = SqlSessionUtil.getSqlSession();
        // 获取 UserSecondLevelCacheMapper 类型的对象
        UserSecondLevelCacheMapper userSecondLevelCacheMapper2 = sqlSession2.getMapper
            (UserSecondLevelCacheMapper.class);
        // 第二次查询 id 为 1 的用户
        user = userSecondLevelCacheMapper2.queryUserById(userID);
        // 打印查询结果
        System.out.println("第二次查询结果: "+user);
        // SqlSession 执行提交操作
        sqlSession2.commit();
```

```
        // 获取 SqlSession 类型的对象
        SqlSession sqlSession3 = SqlSessionUtil.getSqlSession();
        // 获取 UserSecondLevelCacheMapper 类型的对象
        UserSecondLevelCacheMapper userSecondLevelCacheMapper3 = sqlSession3.getMapper
            (UserSecondLevelCacheMapper.class);
        // 第三次查询 id 为 1 的用户
        user = userSecondLevelCacheMapper3.queryUserById(userID);
        // 打印查询结果
        System.out.println("第三次查询结果: "+user);
        // SqlSession 执行提交操作
        sqlSession3.commit();

        // 获取 SqlSession 类型的对象
        SqlSession sqlSession4 = SqlSessionUtil.getSqlSession();
        // 获取 UserSecondLevelCacheMapper 类型的对象
        UserSecondLevelCacheMapper userSecondLevelCacheMapper4 = sqlSession4.getMapper
            (UserSecondLevelCacheMapper.class);
        // 第四次查询 id 为 1 的用户
        user = userSecondLevelCacheMapper4.queryUserById(userID);
        // 打印查询结果
        System.out.println("第四次查询结果: "+user);
        // SqlSession 执行提交操作
        sqlSession4.commit();

    } catch (Exception e) {
        System.out.println(e);
    }
}
```

5. 测试结果

四次查询的执行流程及测试结果如下：

```
[DEBUG] [main] Cache Hit Ratio [com.cn.mapper.UserSecondLevelCacheMapper]: 0.0
[DEBUG] [main] Opening JDBC Connection
[DEBUG] [main] Created connection 386163331
[DEBUG] [main] DEBUG  ==>  Preparing: select * from user where id = ?
[DEBUG] [main] DEBUG  ==> Parameters: 1(Integer)
[DEBUG] [main] DEBUG  <==      Total: 1
第一次查询结果: User [id=1, username=lucy, password=123456, gender=female]
[DEBUG] [main] Cache Hit Ratio [com.cn.mapper.UserSecondLevelCacheMapper]: 0.5
第二次查询结果: User [id=1, username=lucy, password=123456, gender=female]
[DEBUG] [main] Cache Hit Ratio [com.cn.mapper.UserSecondLevelCacheMapper]:
    0.6666666666666666
第三次查询结果: User [id=1, username=lucy, password=123456, gender=female]
[DEBUG] [main] Cache Hit Ratio [com.cn.mapper.UserSecondLevelCacheMapper]: 0.75
第四次查询结果: User [id=1, username=lucy, password=123456, gender=female]
```

从查询结果可以看出，开启二级缓存后，利用不同的 `SqlSession` 进行 4 次相同的查询，只有第一次从数据库中查询数据，随后的 3 次查询均从缓存中获取数据。在此过程中，请注意观察缓存命中率（Cache Hit Ratio）的变化。

- 第一次查询时一级缓存和二级缓存中均无数据，需要从数据库中查询数据，所以 Cache Hit Ratio=0.0。查询结束后，将数据保存至二级缓存。
- 第二次查询时二级缓存中有数据，所以从二级缓存中获取数据即可。截至目前，共执行两次查询，其中一次数据来自于缓存，所以 Cache Hit Ratio=0.5。
- 第三次查询依然从二级缓存中获取数据。截至目前，共执行 3 次查询，其中两次数据来自于缓存，所以 Cache Hit Ratio =0.6666666666666666666…。
- 第四次查询依然从二级缓存中获取数据。截至目前，共执行 4 次查询，其中 3 次数据来自于缓存，所以 Cache Hit Ratio=0.75。

结合该案例，我们可以更好地理解二级缓存的工作原理。从作用域角度而言，二级缓存是比一级缓存更大的缓存。一级缓存默认是开启的，也就是说，只要执行了查询，那么就会在一级缓存中保存查询结果。每个 SqlSession 执行完查询后，执行提交或关闭操作，将查询结果保存至二级缓存。所以，一级缓存有的数据，二级缓存未必有。

6.2.3 二级缓存属性详解

在刚才的案例中，我们通过 <cache> 标签开启映射文件 namespace 下的二级缓存。<cache> 标签的常用属性及其作用如表 6-1 所示。

表 6-1 <cache> 标签的常用属性及其作用

属　性	作　用
type	表示缓存的类型，常用于配置第三方缓存
flushInterval	设置缓存刷新间隔，单位为毫秒。默认情况下未设置该值，所以在增删改操作后刷新缓存
size	设置缓存对象的数量，默认为 1024
readOnly	设置缓存是否为只读。设置为 true 时，表示缓存对象不能被修改，但缓存性能高。设置为 false 时，返回对象的副本，性能较低，但安全性高。默认值为 false
eviction	设置缓存回收策略

6.2.4 二级缓存回收策略

在映射文件的 <cache></cache> 标签中，可使用 eviction 属性对 MyBatis 二级缓存回收策略进行配置。eviction 属性的可选值有 4 个，各自的含义如下。

- LRU：最近最少使用的策略，即移除最长时间不被使用的对象。
- FIFO：先进先出策略，即按对象进入缓存的顺序来移除它们。
- SOFT：软引用策略，即移除基于垃圾回收器状态和软引用规则的对象。
- WEAK：弱引用策略，即更积极地移除基于垃圾收集器状态和弱引用规则的对象。

6.2.5　二级缓存失效情形

在使用 MyBatis 时，假如在两次查询之间执行增删改操作，则会同时清空 MyBatis 的一级缓存和二级缓存。

6.2.6　二级缓存失效案例

我们在之前案例的基础上验证二级缓存失效的情况。

接口文件 UserSecondLevelCacheMapper.java 中新增了用户更新方法，相关代码如下：

```
int updateUser(User user);
```

这里定义了更新系统中原有用户的方法。

映射文件 UserSecondLevelCacheMapper.xml 中新增了用户更新操作，相关代码如下：

```
<update id="updateUser" parameterType="User">
    update user set username=#{username},password=#{password},gender=#{gender} where id=#{id}
</update>
```

为了便于观察，我们在两次相同的查询之间执行一次更新操作。测试文件 UserSecondLevelCache-Mapper.java 的相关代码如下：

```
@Test
public void testQueryUserById2() {
    try {
        // 用户 id
        int userID = 1;
        // 用户对象
        User user ;
        // 获取 SqlSession 类型的对象
        SqlSession sqlSession1 = SqlSessionUtil.getSqlSession();
        // 获取 UserSecondLevelCacheMapper 类型的对象
        UserSecondLevelCacheMapper userSecondLevelCacheMapper1 = sqlSession1.getMapper
            (UserSecondLevelCacheMapper.class);
        // 第一次查询 id 为 1 的用户
        user = userSecondLevelCacheMapper1.queryUserById(userID);
        // 打印查询结果
        System.out.println("第一次查询结果："+user);
        // SqlSession 执行提交操作
        sqlSession1.commit();

        // 获取 SqlSession 类型的对象
        SqlSession sqlSession2 = SqlSessionUtil.getSqlSession();
        // 获取 UserSecondLevelCacheMapper 类型的对象
        UserSecondLevelCacheMapper userSecondLevelCacheMapper2 = sqlSession2.getMapper
            (UserSecondLevelCacheMapper.class);
```

```
        // 用户对象
        User u = new User(2, "tata", "666777", "male");
        // 更新用户
        userSecondLevelCacheMapper2.updateUser(u);
        // SqlSession 执行提交操作
        sqlSession2.commit();

        // 获取 SqlSession 类型的对象
        SqlSession sqlSession3 = SqlSessionUtil.getSqlSession();
        // 获取 UserSecondLevelCacheMapper 类型的对象
        UserSecondLevelCacheMapper userSecondLevelCacheMapper3 = sqlSession3.getMapper
            (UserSecondLevelCacheMapper.class);
        // 第二次查询 id 为 1 的用户
        user = userSecondLevelCacheMapper3.queryUserById(userID);
        // 打印查询结果
        System.out.println("第二次查询结果: "+user);
        // SqlSession 执行提交操作
        sqlSession2.commit();

    } catch (Exception e) {
        System.out.println(e);
    }
}
```

查询的测试结果如下：

```
[DEBUG] [main] Cache Hit Ratio [com.cn.mapper.UserSecondLevelCacheMapper]: 0.0
[DEBUG] [main] Opening JDBC Connection
[DEBUG] [main] Created connection 386163331
[DEBUG] [main] ==>  Preparing: select * from user where id = ?
[DEBUG] [main] ==> Parameters: 1(Integer)
[DEBUG] [main] <==      Total: 1
第一次查询结果: User [id=1, username=lucy, password=123456, gender=female]
[DEBUG] [main] ==>  Preparing: update user set username=?,password=?,gender=? where id=?
[DEBUG] [main] ==> Parameters: tata(String), 666777(String), male(String), 2(Integer)
[DEBUG] [main] <==    Updates: 1
[DEBUG] [main] Cache Hit Ratio [com.cn.mapper.UserSecondLevelCacheMapper]: 0.0
[DEBUG] [main] ==>  Preparing: select * from user where id = ?
[DEBUG] [main] ==> Parameters: 1(Integer)
[DEBUG] [main] <==      Total: 1
第二次查询结果: User [id=1, username=lucy, password=123456, gender=female]
```

从查询结果可以看出，由于在两次查询之间存在更新操作，两次查询都需要从数据库中获取数据。因为任何的增删改操作都有可能影响数据库中的原有数据，从而导致一级缓存和二级缓存均失效，所以第二次查询时 Cache Hit Ratio 为 0.0。

6.3 第三方缓存

在实际的开发过程中，为了提高架构扩展性，我们常使用第三方工具（Memcached、Ehcache、

OSCache 等）管理 MyBatis 的缓存。本节中，我们以 Ehcache 为例介绍 MyBatis 如何整合第三方缓存。

Ehcache 是一个纯 Java 的进程内缓存框架，具有快速精干、高效灵活、使用友好等特点，它也是持久层框架 Hibernate 中默认的 CacheProvider。Ehcache 的使用简单便捷，只需略微配置即可，完全不用修改之前的映射文件、接口文件、Java 代码和 SQL 语句。所以，Ehcache 的侵入性也是极低的。

Ehcache 缓存是建立在 MyBatis 二级缓存基础之上的。所以，要想使用 Ehcache，需先开启 MyBatis 二级缓存。同理，假若 MyBatis 二级缓存失效或清空，则 Ehcache 缓存数据亦随之失去作用。

接下来，我们通过案例介绍 MyBatis 整合 Ehcache 的步骤及注意事项。

6.3.1　导入依赖

请在项目中导入 MyBatis 整合 Ehcache 所需的依赖。pom.xml 的相关代码如下：

```
<!-- mybatis-ehcache 依赖 -->
<dependency>
    <groupId>org.mybatis.caches</groupId>
    <artifactId>mybatis-ehcache</artifactId>
    <version>1.2.1</version>
</dependency>
<!-- logback-classic 依赖 -->
<dependency>
    <groupId>ch.qos.logback</groupId>
    <artifactId>logback-classic</artifactId>
    <version>1.2.3</version>
</dependency>
```

这里添加了 mybatis-ehcache 依赖和 logback-classic 依赖。

6.3.2　编写配置文件 ehcache.xml

请在 resources 下创建 Ehcache 的配置文件 ehcache.xml，相关代码如下：

```
<?xml version="1.0" encoding="utf-8" ?>
<ehcache xmlns:xsi="http://www.w3.org/2001/XMLSchema-instance"
         xsi:noNamespaceSchemaLocation="../config/ehcache.xsd">
    <!-- 缓存在磁盘中的保存路径 -->
    <diskStore path="D:\MyBatisStudy\ehcache"/>
    <defaultCache
            maxElementsInMemory="1000"
            maxElementsOnDisk="10000000"
            eternal="false"
            overflowToDisk="true"
            timeToIdleSeconds="120"
            timeToLiveSeconds="120"
            diskExpiryThreadIntervalSeconds="120"
```

```
            memoryStoreEvictionPolicy="LRU">
    </defaultCache>
</ehcache>
```

配置文件 ehcache.xml 的主要标签和属性详解如下。

- <diskStore> 标签：指定缓存数据在磁盘中的存储位置。Ehcache 运行时依据 ehcache.xml 中指定的路径自动创建文件存放缓存。
- <defaultCache> 标签：配置管理策略。

<defaultCache> 标签的必选属性如下。

- maxElementsInMemory：在内存中缓存的 element 的最大数目。
- maxElementsOnDisk：在磁盘上缓存的 element 的最大数目，若是 0，表示无穷大。
- eternal：设定缓存的 element 是否永远不过期。如果为 true，则缓存的数据始终有效；如果为 false，那么还要根据 timeToIdleSeconds 判断。
- overflowToDisk：设定当内存缓存溢出的时候是否将过期的 element 缓存到磁盘上。

<defaultCache> 标签的非必选属性如下。

- timeToIdleSeconds：当缓存在 Ehcache 中的数据前后两次访问的时间间隔超过 timeToIdleSeconds 属性的取值时，这些数据便会删除。默认值是 0，也就是可闲置时间无穷大。
- timeToLiveSeconds：缓存 element 的有效生命期，默认值是 0，也就是 element 存活时间无穷大。
- diskSpoolBufferSizeMB：设置 DiskStore（磁盘缓存）的缓存区大小，默认值是 30MB。
- diskPersistent：在 VM 重启的时候是否启用磁盘保存 Ehcache 中的数据。默认值是 false。
- diskExpiryThreadIntervalSeconds：磁盘缓存的清理线程的运行间隔，默认是 120 秒。每间隔 120 秒，相应的线程会进行一次 Ehcache 中数据的清理工作。
- memoryStoreEvictionPolicy：当内存缓存达到最大，有新的 element 加入时，移除缓存中 element 的策略。默认为 LRU。

以上配置各位读者无须刻意记忆，但是需大致了解各项配置的作用。在项目开发过程中，各配置的具体参数可查阅官方文档。

6.3.3　设置二级缓存类型

在映射文件中开启二级缓存并设置二级缓存类型为 Ehcache。映射文件 UserEhCacheMapper.xml 的相关代码如下：

```
<!-- 开启二级缓存并设置二级缓存类型为 Ehcache -->
<cache type="org.mybatis.caches.ehcache.EhcacheCache" />
```

6.3.4 编写日志文件 logback.xml

在 resources 下创建 Ehcache 的配置文件 logback.xml，内容如下：

```
<?xml version="1.0" encoding="UTF-8"?>
<configuration debug="true">
    <appender name="STDOUT" class="ch.qos.logback.core.ConsoleAppender">
        <encoder>
            <pattern>[%d{HH:mm:ss.SSS}] [%-5level] [%thread] [%logger] [%msg]%n</pattern>
        </encoder>
    </appender>

    <root level="DEBUG">
        <appender-ref ref="STDOUT" />
    </root>

    <!-- 指定 mapper 包路径和日志级别 -->
    <logger name="com.cn.mapper" level="DEBUG"/>
</configuration>
```

在配置文件中指定 mapper 包路径和日志级别。

6.3.5 接口文件

接口文件 UserEhCacheMapper.java 的相关代码如下：

```
User queryUserById(int id);
```

这里定义了依据 id 查询用户的方法。

6.3.6 映射文件

映射文件 UserEhCacheMapper.xml 的相关代码如下：

```
<mapper namespace="com.cn.mapper.UserEhCacheMapper">
    <!-- 开启二级缓存 -->
    <cache></cache>
    <!-- 设置二级缓存类型为 Ehcache -->
    <cache type="org.mybatis.caches.ehcache.EhcacheCache" />

    <select id="queryUserById" resultType="User">
        select * from user where id = #{id}
    </select>

</mapper>
```

这里利用传递过来的 id 查询用户信息并将其封装为 User 类型的对象。

6.3.7 测试代码

在测试代码中创建 4 个 `SqlSession` 类型的对象来执行 4 次相同的查询操作，每个 `SqlSession` 类型的对象执行完查询后，调用 `commit()` 方法将查询结果保存至二级缓存。

测试文件 MyBatisEhCacheTest.java 的相关代码如下：

```
@Test
public void testQueryUserById() {
    try {
        // 用户 id
        int userID = 1;
        // 用户对象
        User user ;
        // 获取 SqlSession 类型的对象
        SqlSession sqlSession1 = SqlSessionUtil.getSqlSession();
        // 获取 UserEhCacheMapper 类型的对象
        UserEhCacheMapper userEhCacheMapper1 = sqlSession1.getMapper
            (UserEhCacheMapper.class);
        // 第一次查询 id 为 1 的用户
        user = userEhCacheMapper1.queryUserById(userID);
        // 打印查询结果
        System.out.println("第一次查询结果："+user);
        // SqlSession 执行提交操作
        sqlSession1.commit();

        // 获取 SqlSession 类型的对象
        SqlSession sqlSession2 = SqlSessionUtil.getSqlSession();
        // 获取 UserEhCacheMapper 类型的对象
        UserEhCacheMapper userEhCacheMapper2 = sqlSession2.getMapper
            (UserEhCacheMapper.class);
        // 第二次查询 id 为 1 的用户
        user = userEhCacheMapper2.queryUserById(userID);
        // 打印查询结果
        System.out.println("第二次查询结果："+user);
        // SqlSession 执行提交操作
        sqlSession2.commit();

        // 获取 SqlSession 类型的对象
        SqlSession sqlSession3 = SqlSessionUtil.getSqlSession();
        // 获取 UserEhCacheMapper 类型的对象
        UserEhCacheMapper userEhCacheMapper3 = sqlSession3.getMapper
            (UserEhCacheMapper.class);
        // 第三次查询 id 为 1 的用户
        user = userEhCacheMapper3.queryUserById(userID);
        // 打印查询结果
        System.out.println("第三次查询结果："+user);
        // SqlSession 执行提交操作
        sqlSession3.commit();

        // 获取 SqlSession 类型的对象
```

```
            SqlSession sqlSession4 = SqlSessionUtil.getSqlSession();
            // 获取 UserEhCacheMapper 类型的对象
            UserEhCacheMapper userEhCacheMapper4 = sqlSession4.getMapper
                (UserEhCacheMapper.class);
            // 第四次查询 id 为 1 的用户
            user = userEhCacheMapper4.queryUserById(userID);
            // 打印查询结果
            System.out.println("第四次查询结果: "+user);
            // SqlSession 执行提交操作
            sqlSession4.commit();

        } catch (Exception e) {
            System.out.println(e);
        }
    }
```

6.3.8　测试结果

```
[DEBUG] [main] Cache Hit Ratio [com.cn.mapper.UserEhCacheMapper]: 0.0
[DEBUG] [main] ==>  Preparing: select * from user where id = ?
[DEBUG] [main] ==> Parameters: 1(Integer)]
[DEBUG] [main] <==      Total: 1]
第一次查询结果: User [id=1, username=lucy, password=123456, gender=female]
[DEBUG] [main] [Cache Hit Ratio [com.cn.mapper.UserEhCacheMapper]: 0.5]
第二次查询结果: User [id=1, username=lucy, password=123456, gender=female]
[DEBUG] [main] [Cache Hit Ratio [com.cn.mapper.UserEhCacheMapper]: 0.6666666666666666]
第三次查询结果: User [id=1, username=lucy, password=123456, gender=female]
[DEBUG] [main] [Cache Hit Ratio [com.cn.mapper.UserEhCacheMapper]: 0.75]
第四次查询结果: User [id=1, username=lucy, password=123456, gender=female]
```

以上测试结果与使用 MyBatis 二级缓存进行查询时非常类似，在此不再赘述。

查询结束后，我们依据配置的路径在硬盘上查看缓存文件，如图 6-5 所示。

图 6-5　Ehcache 缓存文件

6.4　小结

本章介绍了 MyBatis 的一级缓存、二级缓存和第三方常用缓存 Ehcache。通过本章的学习，开发人员应掌握 MyBatis 缓存的常见应用与配置，掌握使用频率较高的缓存策略，从而为在 SSM 和 Spring Boot 中使用 MyBatis 打下坚实的基础。

第7章

MyBatis 注解开发

从本书的 MyBatis 入门程序开始，到之后的一对一查询、多对一查询、多对多查询、动态 SQL 和缓存机制，所有的案例都是基于 XML 文件实现配置的。除了这种方式以外，MyBatis 还支持非常便捷的基于注解的配置方式。在该方式中，我们不再编写映射文件，只需要在接口文件中利用注解的方式编写 SQL 语句并实现结果映射。而且可在同一项目中混合使用 XML 方式和注解方式快速提高开发效率，两者之间的移植也非常简单。

本章相关示例的完整代码请参见随书配套源码中的 MyBatis_Annotation 项目。

7.1 常用注解概述

我们先来了解 MyBatis 中最常用的注解并在稍后的案例中实际应用。

- @Select 注解：用于映射查询语句，其作用等效于映射文件中的 <select> 标签。
- @Insert 注解：用于映射插入语句，其作用等效于映射文件中的 <insert> 标签。
- @Update 注解：用于映射更新语句，其作用等效于映射文件中的 <update> 标签。
- @Delete 注解：用于映射删除语句，其作用等效于映射文件中的 <delete> 标签。
- @Param 注解：用于指定 SQL 语句中的参数别名，常用于传递多个参数。
- @Result 注解：用于结果映射，其作用类似于映射文件中的 <id> 标签和 <result> 标签。
- @Results 注解：用于实现自定义结果映射，其作用类似于映射文件中的 <resultMap> 标签。@Results 注解可包含多个 @Result 注解。
- @One 注解:类似于映射文件中的 <association> 标签,常在一对一查询和多对一查询中使用。
- @Many 注解:类似于映射文件中的 <collection> 标签,常在一对多查询和多对多查询中使用。

7.2 基于注解的增删改查

本节利用 MyBatis 常用注解实现最基本的单表增删改查操作。

7.2.1　案例开发准备

本节案例所涉及的客户类 Customer 以及客户表 customer 与本书第 4 章一致，在此不再赘述。

在此，我们采用注解的方式实现对客户表 Customer 的增删改查操作。

7.2.2　接口文件

在接口文件中的增删改查方法上分别使用 @Insert、@Delete、@Update、@Select 注解实现对客户的操作。接口文件 CustomerMapper.java 的相关代码如下：

```
public interface CustomerMapper {
    // 查询客户
    @Select("select * from customer where c_id = #{id}")
    Customer queryCustomerById(Integer id);

    // 插入客户
    @Insert("insert into customer(c_name,c_age) values (#{cName},#{cAge})")
    int insertCustomer(Customer customer);

    // 更新客户
    @Update("update customer set c_name=#{cName},c_age=#{cAge} where c_id=#{cId}")
    int updateCustomer(Customer customer);

    // 删除客户
    @Delete("delete from customer where c_id=#{id}")
    int deleteCustomerById(Integer id);
}
```

其实，MyBatis 的注解开发并不难。我们只需要将以往写在映射文件中的 SQL 语句移植到接口文件中并辅以相应的注解即可。

7.2.3　测试代码

测试文件 MyBatisCustomerTest.java 的相关代码如下：

```
public class MyBatisCustomerTest {

    // 测试利用 @Select 注解依据 id 来查询客户
    @Test
    public void testQueryCustomerById(){
        SqlSession sqlSession = null;
        try {
            // 获取 SqlSession 类型的对象
            sqlSession = SqlSessionUtil.getSqlSession();
            // 获取 CustomerMapper 类型的对象
            CustomerMapper customerMapper = sqlSession.getMapper(CustomerMapper.class);
            // 客户 id
```

```
        int customerID = 1;
        // 查询客户
        Customer customer = customerMapper.queryCustomerById(customerID);
        // 打印查询结果
        System.out.println("客户查询结果: "+customer);
    } catch (Exception e) {
        System.out.println(e);
    } finally {
        SqlSessionUtil.closeSqlSession(sqlSession);
    }
}

// 测试利用@Insert注解插入新客户
@Test
public void testInsertCustomer(){
    SqlSession sqlSession = null;
    try {
        // 获取SqlSession类型的对象
        sqlSession = SqlSessionUtil.getSqlSession();
        // 获取CustomerMapper类型的对象
        CustomerMapper customerMapper = sqlSession.getMapper(CustomerMapper.class);
        // 创建客户对象
        Customer customer = new Customer(null, "momo", 19);
        // 插入客户
        int result = customerMapper.insertCustomer(customer);
        // 打印插入结果
        if(result > 0){
            System.out.println("插入客户成功");
        }else {
            System.out.println("插入客户失败");
        }
    } catch (Exception e) {
        System.out.println(e);
    } finally {
        SqlSessionUtil.closeSqlSession(sqlSession);
    }
}

// 测试利用@Update注解更新原有客户
@Test
public void testUpdateCustomer(){
    SqlSession sqlSession = null;
    try {
        // 获取SqlSession类型的对象
        sqlSession = SqlSessionUtil.getSqlSession();
        // 获取CustomerMapper类型的对象
        CustomerMapper customerMapper = sqlSession.getMapper(CustomerMapper.class);
        // 创建客户对象
        Customer customer = new Customer(4, "tata", 22);
        // 更新客户
        int result = customerMapper.updateCustomer(customer);
        // 打印更新结果
        if(result > 0){
```

```
                System.out.println(" 更新客户成功 ");
            }else {
                System.out.println(" 更新客户失败 ");
            }
        } catch (Exception e) {
            System.out.println(e);
        } finally {
            SqlSessionUtil.closeSqlSession(sqlSession);
        }
    }

    // 测试利用 @Delete 注解依据 id 删除客户
    @Test
    public void testDeleteCustomerById(){
        SqlSession sqlSession = null;
        try {
            // 获取 SqlSession 类型的对象
            sqlSession = SqlSessionUtil.getSqlSession();
            // 获取 CustomerMapper 类型的对象
            CustomerMapper customerMapper = sqlSession.getMapper(CustomerMapper.class);
            // 客户 id
            int customerID = 1;
            // 删除客户
            int result = customerMapper.deleteCustomerById(customerID);
            // 打印删除结果
            if(result > 0){
                System.out.println(" 删除客户成功 ");
            }else {
                System.out.println(" 删除客户失败 ");
            }
        } catch (Exception e) {
            System.out.println(e);
        } finally {
            SqlSessionUtil.closeSqlSession(sqlSession);
        }
    }

}
```

测试流程和结果与之前采用映射文件的方式一样，此处不再赘述。

7.3　基于注解的关联映射

在本节中，我们将详细介绍基于注解的自定义结果映射、一对一查询、多对一查询、一对多查询和多对多查询。

7.3.1　案例开发准备

本节案例所涉及的公民类 Person 和公民表 person、身份证类 Card 和身份证表 card、员工类 Employee 和员工表 employee、部门类 Department 和部门表 department、省份类 Province 和省份表 province、城市类 City 和城市表 city、学生类 Student 和学生表 student、教师类 Teacher 和教师表 teacher，以及教师与学生的中间表 student_teacher_relation 均与本书第 4 章一致，在此不再赘述。

7.3.2　一对一查询

与之前的案例类似，利用注解实现公民与身份证的一对一查询。

接口文件 CardMapper.java 的相关代码如下：

```
public interface CardMapper {
    // 依据 id 查询身份证
    @Select("select * from card where id = #{id}")
    Card findCardById(Integer id);
}
```

接口文件 PersonMapper.java 的相关代码如下：

```
public interface PersonMapper {
    // 依据 id 查询公民
    @Select("select * from person where id = #{id}")
    @Results({
            @Result(id = true,column = "id",property = "id"),
            @Result(column = "name",property = "name"),
            @Result(column = "mark",property = "card",
                    one = @One(select = "com.cn.mapper.CardMapper.findCardById"))
    })
    Person findPersonById(Integer id);
}
```

测试流程和结果与之前采用映射文件的方式一样，此处不再赘述。

7.3.3　多对一查询

与之前的案例类似，利用注解实现员工与部门的多对一查询。

接口文件 DepartmentMapper.java 的相关代码如下：

```
public interface DepartmentMapper {
    // 依据 id 查询部门
    @Select("select * from department where d_id = #{id}")
    Department findDepartmentById(Integer id);
}
```

接口文件 EmployeeMapper.java 的相关代码如下：

```java
public interface EmployeeMapper {
    // 依据 id 查询员工
    @Select("select * from employee where e_id = #{id}")
    @Results({
            @Result(id = true,column = "e_id",property = "eId"),
            @Result(column = "e_name",property = "eName"),
            @Result(column = "d_id",property = "department",
                    one = @One(select = "com.cn.mapper.DepartmentMapper.findDepartmentById"))
    })
    Employee findEmployeeById(Integer id);
}
```

测试流程和结果与之前采用映射文件的方式一样，此处不再赘述。

7.3.4　一对多查询

与之前的案例类似，利用注解实现省份与城市的一对多查询。

接口文件 CityMapper.java 的相关代码如下：

```java
public interface CityMapper {
    // 依据省份 id 查询城市
    @Select("select * from city where p_id = #{id}")
    List<City> findCityByProvinceId(Integer id);
}
```

接口文件 ProvinceMapper.java 的相关代码如下：

```java
public interface ProvinceMapper {
    // 依据 id 查询省份
    @Select("select * from province where p_id = #{id}")
    @Results({
            @Result(id = true,column = "p_id",property = "pId"),
            @Result(column = "p_name",property = "pName"),
            @Result(column = "p_id",property = "cityList",
                    many = @Many(select = "com.cn.mapper.CityMapper.findCityByProvinceId"))
    })
    Province findProvinceById(Integer id);
}
```

测试流程和结果与之前采用映射文件的方式一样，此处不再赘述。

7.3.5　多对多查询

与之前的案例类似，利用注解实现教师与学生的多对多查询。

接口文件 StudentMapper.java 的相关代码如下：

```
public interface StudentMapper {
    // 依据id查询学生
    @Select("select * from student where s_id=#{id}")
    @Results({
            @Result(id = true,column = "s_id",property = "sId"),
            @Result(column = "s_name",property = "sName"),
            @Result(column = "s_id",property = "teacherList",
                    many = @Many(select = "com.cn.mapper.TeacherMapper.findTeachers")),
    })
    Student getStudentByID(Integer id);

    // 依据教师id查询与之对应的多个学生
    @Select("select * from student where s_id in " +
            "(select s_id from student_teacher_relation where t_id = #{id})")
    List<Student> findStudents(Integer tid);
}
```

接口文件 TeacherMapper.java 的相关代码如下：

```
public interface TeacherMapper {
    // 依据id查询教师
    @Select("select * from teacher where t_id=#{id}")
    @Results({
            @Result(id = true,column = "t_id",property = "tId"),
            @Result(column = "t_name",property = "tName"),
            @Result(column = "t_id",property = "studentList",
                    many = @Many(select = "com.cn.mapper.StudentMapper.findStudents")),
    })
    Teacher getTeacherByID(Integer id);

    // 依据学生id查询与之对应的多名教师
    @Select("select * from teacher where t_id in " +
            "(select t_id from student_teacher_relation where s_id = #{id})")
    List<Teacher> findTeachers(Integer sid);
}
```

测试流程和结果与之前采用映射文件的方式一样，此处不再赘述。

7.4 小结

本章首先介绍了 MyBatis 的常用注解，例如 @Select、@Insert、@Update、@Delete、@Param、@Result、@Results、@One、@Many 等，然后利用这些注解实现了一对一查询、多对一查询、一对多查询和多对多查询。学完本章内容，读者心中可能会有一个疑问：在项目开发过程中到底是采用映射文件的方式还是注解的方式？一般情况下，尤其是项目的规模不大、复杂度不高的情况下，两者任选其一就可以。但是，请注意，注解方式的表达能力和灵活性较为有限，某些复杂和强大的映射并不能使用注解的方式来构建。

第 8 章

MyBatis 分页插件

MyBatis 是一个应用广泛的、优秀的 ORM 开源框架，提供了非常灵活而且功能强大的插件机制。MyBatis 允许开发人员在映射语句执行过程中的某一点进行拦截调用。默认情况下，MyBatis 允许使用插件来拦截 Executor、ParameterHandler、ResultSetHandler、StatementHandler 所涉及的方法。MyBatis 插件的用法十分简单，只需实现 Interceptor 接口并指定想要拦截的方法签名即可。在本章中，我们重点介绍项目开发中使用频率很高的第三方分页插件 PageHelper。

PageHelper 是一款性能优秀、操作便捷的免费开源分页插件，它支持 12 种常见的数据库，例如 Oracle、MySQL、MariaDB、SQLite、DB2、PostgreSQL、SQL Server 等。PageHelper 支持任何复杂的单表、多表分页。

本章相关示例的完整代码请参见随书配套源码中的 MyBatis_PageHelper 项目。

8.1 分页基本原理

在数据库操作中，我们通常使用 `limit offset, size` 实现分页查询，其中 `offset` 表示偏移量，`size` 表示每页的数据量。在此，通过一个案例梳理分页查询中的核心要点。

假设数据总量 `total` 为 37，每页数据量 `pageSize` 为 6。由此，我们可以计算出总页数 `pages` 的值为 7。当查询第一页的数据时，关键语句为 `limit 0, 6`；当查询第二页的数据时，关键语句为 `limit 6, 6`；当查询第三页的数据时，关键语句为 `limit 12, 6`……当查询第 n 页的数据时，分页语句为 `limit pageSize*(n-1), pageSize`。

8.2 PageHelper 的核心 API

使用分页插件之前，我们先来熟悉 `PageHelper` 的核心 API。

8.2.1 开启分页查询

调用 `PageHelper.startPage(int pageNum, int pageSize)` 方法可开启分页查询。调用该

方法需要两个输入参数，第一个参数 pageNum 表示将查询第几页的数据，第二个参数 pageSize 表示每页的数据条数。

8.2.2 PageInfo 的构造函数

PageInfo 是 PageHelper 的核心类，该类封装了与分页相关的信息。可调用构造函数 PageInfo(List<T> list, int navigatePages) 创建 PageInfo 对象。该构造函数的第一个参数 list 表示查询结果，第二个参数表示导航页的数量。

8.2.3 PageInfo 的主要属性

PageInfo 是 PageHelper 的常用类，该类的主要属性及其作用如表 8-1 所示。

表 8-1 PageInfo 的主要属性及其作用

属　性	作　用	属　性	作　用
total	数据总条数	hasPreviousPage	当前页是否有上一页
pages	总页数	hasNextPage	当前页是否有下一页
pageSize	每页的数据条数	prePage	当前页上一页的页码
navigatepageNums	存储所有导航页码的数组	nextPage	当前页下一页的页码
navigateFirstPage	导航起始页码	size	当前页数据的条数
navigateLastPage	导航终止页码	startRow	当前页第一个元素在数据库中的行号
pageNum	当前页面	endRow	当前页最后一个元素在数据库中的行号
isFirstPage	当前页是否是第一页	list	查询结果集
isLastPage	当前页是否是最后一页		

8.3 PageHelper 的使用方法

本节将详细介绍在项目中使用 PageHelper 的流程及注意事项。

第一步，导入 PageHelper 所需的依赖。pom.xml 的相关代码如下：

```
<dependency>
    <groupId>com.github.pagehelper</groupId>
    <artifactId>pagehelper</artifactId>
    <version>5.2.0</version>
</dependency>
```

第二步，在全局配置文件 mybatis-config.xml 中设置分页插件，相关代码如下：

```
<plugins>
    <plugin interceptor="com.github.pagehelper.PageInterceptor"></plugin>
</plugins>
```

第三步，利用 PageHelper.startPage() 方法开启分页功能。

通过以上三步简单操作，就可以在项目中使用 PageHelper 进行分页了。

8.4　PageHelper 案例详解

了解 PageHelper 的核心方法与主要属性后，我们通过案例来学习该分页插件的用法。

8.4.1　案例开发准备

创建手机表 phone 并为其插入数据。在该表中 id 字段为主键，name 字段表示手机名称，price 字段表示手机价格：

```
-- 创建手机表 phone
DROP TABLE IF EXISTS phone;
CREATE TABLE phone(
    id INT PRIMARY KEY auto_increment,
    name VARCHAR(50) NOT NULL,
    price INT
);

-- 向手机表 phone 中添加数据
INSERT INTO phone(name,price) VALUES('xiaomi01',3100);
INSERT INTO phone(name,price) VALUES('xiaomi02',3200);
INSERT INTO phone(name,price) VALUES('xiaomi03',3300);
INSERT INTO phone(name,price) VALUES('xiaomi04',3400);
INSERT INTO phone(name,price) VALUES('xiaomi05',3500);
INSERT INTO phone(name,price) VALUES('xiaomi06',3600);
INSERT INTO phone(name,price) VALUES('xiaomi07',3700);
INSERT INTO phone(name,price) VALUES('xiaomi08',3800);
INSERT INTO phone(name,price) VALUES('xiaomi09',3900);
INSERT INTO phone(name,price) VALUES('xiaomi10',4000);
INSERT INTO phone(name,price) VALUES('huawei01',4100);
INSERT INTO phone(name,price) VALUES('huawei02',4200);
INSERT INTO phone(name,price) VALUES('huawei03',4300);
INSERT INTO phone(name,price) VALUES('huawei04',4400);
INSERT INTO phone(name,price) VALUES('huawei05',4500);
INSERT INTO phone(name,price) VALUES('huawei06',4600);
INSERT INTO phone(name,price) VALUES('huawei07',4700);
INSERT INTO phone(name,price) VALUES('huawei08',4800);
INSERT INTO phone(name,price) VALUES('huawei09',4900);
INSERT INTO phone(name,price) VALUES('huawei10',5000);
INSERT INTO phone(name,price) VALUES('realme01',1100);
INSERT INTO phone(name,price) VALUES('realme02',1200);
```

```
INSERT INTO phone(name,price) VALUES('realme03',1300);
INSERT INTO phone(name,price) VALUES('realme04',1400);
INSERT INTO phone(name,price) VALUES('realme05',1500);
INSERT INTO phone(name,price) VALUES('realme06',1600);
INSERT INTO phone(name,price) VALUES('realme07',1700);
INSERT INTO phone(name,price) VALUES('realme08',1800);
INSERT INTO phone(name,price) VALUES('realme09',1900);
INSERT INTO phone(name,price) VALUES('realme10',2000);
INSERT INTO phone(name,price) VALUES('newman01',1100);
INSERT INTO phone(name,price) VALUES('newman02',1200);
INSERT INTO phone(name,price) VALUES('newman03',1300);
INSERT INTO phone(name,price) VALUES('newman04',1400);
INSERT INTO phone(name,price) VALUES('newman05',1500);
INSERT INTO phone(name,price) VALUES('newman06',1600);
INSERT INTO phone(name,price) VALUES('newman07',1700);

-- 查询手机表中的数据
SELECT * FROM phone;
```

完成该操作后，手机表中的数据如图 8-1 所示。

id	name	price
1	xiaomi01	3100
2	xiaomi02	3200
3	xiaomi03	3300
4	xiaomi04	3400
5	xiaomi05	3500
6	xiaomi06	3600
7	xiaomi07	3700
8	xiaomi08	3800
9	xiaomi09	3900
10	xiaomi10	4000
11	huawei01	4100
12	huawei02	4200
13	huawei03	4300
14	huawei04	4400
15	huawei05	4500
16	huawei06	4600
17	huawei07	4700
18	huawei08	4800
19	huawei09	4900
20	huawei10	5000
21	realme01	1100
22	realme02	1200
23	realme03	1300
24	realme04	1400
25	realme05	1500
26	realme06	1600
27	realme07	1700
28	realme08	1800
29	realme09	1900
30	realme10	2000
31	newman01	1100
32	newman02	1200
33	newman03	1300
34	newman04	1400
35	newman05	1500
36	newman06	1600
37	newman07	1700

图 8-1　手机表中的数据

Phone 类拥有 id、name 和 price 属性，代码如下：

```
public class Phone {
    private int id;
    private String name;
    private int price;
    // 省略构造函数、各属性的 set 和 get 方法、toString 方法
}
```

8.4.2　接口文件

接口文件 PhoneMapper.java 的相关代码如下

```
public interface PhoneMapper {
    List<Phone> queryAllPhone();
}
```

在该接口文件中，定义了查询所有手机的方法。

8.4.3　映射文件

映射文件 PhoneMapper.xml 的相关代码如下：

```
<mapper namespace="com.cn.mapper.PhoneMapper">
    <select id="queryAllPhone" resultType="Phone">
        select * from phone
    </select>
</mapper>
```

这里在 SQL 语句中查询所有手机。

8.4.4　测试代码

在测试程序中开启分页功能并进行分页查询，指定查询第 4 页数据，每页 6 条数据。分页查询完成后，PageHelper 利用 PageInfo 封装了查询结果。PageInfo 非常强大且友好，它封装了与分页有关的所有信息。

测试文件 MyBatisTest.java 的相关代码如下：

```
public class MyBatisTest {
    @Test
    public void testQueryAllPhone(){
        SqlSession sqlSession = null;
        try {
            // 获取 SqlSession 类型的对象
```

```
sqlSession = SqlSessionUtil.getSqlSession();
// 获取 PhoneMapper 类型的对象
PhoneMapper phoneMapper = sqlSession.getMapper(PhoneMapper.class);
// 开启分页功能。每页 6 条数据，查询第 4 页的数据
PageHelper.startPage(4, 6);
// 执行分页查询
List<Phone> list = phoneMapper.queryAllPhone();
// 打印查询结果
for(Phone phone:list){
    System.out.println(phone);
}
// 创建分页，导航条中有 5 个导航页面
PageInfo<Phone> pageInfo = new PageInfo<>(list,5);
// 获取分页详情
long total = pageInfo.getTotal();
System.out.println("数据总条数 : " + total);
int pages = pageInfo.getPages();
System.out.println("总页数 : " + pages);
int pageSize = pageInfo.getPageSize();
System.out.println("每页数据条数 : " + pageSize);
int navigatePages = pageInfo.getNavigatePages();
System.out.println("导航页数量 :"+navigatePages);
int[] navigatePageNums = pageInfo.getNavigatepageNums();
System.out.println("所有导航页码 :"+ Arrays.toString(navigatePageNums));
int navigateFirstPage = pageInfo.getNavigateFirstPage();
System.out.println("导航起始页码 : " + navigateFirstPage);
int navigateLastPage = pageInfo.getNavigateLastPage();
System.out.println("导航终止页码 : " + navigateLastPage);
int pageNum = pageInfo.getPageNum();
System.out.println("当前页码 : " + pageNum);
boolean isFirstPage = pageInfo.isIsFirstPage();
System.out.println("当前页是否是第一页 : " + isFirstPage);
boolean isLastPage = pageInfo.isIsLastPage();
System.out.println("当前页是否是最后一页 : " + isLastPage);
boolean hasPreviousPage = pageInfo.isHasPreviousPage();
System.out.println("当前页是否有上一页 : " + hasPreviousPage);
boolean hasNextPage = pageInfo.isHasNextPage();
System.out.println("当前页是否有下一页 : " + hasNextPage);
int prePage = pageInfo.getPrePage();
System.out.println("当前页上一页的页码: " + prePage);
int nextPage = pageInfo.getNextPage();
System.out.println("当前页下一页的页码: " + nextPage);
int size = pageInfo.getSize();
System.out.println("当前页数据的条数 : " + size);
long startRow = pageInfo.getStartRow();
System.out.println("当前页第一个元素在数据库中的行号 : " + startRow);
long endRow = pageInfo.getEndRow();
System.out.println("当前页最后一个元素在数据库中的行号 : " + endRow);
// 获取当前页数据
List<Phone> phoneList = pageInfo.getList();
System.out.println("当前页每条数据如下: ");
// 打印当前页数据
```

```
            for(Phone phone:phoneList){
                System.out.println(phone);
            }
        } catch (Exception e) {
            System.out.println(e);
        } finally {
            SqlSessionUtil.closeSqlSession(sqlSession);
        }
    }
}
```

从 PageInfo 中我们可以获取到数据总条数、总页数、每页数据条数、所有导航页码、导航起始页码、导航终止页码、当前页面等与分页相关的信息。

8.4.5　测试结果

分页执行流程以及查询结果如下：

```
DEBUG [main] - Opening JDBC Connection
DEBUG [main] - Checked out connection 1931444790 from pool.
DEBUG [main] - ==>  Preparing: SELECT count(0) FROM phone
DEBUG [main] - ==> Parameters:
DEBUG [main] - <==      Total: 1
DEBUG [main] - ==>  Preparing: select * from phone LIMIT ?, ?
DEBUG [main] - ==> Parameters: 18(Long), 6(Integer)
DEBUG [main] - <==      Total: 6
Phone{id=19, name='huawei09', price=4900}
Phone{id=20, name='huawei10', price=5000}
Phone{id=21, name='realme01', price=1100}
Phone{id=22, name='realme02', price=1200}
Phone{id=23, name='realme03', price=1300}
Phone{id=24, name='realme04', price=1400}
数据总条数 : 37
总页数 : 7
每页数据条数 : 6
导航页数量 : 5
所有导航页码 : [2, 3, 4, 5, 6]
导航起始页码 : 2
导航终止页码 : 6
当前页码 : 4
当前页是否是第一页 : false
当前页是否是最后一页 : false
当前页是否有上一页 : true
当前页是否有下一页 : true
当前页上一页的页码 : 3
当前页下一页的页码 : 5
当前页数据的条数 : 6
当前页第一个元素在数据表中的行号 : 19
当前页最后一个元素在数据表中的行号 : 24
```

当前页的每条数据如下：

```
Phone{id=19, name='huawei09', price=4900}
Phone{id=20, name='huawei10', price=5000}
Phone{id=21, name='realme01', price=1100}
Phone{id=22, name='realme02', price=1200}
Phone{id=23, name='realme03', price=1300}
Phone{id=24, name='realme04', price=1400}
```

从 SQL 执行流程可以清楚地看出，`PageHelper` 先查询了表中的数据总量，再利用 `limit` 语句实现了分页查询。当从 `PageInfo` 中获取各项数据详情后，就可以交由前端显示了。

8.5 PageInfo 源码剖析

在之前的案例中我们知道，`PageInfo` 类中的属性 `navigatepageNums` 是一个用于存储所有导航页码的数组。那么，`PageInfo` 究竟如何根据分页信息计算出数组中的页码呢？为了解开这个疑惑，我们尝试通过 `PageInfo` 源码中的 `calcNavigatepageNums()` 方法一探究竟。在该方法中，`pages` 表示总页数，`navigatePages` 表示导航页码，`pageNum` 表示当前页码，`startNum` 表示导航的起始页码，`endNum` 表示导航的终止页码。相关代码如下：

```
private void calcNavigatepageNums() {
    // 当总页数小于或等于导航页码数时
    if (pages <= navigatePages) {
        navigatepageNums = new int[pages];
        for (int i = 0; i < pages; i++) {
            navigatepageNums[i] = i + 1;
        }
    } else { // 当总页数大于导航页码数时
        navigatepageNums = new int[navigatePages];
        int startNum = pageNum - navigatePages / 2;
        int endNum = pageNum + navigatePages / 2;

        if (startNum < 1) {
            startNum = 1;
            // 最前 navigatePages 页
            for (int i = 0; i < navigatePages; i++) {
                navigatepageNums[i] = startNum++;
            }
        } else if (endNum > pages) {
            endNum = pages;
            // 最后 navigatePages 页
            for (int i = navigatePages - 1; i >= 0; i--) {
                navigatepageNums[i] = endNum--;
            }
        } else {
            // 所有中间页
            for (int i = 0; i < navigatePages; i++) {
                navigatepageNums[i] = startNum++;
```

```
                }
            }
        }
}
```

结合刚才的案例，我们来分析这一段不算复杂的计算过程。在案例中，总页数 `pages` 为 7，导航条目为 5，查询的页码为 4。经过计算，导航的起始页码 `startNum=4-5/2` 最终值为 2，导航的终止页码 `endNum=4+5/2` 最终值为 6。所以，`navigatepageNums` 数组中的导航条目为 `2,3,4,5,6`。

8.6　小结

本章从分页查询的原理入手，详细介绍了 MyBatis 分页插件 PageHelper 的工作原理、使用方式和开发示例。总体而言，在 MyBatis 中接入第三方插件是较为简单和易操作的。在项目开发过程中，我们应将主要的精力聚焦于插件的应用。当然，如果在插件使用过程中需要对其原本的功能进行改造，或者解决与插件有关的深层次 bug，就需要了解插件的设计方法、实现思路和核心算法。

第9章

MyBatis逆向工程

MyBatis虽然是一个简单易学、灵活便捷的轻量级框架，但是在开发过程中创建POJO、编写接口文件和映射文件是一个略微有些烦琐的过程。尤其是当项目中存在大量对象时，很难避免技术含量偏低的重复劳动，从而降低了开发效率。为此，MyBatis官方专门开发了逆向工程工具MyBatis Generator（简称MBG）。MBG是一个专门为MyBatis框架使用者定制的代码生成器，它可以快速根据表生成对应的映射文件、接口文件和POJO。而且，在自动生成的映射文件中支持基本的增删改查操作，开发人员可在此基础上依据实际需求添加多表联查、存储过程等复杂SQL操作。

MBG使用简单，通常只需少量的简单配置就可以完成大量的表到POJO的生成工作，让开发人员专注于业务逻辑的开发。在本章中，我们将结合开发案例详细介绍MBG的使用方法及注意事项。

本章相关示例的完整代码请参见随书配套源码中的MyBatis_Generator项目。

9.1 MBG入门案例

接下来，我们以案例的形式详细介绍MyBatis逆向工程的基本操作。

9.1.1 案例开发准备

在数据库中创建工厂表factory和工人表worker并为其插入相关数据。其中，factory的f_id和f_name字段分别表示工厂id和工厂名称；worker表的w_id、w_name和f_id字段分别表示工人id、工人姓名和工人所属工厂。默认情况下，工人属于编号为1的工厂。数据库的相关代码如下：

```
-- 创建工厂表factory
DROP TABLE IF EXISTS factory;
CREATE TABLE factory(
    f_id INT PRIMARY KEY auto_increment,
    f_name VARCHAR(20)
);
```

```
-- 向工厂表中插入数据
INSERT INTO factory(f_name) VALUES('民康食品工厂');
INSERT INTO factory(f_name) VALUES('乐乐饮料工厂');
INSERT INTO factory(f_name) VALUES('童趣玩具工厂');

-- 查询工厂表中的数据
SELECT * FROM factory;
```

完成该操作后，工厂表中的数据如图 9-1 所示。

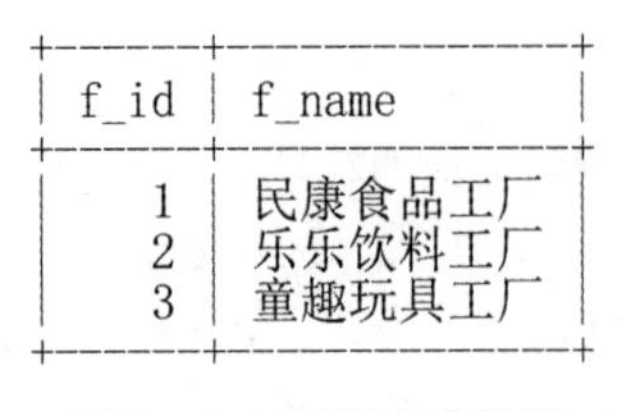

f_id	f_name
1	民康食品工厂
2	乐乐饮料工厂
3	童趣玩具工厂

图 9-1　工厂表中的数据

工人表 worker 的相关代码如下：

```
-- 创建工人表 worker
DROP TABLE IF EXISTS worker;
CREATE TABLE worker(
    w_id INT primary key auto_increment,
    w_name VARCHAR(20),
    f_id INT default 1
);

-- 添加外键约束
ALTER TABLE worker ADD CONSTRAINT fk_worker_fid FOREIGN KEY(f_id) REFERENCES factory(f_id);

-- 向工人表中插入数据
INSERT INTO worker(w_name,f_id) VALUES('lucy',1);
INSERT INTO worker(w_name,f_id) VALUES('lili',1);
INSERT INTO worker(w_name,f_id) VALUES('momo',2);
INSERT INTO worker(w_name,f_id) VALUES('mymy',2);
INSERT INTO worker(w_name,f_id) VALUES('xuxu',3);
INSERT INTO worker(w_name,f_id) VALUES('xexe',3);
INSERT INTO worker(w_name,f_id) VALUES('fgfg',1);
INSERT INTO worker(w_name,f_id) VALUES('dpdp',2);
INSERT INTO worker(w_name,f_id) VALUES('lala',3);
INSERT INTO worker(w_name,f_id) VALUES('zkzk',3);

-- 查询工人表中的数据
SELECT * FROM worker;
```

完成该操作后，工人表中的数据如图 9-2 所示。

w_id	w_name	f_id
1	lucy	1
2	lili	1
3	momo	2
4	mymy	2
5	xuxu	3
6	xexe	3
7	fgfg	1
8	dpdp	2
9	lala	3
10	zkzk	3

图 9-2　工人表中的数据

9.1.2　创建 Module

在开发工具 IDEA 中创建名为 MyBatis_Generator 的 Module，如图 9-3 所示。

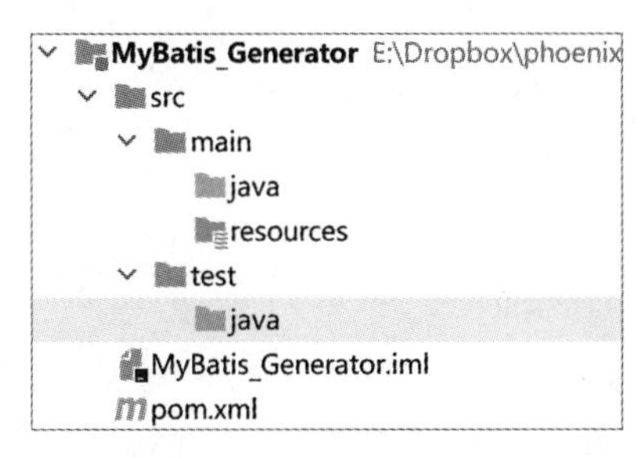

图 9-3　新建 Module

与往常一样，在新建立的 Module 中，java 文件夹和 resources 文件夹均为空，但不同的是我们随后将自动生成相关代码。

在 Module 的 pom.xml 中添加项目所需依赖并设置 Maven 在构建过程中的相关配置，代码如下：

```
<?xml version="1.0" encoding="UTF-8"?>
<project xmlns="http://maven.apache.org/POM/4.0.0"
         xmlns:xsi="http://www.w3.org/2001/XMLSchema-instance"
         xsi:schemaLocation="http://maven.apache.org/POM/4.0.0 http://maven.apache.org/xsd/
             maven-4.0.0.xsd">
    <modelVersion>4.0.0</modelVersion>

    <groupId>com.cn</groupId>
    <artifactId>MyBatis_Generator</artifactId>
    <version>1.0-SNAPSHOT</version>
    <packaging>jar</packaging>
```

```
<dependencies>
    <!-- MyBatis 依赖 -->
    <dependency>
        <groupId>org.mybatis</groupId>
        <artifactId>mybatis</artifactId>
        <version>3.5.7</version>
    </dependency>
    <!-- JUnit 依赖 -->
    <dependency>
        <groupId>junit</groupId>
        <artifactId>junit</artifactId>
        <version>4.12</version>
        <scope>test</scope>
    </dependency>
    <!-- MySQL 依赖 -->
    <dependency>
        <groupId>mysql</groupId>
        <artifactId>mysql-connector-java</artifactId>
        <version>5.1.37</version>
    </dependency>
    <!-- log4j 依赖 -->
    <dependency>
        <groupId>log4j</groupId>
        <artifactId>log4j</artifactId>
        <version>1.2.17</version>
    </dependency>
</dependencies>

<!-- 设置 Maven 在构建过程中的相关配置 -->
<build>
    <!-- 配置构建过程中用到的插件 -->
    <plugins>
        <!-- 配置 MBG 插件 -->
        <plugin>
            <groupId>org.mybatis.generator</groupId>
            <artifactId>mybatis-generator-maven-plugin</artifactId>
            <version>1.3.0</version>
            <!-- 配置 MBG 插件的依赖 -->
            <dependencies>
                <!-- MBG 依赖 -->
                <dependency>
                    <groupId>org.mybatis.generator</groupId>
                    <artifactId>mybatis-generator-core</artifactId>
                    <version>1.3.2</version>
                </dependency>
                <!-- MySQL 依赖 -->
                <dependency>
                    <groupId>mysql</groupId>
                    <artifactId>mysql-connector-java</artifactId>
                    <version>5.1.37</version>
                </dependency>
            </dependencies>
        </plugin>
```

```
        </plugins>
    </build>

    <properties>
        <maven.compiler.source>8</maven.compiler.source>
        <maven.compiler.target>8</maven.compiler.target>
    </properties>

</project>
```

在 pom.xml 文件中，除了 MyBatis 开发中常用的依赖以外，还需要配置 MBG 插件，并配置该插件所涉及的相关依赖。

9.1.3 编写 MBG 配置文件

请在 resources 文件夹下手动创建 MBG 配置文件 generatorConfig.xml，具体如下：

```
<?xml version="1.0" encoding="UTF-8"?>
<!DOCTYPE generatorConfiguration
        PUBLIC "-//mybatis.org//DTD MyBatis Generator Configuration 1.0//EN"
        "http://mybatis.org/dtd/mybatis-generator-config_1_0.dtd">
<generatorConfiguration>
    <!--
        targetRuntime 配置生成的版本
        1.MyBatis3         功能完整版
        2.MyBatis3Simple   简易增删改查版
     -->
    <context id="MySQLTables" targetRuntime="MyBatis3">
        <!-- 去掉自动生成的代码的注释（可选项）-->
        <commentGenerator>
            <property name="suppressAllComments" value="true" />
        </commentGenerator>

        <!-- 配置数据源 -->
        <jdbcConnection driverClass="com.mysql.jdbc.Driver"
                        connectionURL="jdbc:mysql://localhost:3306/mybatisdb"
                        userId="root"
                        password="root">
        </jdbcConnection>

        <!--
            配置 JavaBean 的生成策略
            1.targetPackage    生成的 JavaBean 的包名
            2.targetProject    生成的 JavaBean 的存放路径
         -->
        <javaModelGenerator targetPackage="com.cn.pojo" targetProject=".\src\main\java">
            <property name="enableSubPackages" value="true"/>
            <property name="trimStrings" value="true"/>
        </javaModelGenerator>
```

```
        <!--
            配置映射文件的生成策略
            1.targetPackage  生成的映射文件的包名
            2.targetProject  生成的映射文件的存放路径
         -->
        <sqlMapGenerator targetPackage="com.cn.mapper" targetProject=".\src\main\resources">
            <property name="enableSubPackages" value="true"/>
        </sqlMapGenerator>

        <!--
            配置接口文件的生成策略
            1.targetPackage  生成的接口文件的包名
            2.targetProject  生成的接口文件的存放路径
         -->
        <javaClientGenerator type="XMLMAPPER" targetPackage="com.cn.mapper"
            targetProject=".\src\main\java">
            <property name="enableSubPackages" value="true"/>
        </javaClientGenerator>

        <!-- 配置数据表和 JavaBean 的对应关系 -->
        <table tableName="worker" domainObjectName="Worker"/>
        <table tableName="factory" domainObjectName="Factory"/>

    </context>
</generatorConfiguration>
```

在该配置文件中，需依据项目实际情况配置逆向工程生成的代码的版本、数据源、JavaBean 的生成策略以及存放路径、映射文件的生成策略以及存放路径、接口文件的生成策略以及存放路径、数据表和 JavaBean 的对应关系。整体而言，这些配置都较为简单和固定，但需开发人员细致操作，以避免低级错误的产生。

9.1.4　执行 MBG 插件

在 Maven 中双击 mybatis-generator:generate，开始运行代码，生成文件，如图 9-4 所示。

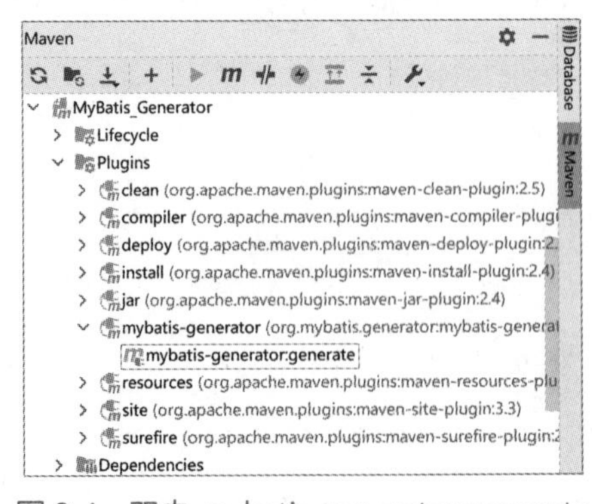

图 9-4　双击 mybatis-generator:generate

执行成功后，逆向生成的代码如图 9-5 所示。

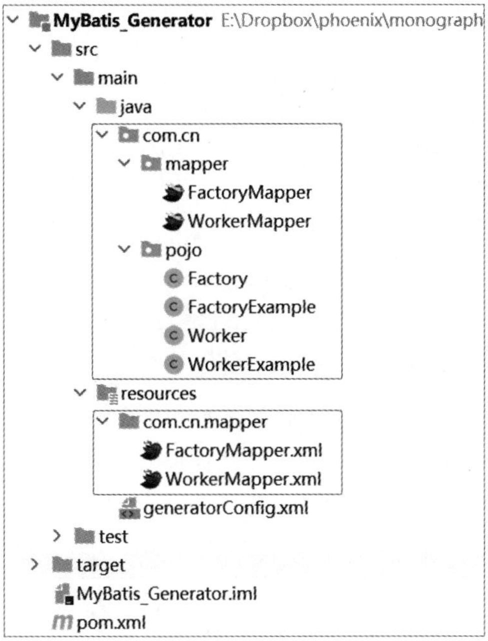

图 9-5　MBG 自动生成的代码

从图 9-5 中我们看到，MBG 自动生成的代码已经存放在 java 文件夹和 resources 文件夹下了。如果修改了 MBG 配置文件 generatorConfig.xml 中的内容，需要再次自动生成代码时，请先删除上一次自动生成的所有代码以免发生错误。

9.2　逆向工程代码剖析

通过逆向工程，MBG 会自动生成与数据库表相对应的 POJO、接口文件和映射文件。接下来，我们依次分析自动生成的各部分代码。

9.2.1　POJO

自动生成的工厂类 `Factory` 如下：

```
public class Factory {
    private Integer fId;

    private String fName;
```

```
    public Integer getfId() {
        return fId;
    }

    public void setfId(Integer fId) {
        this.fId = fId;
    }

    public String getfName() {
        return fName;
    }

    public void setfName(String fName) {
        this.fName = fName == null ? null : fName.trim();
    }
}
```

通过 MBG 自动生成的 Factory 类中有两个属性 fId 和 fName，它们对应于 factory 表中的 f_id 和 f_name 字段。在 Factory 类中，为每个属性提供了相应的 get 和 set 方法，但是需要开发人员自行完善 toString() 方法和构造函数。

自动生成的工人类 Worker 如下：

```
public class Worker {
    private Integer wId;

    private String wName;

    private Integer fId;

    public Integer getwId() {
        return wId;
    }

    public void setwId(Integer wId) {
        this.wId = wId;
    }

    public String getwName() {
        return wName;
    }

    public void setwName(String wName) {
        this.wName = wName == null ? null : wName.trim();
    }

    public Integer getfId() {
        return fId;
    }

    public void setfId(Integer fId) {
```

```
        this.fId = fId;
    }
}
```

类似地，通过 MBG 自动生成的 Worker 类中有三个属性 wId、wName 和 fId，它们对应于 worker 表中的 w_id、w_name 和 f_id 字段。在 Worker 类中为每个属性提供了相应的 get 和 set 方法，但是需要开发人员自行完善 toString() 方法和构造函数。

9.2.2 Example

除了 Factory 与 Work 类外，MBG 还生成了 FactoryExample 类和 WorkExample 类，用于在执行增删改查操作时构造各种筛选条件。在利用 MBG 进行项目开发之前，我们先来熟悉创建筛选条件的类 Example 与其静态内部类 Criteria 的核心 API。

Criteria 类的常用方法及其作用如表 9-1 所示。

表 9-1 Criteria 类的常用方法及其作用

方　法	作　用
setDistinct()	配置是否去掉重复记录
setOrderByClause()	设置排序方式
or()	添加或条件

Example 类的常用方法及其作用如表 9-2 所示。

表 9-2 Example 类的常用方法及其作用

方　法	作　用
andXxxIsNull	添加字段为 null 的条件
andXxxIsNotNull	添加字段不为 null 的条件
andXxxEqualTo(value)	添加字段等于 value 的条件
andXxxNotEqualTo(value)	添加字段不等于 value 的条件
andXxxGreaterThan(value)	添加字段大于 value 的条件
andXxxGreaterThanOrEqualTo (value)	添加字段大于等于 value 的条件
andXxxLessThan(value)	添加字段小于 value 的条件
andXxxLessThanOrEqualTo(value)	添加字段小于等于 value 的条件
andXxxIn(List<？ >)	添加的字段值在 List<？ >条件中
andXxxNotIn(List<？ >)	添加的字段值不在 List<？ >条件中
andXxxLike("%"+value+"%")	添加字段值为 value 的模糊查询条件
andXxxNotLike("%"+value+"%")	添加字段值不为 value 的模糊查询条件
andXxxBetween(value1,value2)	添加字段值在 value1 和 value2 之间的条件
andXxxNotBetween (value1,value2)	添加字段值不在 value1 和 value2 之间的条件

9.2.3　接口文件

在此以 WorkerMapper.java 为例介绍 MBG 自动生成的接口文件。这类接口文件包含了大约 10 个方法，其主要功能为增加数据、删除数据、查询数据、修改数据和统计数据：

```
public interface WorkerMapper {
    int countByExample(WorkerExample example);
    int deleteByExample(WorkerExample example);
    int deleteByPrimaryKey(Integer wId);
    int insert(Worker record);
    int insertSelective(Worker record);
    List<Worker> selectByExample(WorkerExample example);
    Worker selectByPrimaryKey(Integer wId);
    int updateByExampleSelective(@Param("record") Worker record, @Param("example")
        WorkerExample example);
    int updateByExample(@Param("record") Worker record, @Param("example") WorkerExample example);
    int updateByPrimaryKeySelective(Worker record);
    int updateByPrimaryKey(Worker record);
}
```

稍后，我们将以示例的形式介绍这些方法的使用方式。

9.2.4　映射文件

在此以 WorkerMapper.xml 为例介绍 MBG 自动生成的映射文件。这类映射文件中的每个 SQL 操作均对应接口文件中的一个方法。总体而言，映射文件中的标签和 SQL 语句较为简洁、功能紧凑、结构清晰。鉴于其难度偏低且篇幅有限，在此不再详细介绍，请读者自行查看。

9.3　MBG 应用详解

虽然 MyBatis 逆向工程根据表生成了对应的映射文件、接口文件和 POJO，但是，除此以外的其他代码依然需要开发人员自行完成，例如数据库配置文件 db.properties、MyBatis 配置文件 mybatis-config.xml、日志配置文件 log4j.properties、工具类 `SqlSessionUtil` 等。MyBatis 配置文件 mybatis-config.xml 的编写与以往案例并无不同之处，但是，要注意文件中所涉及的包名应与 MBG 配置文件 generatorConfig.xml 中的包名保持一致。mybatis-config.xml 的相关代码如下：

```
<?xml version="1.0" encoding="UTF-8" ?>
<!DOCTYPE configuration
    PUBLIC "-//mybatis.org//DTD Config 3.0//EN"
    "http://mybatis.org/dtd/mybatis-3-config.dtd">
<configuration>
    <!-- 引入 db.properties 文件 -->
    <properties resource="db.properties" />
```

```
    <!-- 配置类型别名 -->
    <typeAliases>
        <package name="com.cn.pojo"/>
    </typeAliases>

    <!-- 配置数据源 -->
    <environments default="development">
        <environment id="development">
            <transactionManager type="JDBC"/>
            <dataSource type="POOLED">
                <property name="driver" value="${db.driver}"/>
                <property name="url" value="${db.url}"/>
                <property name="username" value="${db.username}"/>
                <property name="password" value="${db.password}"/>
            </dataSource>
        </environment>
    </environments>

    <!-- 配置 mapper -->
    <mappers>
        <package name="com.cn.mapper"/>
    </mappers>

</configuration>
```

接下来，我们利用 MBG 自动生成的 `Worker` 和 `WorkerExample`，并结合相关映射文件和接口文件介绍 MBG 的常见使用方式。

9.3.1 依据主键查询数据

`w_id` 字段是 `worker` 表的主键，调用 `selectByPrimaryKey()` 方法并传入 `id` 值即可实现依据 `w_id` 查询工人。测试文件 MyBatisTest.java 的相关代码如下：

```
// 测试依据主键 id 查询工人
@Test
public void testSelectWorkerByPrimaryKey() {
    SqlSession sqlSession = null;
    try {
        // 获取 SqlSession 类型的对象
        sqlSession = SqlSessionUtil.getSqlSession();
        // 获取 WorkerMapper 类型的对象
        WorkerMapper workerMapper = sqlSession.getMapper(WorkerMapper.class);
        // 工人 id
        int id = 1;
        // 依据 id 查询工人
        Worker worker = workerMapper.selectByPrimaryKey(id);
        // 打印查询结果
        System.out.println(worker);
    } catch (Exception e) {
```

```
        System.out.println(e);
    } finally {
        SqlSessionUtil.closeSqlSession(sqlSession);
    }
}
```

执行流程以及查询结果如下：

```
DEBUG [main] - ==>  Preparing: select w_id, w_name, f_id from worker where w_id = ?
DEBUG [main] - ==> Parameters: 1(Integer)
DEBUG [main] - <==      Total: 1
```

9.3.2 查询所有数据

调用 selectByExample() 方法且不传入具体查询条件时，表示查询所有的工人。测试文件 MyBatisTest.java 的相关代码如下：

```
// 测试查询所有工人
@Test
public void testSelectAllWorkerByExample() {
    SqlSession sqlSession = null;
    try {
        // 获取 SqlSession 类型的对象
        sqlSession = SqlSessionUtil.getSqlSession();
        // 获取 WorkerMapper 类型的对象
        WorkerMapper workerMapper = sqlSession.getMapper(WorkerMapper.class);
        // 查询所有工人
        List<Worker> workerList = workerMapper.selectByExample(null);
        // 遍历打印查询结果
        Iterator<Worker> iterator = workerList.iterator();
        while (iterator.hasNext()) {
            Worker worker = iterator.next();
            System.out.println(worker);
        }
    } catch (Exception e) {
        System.out.println(e);
    } finally {
        SqlSessionUtil.closeSqlSession(sqlSession);
    }
}
```

执行流程以及查询结果如下：

```
DEBUG [main] - ==>  Preparing: select w_id, w_name, f_id from worker
DEBUG [main] - ==> Parameters:
DEBUG [main] - <==      Total: 10
Worker{wId=1, wName='lucy', fId=1}
Worker{wId=2, wName='lili', fId=1}
Worker{wId=3, wName='momo', fId=2}
```

```
Worker{wId=4, wName='mymy', fId=2}
Worker{wId=5, wName='xuxu', fId=3}
Worker{wId=6, wName='xexe', fId=3}
Worker{wId=7, wName='fgfg', fId=1}
Worker{wId=8, wName='dpdp', fId=2}
Worker{wId=9, wName='lala', fId=3}
Worker{wId=10, wName='zkzk', fId=3}
```

9.3.3 依据条件查询数据

查询 id 不为空且 id 大于 4 或者名字中包含“lu”的工人。首先，创建 WorkerExample 对象，然后创建 Criteria 对象，再利用 Criteria 添加与条件和或条件。测试文件 MyBatisTest.java 的相关代码如下：

```java
// 测试依据条件查询工人
@Test
public void testSelectWorkerByExample() {
    SqlSession sqlSession = null;
    try {
        // 获取 SqlSession 类型的对象
        sqlSession = SqlSessionUtil.getSqlSession();
        // 获取 WorkerMapper 类型的对象
        WorkerMapper workerMapper = sqlSession.getMapper(WorkerMapper.class);
        // 创建 WorkerExample 对象
        WorkerExample workerExample = new WorkerExample();
        // 创建 Criteria
        WorkerExample.Criteria criteria = workerExample.createCriteria();
        // 设置查询条件
        criteria.andWIdIsNotNull().andWIdGreaterThan(4);
        workerExample.or().andWNameLike("%lu%");
        // 执行查询
        List<Worker> workerList = workerMapper.selectByExample(workerExample);
        // 遍历打印查询结果
        Iterator<Worker> iterator = workerList.iterator();
        while (iterator.hasNext()) {
            Worker worker = iterator.next();
            System.out.println(worker);
        }
    } catch (Exception e) {
        System.out.println(e);
    } finally {
        SqlSessionUtil.closeSqlSession(sqlSession);
    }
}
```

执行流程以及查询结果如下：

```
DEBUG [main] - ==>  Preparing: select w_id, w_name, f_id from worker WHERE ( w_id is not
    null and w_id > ? ) or( w_name like ? )
```

```
DEBUG [main] - ==> Parameters: 4(Integer), %lu%(String)
DEBUG [main] - <==      Total: 7
Worker{wId=1, wName='lucy', fId=1}
Worker{wId=5, wName='xuxu', fId=3}
Worker{wId=6, wName='xexe', fId=3}
Worker{wId=7, wName='fgfg', fId=1}
Worker{wId=8, wName='dpdp', fId=2}
Worker{wId=9, wName='lala', fId=3}
Worker{wId=10, wName='zkzk', fId=3}
```

9.3.4　统计满足条件的记录

利用 countByExample() 方法查询 id 不为空且 id 大于 4 或者名字中包含“lu”的工人的数量。测试文件 MyBatisTest.java 的相关代码如下：

```
// 测试统计满足条件的工人的人数
@Test
public void testCountWorkerByExample() {
    SqlSession sqlSession = null;
    try {
        // 获取 SqlSession 类型的对象
        sqlSession = SqlSessionUtil.getSqlSession();
        // 获取 WorkerMapper 类型的对象
        WorkerMapper workerMapper = sqlSession.getMapper(WorkerMapper.class);
        // 获取 WorkerExample 类型的对象
        WorkerExample workerExample = new WorkerExample();
        // 创建 Criteria
        WorkerExample.Criteria criteria = workerExample.createCriteria();
        // 设置查询条件
        criteria.andWIdIsNotNull().andWIdGreaterThan(4);
        workerExample.or().andWNameLike("%lu%");
        // 执行查询
        int count = workerMapper.countByExample(workerExample);
        // 打印查询结果
        System.out.println(" 满足条件的记录数为 "+count);
    } catch (Exception e) {
        System.out.println(e);
    } finally {
        SqlSessionUtil.closeSqlSession(sqlSession);
    }
}
```

执行流程以及查询结果如下：

```
DEBUG [main] - ==>  Preparing: select count(*) from worker WHERE ( w_id is not null and
    w_id > ? ) or( w_name like ? )
DEBUG [main] - ==> Parameters: 4(Integer), %lu%(String)
DEBUG [main] - <==      Total: 1
满足条件的记录数为 7
```

9.3.5 依据主键 id 删除数据

w_id 字段是 worker 表的主键，调用 deleteByPrimaryKey() 方法并传入 id 值即可实现依据 w_id 删除工人。测试文件 MyBatisTest.java 的相关代码如下：

```
// 测试依据主键 id 删除工人
@Test
public void testDeleteWorkerByPrimaryKey() {
    SqlSession sqlSession = null;
    try {
        // 获取 SqlSession 类型的对象
        sqlSession = SqlSessionUtil.getSqlSession();
        // 获取 WorkerMapper 类型的对象
        WorkerMapper workerMapper = sqlSession.getMapper(WorkerMapper.class);
        // 工人 id
        int id = 1;
        // 删除工人
        int result = workerMapper.deleteByPrimaryKey(id);
        // 打印删除结果
        if(result>0){
            System.out.println("删除成功");
        }else{
            System.out.println("删除失败");
        }
    } catch (Exception e) {
        System.out.println(e);
    } finally {
        SqlSessionUtil.closeSqlSession(sqlSession);
    }
}
```

执行流程以及删除结果如下：

```
DEBUG [main] - ==>  Preparing: delete from worker where w_id = ?
DEBUG [main] - ==> Parameters: 1(Integer)
DEBUG [main] - <==    Updates: 1
删除成功
```

9.3.6 依据条件删除数据

删除 id 小于 3 或者 f_id 等于 6 的工人。测试文件 MyBatisTest.java 的相关代码如下：

```
// 测试根据条件删除工人
@Test
public void testDeleteWorkerByExample() {
    SqlSession sqlSession = null;
    try {
        // 获取 SqlSession 类型的对象
        sqlSession = SqlSessionUtil.getSqlSession();
```

```
            // 获取 WorkerMapper 类型的对象
            WorkerMapper workerMapper = sqlSession.getMapper(WorkerMapper.class);
            // 获取 WorkerExample 类型的对象
            WorkerExample workerExample = new WorkerExample();
            // 创建 Criteria
            WorkerExample.Criteria criteria = workerExample.createCriteria();
            // 设置删除条件
            criteria.andWIdLessThan(3);
            workerExample.or().andFIdEqualTo(6);
            // 执行删除
            int result = workerMapper.deleteByExample(workerExample);
            // 打印删除结果
            if(result>0){
                System.out.println(" 删除成功 ");
            }else{
                System.out.println(" 删除失败 ");
            }
        } catch (Exception e) {
            System.out.println(e);
        } finally {
            SqlSessionUtil.closeSqlSession(sqlSession);
        }
}
```

执行流程以及删除结果如下：

```
DEBUG [main] - ==>  Preparing: delete from worker WHERE ( w_id < ? ) or( f_id = ? )
DEBUG [main] - ==> Parameters: 3(Integer), 6(Integer)
DEBUG [main] - <==    Updates: 1
删除成功
```

9.3.7　插入数据

插入方式有两种，我们先来看第一种调用 insert() 方法的查询。在使用该方式时，尤其要注意以下情况。当 Java 对象的某属性有值时，在数据库新增记录时，会将该属性值插入新记录对应的字段。但是，当 Java 对象的某属性未设置值时，在数据库新增记录时会将对应字段的值设置为 null，哪怕是指定了默认值的字段。所以，insert() 方法在插入数据时可能导致字段默认值失效。在本次测试中，Work 对象只有 name 属性值。测试文件 MyBatisTest.java 的相关代码如下：

```
// 测试利用 insert() 方法插入工人
@Test
public void testInsertWorker() {
    SqlSession sqlSession = null;
    try {
        // 获取 SqlSession 类型的对象
        sqlSession = SqlSessionUtil.getSqlSession();
        // 获取 WorkerMapper 类型的对象
        WorkerMapper workerMapper = sqlSession.getMapper(WorkerMapper.class);
```

```
        // 创建 worker 对象
        Worker worker = new Worker();
        // 为 worker 对象设置 name 属性值
        worker.setwName("yiyi");
        // 使用 insert() 方法插入工人
        int result = workerMapper.insert(worker);
        // 打印插入结果
        if(result>0){
            System.out.println(" 插入成功 ");
        }else{
            System.out.println(" 插入失败 ");
        }
    } catch (Exception e) {
        System.out.println(e);
    } finally {
        SqlSessionUtil.closeSqlSession(sqlSession);
    }
}
```

执行流程以及插入结果如下：

```
DEBUG [main] - ==>  Preparing: insert into worker (w_id, w_name, f_id ) values (?, ?, ? )
DEBUG [main] - ==> Parameters: null, yiyi(String), null
DEBUG [main] - <==    Updates: 1
插入成功
```

从以上 SQL 语句也可以看出，`f_id` 字段将会被设置为 `null` 而非默认值 1。

9.3.8 选择性插入数据

为了避免 `insert()` 方法可能出现的情况，我们可使用 `insertSelective()` 方法选择性插入数据。

当 Java 对象的某属性有值时，在数据库新增记录时会将该属性值插入新记录对应的字段。但是，当 Java 对象的某属性未设置值时，在数据库新增记录时会忽略该属性对应的字段。所以，`insertSelective()` 方法在插入数据时不会覆盖字段的默认值。测试文件 MyBatisTest.java 的相关代码如下：

```
// 测试利用 insertSelective() 方法插入工人
@Test
public void testInsertWorkerSelective() {
    SqlSession sqlSession = null;
    try {
        // 获取 SqlSession 类型的对象
        sqlSession = SqlSessionUtil.getSqlSession();
        // 获取 WorkerMapper 类型的对象
        WorkerMapper workerMapper = sqlSession.getMapper(WorkerMapper.class);
        // 创建 worker 对象
```

```
            Worker worker = new Worker();
            // 为 worker 对象的 wName 属性赋值
            worker.setwName("abab");
            // 利用 insertSelective() 方法插入工人
            int result = workerMapper.insertSelective(worker);
            // 打印插入结果
            if(result>0){
                System.out.println(" 插入成功 ");
            }else{
                System.out.println(" 插入失败 ");
            }
        } catch (Exception e) {
            System.out.println(e);
        } finally {
            SqlSessionUtil.closeSqlSession(sqlSession);
        }
}
```

执行流程以及插入结果如下：

```
DEBUG [main] - ==>  Preparing: insert into worker ( w_name ) values ( ? )
DEBUG [main] - ==> Parameters: abab(String)
DEBUG [main] - <==    Updates: 1
插入成功
```

从以上 SQL 语句中也可以看出，只插入了工人名字，其他属性值为空，对应的字段被忽略，从而避免了 `f_id` 的默认值被替换。

一般情况下，在实际的项目开发中执行插入操作时，推荐使用 `insertSelective()` 方法。

9.3.9　依据主键更新数据

更新方式有四种，我们先来看第一种，调用 `updateByPrimaryKey()` 方法依据主键进行更新。在使用该方式时尤其要注意以下情况。当 Java 对象的某属性有值时，在数据库更新记录时，会将该属性值更新至原记录对应的字段。但是，当 Java 对象的某属性未设置值时，在数据库更新记录时，会将对应字段的值设置为 `null`。另外，既然该方法是依据主键值进行更新的，那么 Java 对象的主键属性值不能为空。在本次测试中，`worker` 对象有 `wId` 属性和 `wName` 属性。测试文件 MyBatisTest.java 的相关代码如下：

```
// 测试利用 updateByPrimaryKey() 更新工人
@Test
public void testUpdateWorkerByPrimaryKey() {
    SqlSession sqlSession = null;
    try {
        // 获取 SqlSession 类型的对象
        sqlSession = SqlSessionUtil.getSqlSession();
        // 获取 WorkerMapper 类型的对象
```

```
        WorkerMapper workerMapper = sqlSession.getMapper(WorkerMapper.class);
        // 创建 worker 对象
        Worker worker = new Worker();
        // 为 worker 对象的 wId 属性赋值
        worker.setwId(4);
        // 为 worker 对象的 wName 属性赋值
        worker.setwName("popo");
        // 利用 updateByPrimaryKey() 方法更新工人
        int result = workerMapper.updateByPrimaryKey(worker);
        // 打印更新结果
        if(result>0){
            System.out.println(" 更新成功 ");
        }else{
            System.out.println(" 更新失败 ");
        }
    } catch (Exception e) {
        System.out.println(e);
    } finally {
        SqlSessionUtil.closeSqlSession(sqlSession);
    }
}
```

执行流程以及更新结果如下：

```
DEBUG [main] - ==>  Preparing: update worker set w_name = ?, f_id = ? where w_id = ?
DEBUG [main] - ==> Parameters: popo(String), null, 4(Integer)
DEBUG [main] - <==    Updates: 1
更新成功
```

从以上 SQL 语句也可以看出，只更新了工人名字，而将 f_id 字段值设置为了 null。

9.3.10　依据主键选择性更新数据

为了避免 updateByPrimaryKey() 方法可能出现的情况，我们可使用 updateByPrimaryKey-Selective() 方法选择性更新数据。当 Java 对象的某属性有值时，在数据库更新记录时会将该属性值更新至原记录对应的字段。当 Java 对象的某属性未设置值时，在数据库更新记录时不会将对应字段的值设置为 null。类似地，既然该方法是依据主键值进行更新的，那么 Java 对象的主键属性值不能为空。在本次测试中，worker 对象有 wId 属性和 wName 属性。测试文件 MyBatisTest.java 的相关代码如下：

```
// 测试利用 updateByPrimaryKeySelective() 更新工人
@Test
public void testUpdateWorkerByPrimaryKeySelective() {
    SqlSession sqlSession = null;
    try {
        // 获取 SqlSession 类型的对象
        sqlSession = SqlSessionUtil.getSqlSession();
```

```
        // 获取 WorkerMapper 类型的对象
        WorkerMapper workerMapper = sqlSession.getMapper(WorkerMapper.class);
        // 创建 worker 对象
        Worker worker = new Worker();
        // 为 worker 对象的 wId 属性赋值
        worker.setwId(5);
        // 为 worker 对象的 wName 属性赋值
        worker.setwName("kmkm");
        // 利用 updateByPrimaryKeySelective() 方法更新工人
        int result = workerMapper.updateByPrimaryKeySelective(worker);
        // 打印更新结果
        if(result>0){
            System.out.println(" 更新成功 ");
        }else{
            System.out.println(" 更新失败 ");
        }
    } catch (Exception e) {
        System.out.println(e);
    } finally {
        SqlSessionUtil.closeSqlSession(sqlSession);
    }
}
```

执行流程以及更新结果如下：

```
DEBUG [main] - ==>  Preparing: update worker SET w_name = ? where w_id = ?
DEBUG [main] - ==> Parameters: kmkm(String), 5(Integer)
DEBUG [main] - <==    Updates: 1
更新成功
```

从以上 SQL 语句可以看出，这里只更新了工人名字，而未影响其他字段。

一般情况下，在实际的项目开发中执行依据主键进行更新时，推荐使用 updateByPrimaryKeySelective() 方法。

9.3.11　依据条件更新数据

依据条件更新数据非常类似于之前介绍的依据主键更新数据，只不过附带了条件而已，在此不再赘述。测试文件 MyBatisTest.java 的相关代码如下：

```
// 测试利用 updateByExample() 方法更新工人
@Test
public void testUpdateWorkerByExample() {
    SqlSession sqlSession = null;
    try {
        // 获取 SqlSession 类型的对象
        sqlSession = SqlSessionUtil.getSqlSession();
        // 获取 WorkerMapper 类型的对象
        WorkerMapper workerMapper = sqlSession.getMapper(WorkerMapper.class);
```

```
        // 创建 worker 对象
        Worker worker = new Worker();
        // 为 worker 对象的 wId 属性赋值
        worker.setwId(8);
        // 为 worker 对象的 fId 属性赋值
        worker.setfId(2);
        // 为 worker 对象的 wName 属性赋值
        worker.setwName("hbhb");
        // 创建 WorkerExample 类型的对象
        WorkerExample workerExample = new WorkerExample();
        // 创建 Criteria
        WorkerExample.Criteria criteria = workerExample.createCriteria();
        // 设置更新条件
        criteria.andWIdEqualTo(8).andWNameLike("%d%");
        // 利用 updateByExample() 方法更新工人
        int result = workerMapper.updateByExample(worker,workerExample);
        // 打印更新结果
        if(result>0){
            System.out.println(" 更新成功 ");
        }else{
            System.out.println(" 更新失败 ");
        }
    } catch (Exception e) {
        System.out.println(e);
    } finally {
        SqlSessionUtil.closeSqlSession(sqlSession);
    }
}
```

执行流程以及更新结果如下：

```
DEBUG [main] - ==>  Preparing: update worker set w_id = ?, w_name = ?, f_id = ? WHERE
    ( w_id = ? and w_name like ? )
DEBUG [main] - ==> Parameters: 8(Integer), hbhb(String), 2(Integer), 8(Integer), %d%(String)
DEBUG [main] - <==    Updates: 1
更新成功
```

9.3.12 依据条件选择性更新数据

依据条件更新数据非常类似于之前介绍的依据主键选择性更新数据，只不过附带了条件而已，在此不再赘述。测试文件 MyBatisTest.java 的相关代码如下：

```
// 测试利用 updateByExampleSelective() 方法更新工人
@Test
public void testUpdateWorkerByExampleSelective() {
    SqlSession sqlSession = null;
    try {
        // 获取 SqlSession 类型的对象
        sqlSession = SqlSessionUtil.getSqlSession();
        // 获取 WorkerMapper 类型的对象
```

```
        WorkerMapper workerMapper = sqlSession.getMapper(WorkerMapper.class);
        // 创建 worker 对象
        Worker worker = new Worker();
        // 为 worker 对象的 wId 属性赋值
        worker.setwId(9);
        // 为 worker 对象的 fId 属性赋值
        worker.setfId(1);
        // 创建 WorkerExample 类型的对象
        WorkerExample workerExample = new WorkerExample();
        // 创建 Criteria
        WorkerExample.Criteria criteria = workerExample.createCriteria();
        // 设置更新条件
        criteria.andWNameLike("%la%");
        // 利用 updateByExampleSelective() 方法更新工人
        int result = workerMapper.updateByExampleSelective(worker, workerExample);
        // 打印更新结果
        if(result>0){
            System.out.println(" 更新成功 ");
        }else{
            System.out.println(" 更新失败 ");
        }
    } catch (Exception e) {
        System.out.println(e);
    } finally {
        SqlSessionUtil.closeSqlSession(sqlSession);
    }
}
```

执行流程以及更新结果如下：

```
DEBUG [main] - ==>  Preparing: update worker SET w_id = ?, f_id = ? WHERE ( w_name like ? )
DEBUG [main] - ==> Parameters: 9(Integer), 1(Integer), %la%(String)
DEBUG [main] - <==    Updates: 1
更新成功
```

一般情况下，在实际的项目开发中执行依据条件选择性更新数据时，推荐使用 updateByExampleSelective() 方法。

9.4 小结

本章主要介绍了 MyBatis 逆向工程的运用步骤与具体方式。在整个过程中技术难度不大，基本按照逆向插件使用规范一步一步往下进行就行。本章原理性偏弱，实践性很强。读者应重点关注并掌握利用逆向工程自动生成的代码实现增删改查功能。

MBG 的出现帮助开发人员大大减少了模板代码的编写，极大地提升了开发效率。不过，很多人期望 MBG 可以更强大，可以解放更多生产力。带着这种期盼，我们从下一章开始进入 MyBatis-Plus 的学习。

第 10 章

MyBatis-Plus 开发入门

MyBatis-Plus（简称 MP）是一个 MyBatis 增强工具，它在 MyBatis 的基础上只做增强不做改变，为简化开发、提高效率而生。MyBatis-Plus 的愿景是成为 MyBatis 的最佳搭档，共同推动持久层的高效开发。

MyBatis-Plus 无侵入，它对 MyBatis 只做增强不做改变，引入它不会对现有工程产生影响；MyBatis-Plus 损耗小，启动即会自动注入基本 CRUD，性能基本无损耗，直接面向对象操作。MyBatis-Plus 内置通用 Mapper 和通用 Service，仅仅通过少量配置即可实现单表的大部分 CRUD 操作，更有强大的条件构造器，能满足各类使用需求。MyBatis-Plus 支持 Lambda 形式调用，方便编写各类查询条件，无须担心写错数据表字段。除此之外，MyBatis-Plus 还支持主键自动生成和 ActiveRecord 模式。分页插件支持多种数据库，例如 MySQL、MariaDB、Oracle、DB2、H2、HSQL、SQLite、PostgreSQL、SQL Server 等。为了提高查询效率，MyBatis-Plus 内置分页插件，开发者无须关心具体操作，配置插件之后写分页等同于编写普通 List 查询。MyBatis-Plus 内置全局拦截插件，提供全表 `delete`、`update` 操作智能分析阻断，也可自定义拦截规则，预防误操作。

MyBatis-Plus 框架的结构如图 10-1 所示。

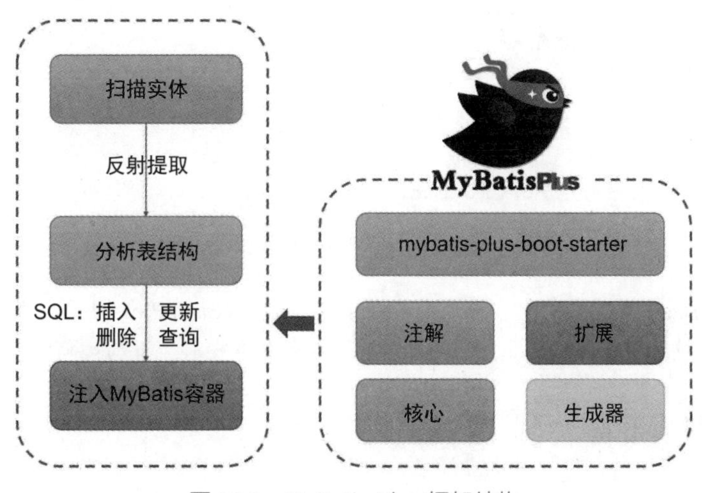

图 10-1　MyBatis-Plus 框架结构

本章相关示例的完整代码请参见随书配套源码中的 MyBatis_MP 项目。

10.1　MyBatis-Plus 入门案例

本节通过一个简单的案例帮助读者快速掌握 MyBatis-Plus 的使用流程及步骤，项目结构如图 10-2 所示。

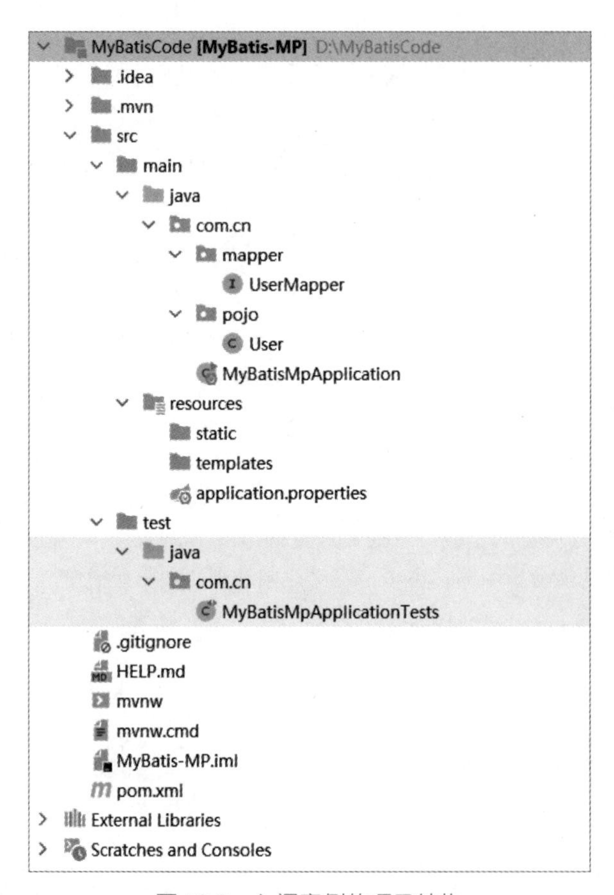

图 10-2　入门案例的项目结构

本章作为 MyBatis-Plus 相关章节的开头，将详细介绍 MyBatis-Plus 的开发环境、开发流程、配置以及测试。在后续章节中，为尽量避免冗余，将不再赘述非核心流程与代码实现。

10.1.1　案例开发准备

创建新数据库 mybatisplusdb 并在该库中创建用户表 user。在 user 表中，id 字段表示用户编号，name 字段表示用户姓名，age 字段表示用户年龄，email 字段表示用户邮箱，相关代码如下：

```
-- 创建数据库 mybatisplusdb
DROP DATABASE IF EXISTS mybatisplusdb;
CREATE DATABASE mybatisplusdb;
use mybatisplusdb;

-- 创建用户表 user
DROP TABLE IF EXISTS user;
CREATE TABLE user(
    id BIGINT(20) NOT NULL COMMENT '主键ID',
    name VARCHAR(30) NULL DEFAULT NULL COMMENT '姓名',
    age INT(11) NULL DEFAULT NULL COMMENT '年龄',
    email VARCHAR(50) NULL DEFAULT NULL COMMENT '邮箱',
    PRIMARY KEY (id)
);

-- 向用户表 user 中插入数据
INSERT INTO user (id, name, age, email) VALUES
(1, 'dodo', 18, 'batj1@ptpress.com'),
(2, 'jack', 20, 'batj2@ptpress.com'),
(3, 'tome', 28, 'batj3@ptpress.com'),
(4, 'lucy', 21, 'batj4@ptpress.com'),
(5, 'tata', 24, 'batj5@ptpress.com');

-- 查询用户表 user 中的数据
SELECT * FROM user;
```

MyBatis Plus 内部使用雪花算法生成 id。该 id 值位数较长，所以 user 表中的 id 字段类型为 BIGINT。完成该操作后，用户表 user 中的数据如图 10-3 所示。

```
+----+------+------+-------------------+
| id | name | age  | email             |
+----+------+------+-------------------+
|  1 | dodo |   18 | batj1@ptpress.com |
|  2 | jack |   20 | batj2@ptpress.com |
|  3 | tome |   28 | batj3@ptpress.com |
|  4 | lucy |   21 | batj4@ptpress.com |
|  5 | tata |   24 | batj5@ptpress.com |
+----+------+------+-------------------+
```

图 10-3 用户表 user 中的数据

10.1.2 创建工程

在 IDEA 中使用 Spring Initializr 创建 Spring Boot 工程 MyBatis-MP，在其中设置项目名称、打包方式并选择 Java 版本，相关配置如图 10-4 所示。

选择 Spring Boot 版本并添加 Spring Web 依赖，相关配置如图 10-5 所示。

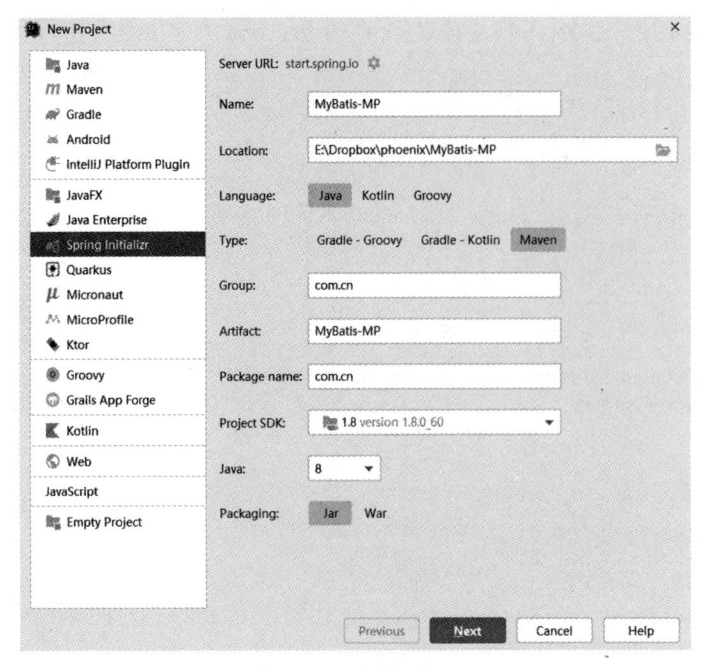

图 10-4　创建项目

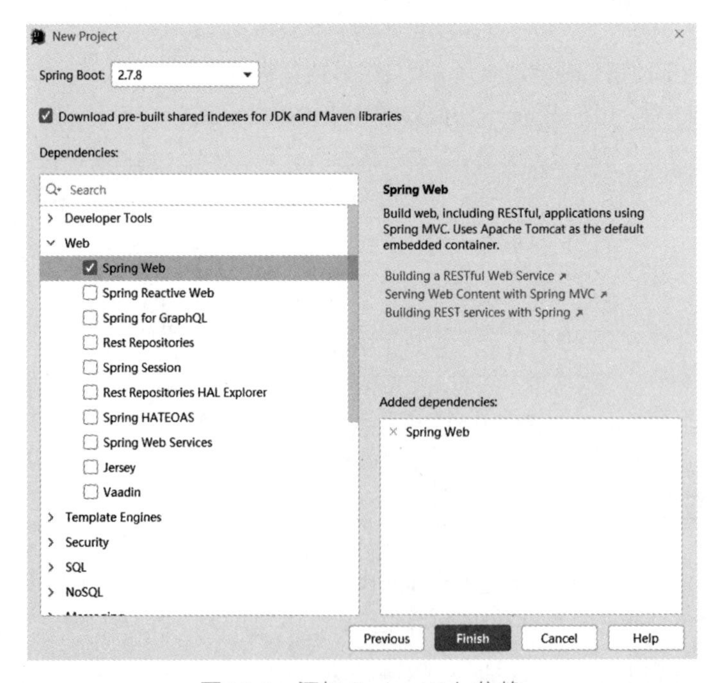

图 10-5　添加 Spring Web 依赖

10.1.3 添加依赖

在 pom.xml 中添加项目所需的 mybatis-plus 依赖和 MySQL 依赖，相关代码如下：

```
<!-- mybatis-plus 依赖 -->
 <dependency>
     <groupId>com.baomidou</groupId>
     <artifactId>mybatis-plus-boot-starter</artifactId>
     <version>3.5.1</version>
 </dependency>
 <!-- MySQL 依赖 -->
 <dependency>
     <groupId>mysql</groupId>
     <artifactId>mysql-connector-java</artifactId>
     <scope>runtime</scope>
 </dependency>
```

10.1.4 编写配置

在项目的 application.properties 文件中编写项目相关配置，主要配置为设置数据源、数据库驱动、数据库连接信息以及 MyBatis-Plus 日志输出。相关代码如下：

```
# 配置数据源
spring.datasource.type=com.zaxxer.hikari.HikariDataSource
# 配置数据库驱动
spring.datasource.driver-class-name=com.mysql.cj.jdbc.Driver
# 连接数据库
spring.datasource.url=jdbc:mysql://localhost:3306/mybatisplusdb?characterEncoding=utf-
    8&userSSL=false
spring.datasource.username=root
spring.datasource.password=root
# 配置 MyBatis-Plus 日志输出
mybatis-plus.configuration.log-impl=org.apache.ibatis.logging.stdout.StdOutImpl
```

10.1.5 编写 POJO

新建 `pojo` 包并在该包下创建用户类 `User`，该类的名字与表名 `user` 保持一致，类中的属性名与表中的字段名相对应。相关代码如下：

```
public class User {
    private Long id;
    private String name;
    private Integer age;
    private String email;
    // 省略构造函数、各属性的 set 和 get 方法、toString 方法
}
```

请注意，id 属性的类型为 Long，便于接收数据库中 BIGINT 类型的数据。

10.1.6　创建接口文件

新建 mapper 包并在该包下创建 UserMapper.java 接口文件。该接口继承自 MyBatis-Plus 的 com.baomidou.mybatisplus.core.mapper.BaseMapper 接口。在 UserMapper 接口上使用 @Repository 注解将其标注为持久层接口，并将接口的实现类交由 Spring 框架管理。相关代码如下：

```
import com.cn.pojo.User;
import org.springframework.stereotype.Repository;
import com.baomidou.mybatisplus.core.mapper.BaseMapper;

@Repository
public interface UserMapper extends BaseMapper<User> {}
```

目前，UserMapper 只需继承 BaseMapper 即可，无须定义其他任何方法。

10.1.7　完善入口类

请在 Spring Boot 项目的入口类 MyBatisMpApplication 前面使用 @MapperScan 注解，添加对于 mapper 包的扫描。相关代码如下：

```
import org.mybatis.spring.annotation.MapperScan;
import org.springframework.boot.SpringApplication;
import org.springframework.boot.autoconfigure.SpringBootApplication;

@SpringBootApplication
@MapperScan("com.cn.mapper")
public class MyBatisMpApplication {

    public static void main(String[] args) {
        SpringApplication.run(MyBatisMpApplication.class, args);
    }

}
```

10.1.8　编写测试代码

请在 Spring Boot 项目的测试类 MyBatisMpApplicationTests 中测试依据 id 查询用户。在测试代码中，利用 @Autowired 自动注入 UserMapper，再调用其 selectById() 方法查询 id 为 1 的用户信息。相关代码如下：

```
@SpringBootTest
class MyBatisMpApplicationTests {
```

```
    @Test
    void contextLoads() {
    }

    // 自动注入 UserMapper
    @Autowired
    private UserMapper userMapper;

    @Test
    public void testSelectById(){
        // 查询 id 为 1 的用户
        User user = userMapper.selectById(1);
        // 打印查询结果
        System.out.println(user);
    }
}
```

测试执行流程以及查询结果如下：

```
==>  Preparing: SELECT id,name,age,email FROM user WHERE id=?
==> Parameters: 1(Integer)
<==    Columns: id, name, age, email
<==        Row: 1, dodo, 18, batj1@ptpress.com
<==      Total: 1
```

从查询结果可以看出，利用 MyBatis-Plus 正确查询出了 id 为 1 的用户信息。

10.1.9 入门案例总结

在本案例中，我们介绍了 MyBatis-Plus 最简单的用法。从这个案例中可以发现，相较 MyBatis，使用 MyBatis-Plus 省去了映射文件的编写，只需声明一个非常简单的接口文件即可。读者可能对于接口文件中的 BaseMapper 有些疑惑：它的工作原理是什么？它为何功能如此强大？关于 BaseMapper，我们将在 10.3 节中详细介绍。

10.2 主键雪花算法

美国国家大气研究中心的查尔斯・奈特经过科学研究发现，一般的雪花大约由 10^{19} 个水分子组成。在雪花形成的过程中，会形成不同的结构分支。所以说，大自然中不存在两片完全一样的雪花，每一片雪花都拥有自己独特的形状。雪花算法是由 Twitter 公布的分布式主键生成算法，它能够保证不同表的主键的不重复性以及相同表的主键的有序性。简单来说，雪花算法保证生成的 id 如雪花般独一无二，确保整个分布式系统内不会产生 id 碰撞并且效率较高。

MyBatis-Plus 自带雪花算法，默认情况下使用雪花算法生成 id。由雪花算法生成的 id 的长度共

64 位，其中最高位为符号位，占 1bit，0 表示正数，1 表示负数。一般情况下，id 都是正数，即最高位是 0。从第 2 位开始的 41bit 表示毫秒级的时间戳，它所存储的是时间戳的差值，约等于 69.73 年。从第 43 位开始的 10bit 表示机器的 ID，其中 5 个 bit 表示数据中心，5 个 bit 表示具体机器 ID。所以，雪花 id 可满足 1024 个节点的部署。最后 12bit 作为毫秒内的流水号，表示每个节点在每毫秒可以产生 4096 个唯一的 id 值。

10.3　BaseMapper 详解

BaseMapper 是 MyBatis-Plus 提供的模板 mapper，它内置了常用的 CRUD 相关方法。在本节中，我们将介绍 BaseMapper 的常见方法及其用法。另外，请在编码与实践过程中注意观察控制台输出的 MyBatis-Plus 日志，以便于理解相关方法的本质与原理。BaseMapper 接口的代码如下：

```
public interface BaseMapper<T> extends Mapper<T> {

    /**
     * 插入一条记录
     *
     * @param entity 实体对象
     */
    int insert(T entity);

    /**
     * 根据 ID 删除
     *
     * @param id 主键 ID
     */
    int deleteById(Serializable id);

    /**
     * 根据实体（ID）删除
     *
     * @param entity 实体对象
     * @since 3.4.4
     */
    int deleteById(T entity);

    /**
     * 根据 columnMap 条件删除记录
     *
     * @param columnMap 表字段 map 对象
     */
    int deleteByMap(@Param(Constants.COLUMN_MAP) Map<String, Object> columnMap);

    /**
     * 根据 entity 条件删除记录
     *
     * @param queryWrapper 实体对象封装操作类（可以为 null，里面的 entity 用于生成 where 语句）
     */
```

```
int delete(@Param(Constants.WRAPPER) Wrapper<T> queryWrapper);

/**
 * 删除（根据 ID 或实体批量删除）
 *
 * @param idList 主键 ID 列表或实体列表（不能为 null 和 empty）
 */
int deleteBatchIds(@Param(Constants.COLL) Collection<?> idList);

/**
 * 根据 ID 修改
 *
 * @param entity 实体对象
 */
int updateById(@Param(Constants.ENTITY) T entity);

/**
 * 根据 whereEntity 条件更新记录
 *
 * @param entity        实体对象（set 条件值，可以为 null）
 * @param updateWrapper 实体对象封装操作类（可以为 null，里面的 entity 用于生成 where 语句）
 */
int update(@Param(Constants.ENTITY) T entity, @Param(Constants.WRAPPER) Wrapper<T>
    updateWrapper);

/**
 * 根据 ID 查询
 *
 * @param id 主键 ID
 */
T selectById(Serializable id);

/**
 * 查询（根据 ID 批量查询）
 *
 * @param idList 主键 ID 列表（不能为 null 和 empty）
 */
List<T> selectBatchIds(@Param(Constants.COLL) Collection<? extends Serializable> idList);

/**
 * 查询（根据 columnMap 条件）
 *
 * @param columnMap 表字段 map 对象
 */
List<T> selectByMap(@Param(Constants.COLUMN_MAP) Map<String, Object> columnMap);

/**
 * 根据 entity 条件查询一条记录
 * <p>查询一条记录，例如 qw.last("limit 1") 限制取一条记录。注意：多条数据会报异常</p>
 *
 * @param queryWrapper 实体对象封装操作类（可以为 null）
 */
```

```
default T selectOne(@Param(Constants.WRAPPER) Wrapper<T> queryWrapper) {
    List<T> list = this.selectList(queryWrapper);
    // 抄自 DefaultSqlSession#selectOne
    if (list.size() == 1) {
        return list.get(0);
    } else if (list.size() > 1) {
        throw new TooManyResultsException("Expected one result (or null) to be returned
            by selectOne(), but found: " + list.size());
    } else {
        return null;
    }
}

/**
 * 根据 Wrapper 条件判断是否存在记录
 *
 * @param queryWrapper 实体对象封装操作类
 * @return 是否存在记录
 */
default boolean exists(Wrapper<T> queryWrapper) {
    Long count = this.selectCount(queryWrapper);
    return null != count && count > 0;
}

/**
 * 根据 Wrapper 条件查询总记录数
 *
 * @param queryWrapper 实体对象封装操作类（可以为 null）
 */
Long selectCount(@Param(Constants.WRAPPER) Wrapper<T> queryWrapper);

/**
 * 根据 entity 条件查询全部记录
 *
 * @param queryWrapper 实体对象封装操作类（可以为 null）
 */
List<T> selectList(@Param(Constants.WRAPPER) Wrapper<T> queryWrapper);

/**
 * 根据 Wrapper 条件查询全部记录
 *
 * @param queryWrapper 实体对象封装操作类（可以为 null）
 */
List<Map<String, Object>> selectMaps(@Param(Constants.WRAPPER) Wrapper<T> queryWrapper);

/**
 * 根据 Wrapper 条件查询全部记录
 * <p> 注意：只返回第一个字段的值 </p>
 *
 * @param queryWrapper 实体对象封装操作类（可以为 null）
 */
List<Object> selectObjs(@Param(Constants.WRAPPER) Wrapper<T> queryWrapper);
```

```
    /**
     * 根据 entity 条件查询全部记录（并翻页）
     *
     * @param page         分页查询条件（可以为 RowBounds.DEFAULT）
     * @param queryWrapper 实体对象封装操作类（可以为 null）
     */
    <P extends IPage<T>> P selectPage(P page, @Param(Constants.WRAPPER) Wrapper<T> queryWrapper);

    /**
     * 根据 Wrapper 条件查询全部记录（并翻页）
     *
     * @param page         分页查询条件
     * @param queryWrapper 实体对象封装操作类
     */
    <P extends IPage<Map<String, Object>>> P selectMapsPage(P page, @Param(Constants.WRAPPER)
        Wrapper<T> queryWrapper);
}
```

接下来，我们按照增删改查操作分门别类地介绍 BaseMapper 的常用方法。这些由 MyBatis-Plus 提供的方法可以满足我们开发中大部分场景的需求。

10.3.1 查询操作

本节介绍 BaseMapper 与查询相关的常用方法。

1. selectById()

该方法用于依据主键 id 查询单条数据。例如，查询 id 为 1 的用户，MyBatisMpApplicationTests 中的相关测试代码如下：

```
@Test
public void testSelectById(){
    // 查询 id 为 1 的用户
    User user = userMapper.selectById(1);
    System.out.println(user);
}
```

测试执行流程以及查询结果如下：

```
==>  Preparing: SELECT id,name,age,email FROM user WHERE id=?
==> Parameters: 1(Integer)
<==    Columns: id, name, age, email
<==        Row: 1, dodo, 18, batj1@ptpress.com
<==      Total: 1
```

从以上执行过程可以明显看出，MyBatis-Plus 将传递过来的 id 组拼到 SQL 中并执行查询。

2. selectBatchIds()

该方法用于依据主键进行批量查询。例如，批量查询id为1、2、3的用户，MyBatisMpApplicationTests 中的相关测试代码如下：

```
@Test
public void testSelectBatchIds(){
    ArrayList<Long> idList = new ArrayList<>();
    // 添加第一个用户 id
    idList.add(1L);
    // 添加第二个用户 id
    idList.add(2L);
    // 添加第三个用户 id
    idList.add(3L);
    // 批量查询
    List<User> userList = userMapper.selectBatchIds(idList);
    // 遍历打印查询结果
    for (User user:userList) {
        System.out.println(user);
    }
}
```

测试执行流程以及查询结果如下：

```
==>  Preparing: SELECT id,name,age,email FROM user WHERE id IN ( ? , ? , ? )
==> Parameters: 1(Long), 2(Long), 3(Long)
<==    Columns: id, name, age, email
<==        Row: 1, dodo, 18, batj1@ptpress.com
<==        Row: 2, jack, 20, batj2@ptpress.com
<==        Row: 3, tome, 28, batj3@ptpress.com
<==      Total: 3
Closing non transactional SqlSession [org.apache.ibatis.session.defaults.
    DefaultSqlSession@df921b1]
User{id=1, name='dodo', age=18, email='batj1@ptpress.com'}
User{id=2, name='jack', age=20, email='batj2@ptpress.com'}
User{id=3, name='tome', age=28, email='batj3@ptpress.com'}
```

从以上执行过程可以看出，MyBatis-Plus 将保存在列表中的用户 id 组拼到 SQL 中并执行 in 批量查询。

3. selectByMap()

该方法用于依据封装在 HashMap 中的条件进行查询操作。例如，查询名字叫 tome 并且年龄为 28 的用户。MyBatisMpApplicationTests 中的相关测试代码如下：

```
@Test
public void testSelectByMap(){
    HashMap<String,Object> hashMap = new HashMap<>();
    // 添加查询条件，即 name 的值为 tome
    hashMap.put("name","tome");
```

```
    // 添加查询条件，即 age 的值为 28
    hashMap.put("age",28);
    // 依据条件查询
    List<User> userList = userMapper.selectByMap(hashMap);
    // 遍历打印查询结果
    for (User user:userList) {
        System.out.println(user);
    }
}
```

测试执行流程以及查询结果如下：

```
==>  Preparing: SELECT id,name,age,email FROM user WHERE name = ? AND age = ?
==> Parameters: tome(String), 28(Integer)
<==    Columns: id, name, age, email
<==        Row: 3, tome, 28, batj3@ptpress.com
<==      Total: 1
Closing non transactional SqlSession [org.apache.ibatis.session.defaults.
    DefaultSqlSession@df921b1]
User{id=3, name='tome', age=28, email='batj3@ptpress.com'}
```

从以上执行过程可以看出，MyBatis-Plus 取出保存在 Map 中的查询条件并将其组拼到 SQL 中，然后执行查询。

4. selectList()

该方法用于依据字段条件进行查询。假若查询条件为空，则表示查询所有数据。例如，查询所有用户。MyBatisMpApplicationTests 中的相关测试代码如下：

```
@Test
public void testSelectList(){
    // 查询所有用户
    List<User> userList = userMapper.selectList(null);
    // 遍历打印查询结果
    for (User user:userList) {
        System.out.println(user);
    }
}
```

测试执行流程以及查询结果如下：

```
==>  Preparing: SELECT id,name,age,email FROM user
==> Parameters:
<==    Columns: id, name, age, email
<==        Row: 1, dodo, 18, batj1@ptpress.com
<==        Row: 2, jack, 20, batj2@ptpress.com
<==        Row: 3, tome, 28, batj3@ptpress.com
<==        Row: 4, lucy, 21, batj4@ptpress.com
<==        Row: 5, tata, 24, batj5@ptpress.com
<==      Total: 5
```

```
Closing non transactional SqlSession [org.apache.ibatis.session.defaults.
    DefaultSqlSession@7d32e714]
User{id=1, name='dodo', age=18, email='batj1@ptpress.com'}
User{id=2, name='jack', age=20, email='batj2@ptpress.com'}
User{id=3, name='tome', age=28, email='batj3@ptpress.com'}
User{id=4, name='lucy', age=21, email='batj4@ptpress.com'}
User{id=5, name='tata', age=24, email='batj5@ptpress.com'}
```

从以上执行过程可以看出 MyBatis-Plus 查询了所有用户。

10.3.2 更新操作

本节介绍 BaseMapper 与更新相关的常用方法。

updateById() 方法用于依据主键修改记录。例如，将 id 为 1 的用户的名字设置为 gugu，年龄设置为 30。MyBatisMpApplicationTests 中的相关测试代码如下：

```
@Test
public void testUpdateById(){
    // 创建 user 对象
    User user = new User();
    // 设置 user 对象的 id 属性
    user.setId(1L);
    // 设置 user 对象的 name 属性
    user.setName("gugu");
    // 设置 user 对象的 age 属性
    user.setAge(30);
    // 执行更新
    int result = userMapper.updateById(user);
    // 打印更新结果
    if(result>0){
        System.out.println(" 更新成功 ");
    }else {
        System.out.println(" 更新失败 ");
    }
}
```

测试执行流程以及更新结果如下：

```
==>  Preparing: UPDATE user SET name=?, age=? WHERE id=?
==> Parameters: gugu(String), 30(Integer), 1(Long)
<==    Updates: 1
Closing non transactional SqlSession [org.apache.ibatis.session.defaults.
    DefaultSqlSession@df921b1]
更新成功
```

执行以上操作后，用户表 user 中的数据如图 10-6 所示。

```
+----+------+-----+-------------------+
| id | name | age | email             |
+----+------+-----+-------------------+
| 1  | gugu | 30  | batj1@ptpress.com |
| 2  | jack | 20  | batj2@ptpress.com |
| 3  | tome | 28  | batj3@ptpress.com |
| 4  | lucy | 21  | batj4@ptpress.com |
| 5  | tata | 24  | batj5@ptpress.com |
+----+------+-----+-------------------+
```

图 10-6　用户表 user 中的数据

10.3.3　插入操作

本节介绍 BaseMapper 与插入相关的常用方法。

insert() 方法用于插入数据。例如，向 user 表插入一个新用户。MyBatisMpApplication-Tests 中的相关测试代码如下：

```
@Test
public void testInsert1(){
    // 创建 user 对象
    User user = new User();
    // 设置 user 对象的 id 属性
    user.setId(6L);
    // 设置 user 对象的 name 属性
    user.setName("tutu");
    // 设置 user 对象的 age 属性
    user.setAge(17);
    // 设置 user 对象的 email 属性
    user.setEmail("batj6@ptpress.com");
    // 执行插入
    int result = userMapper.insert(user);
    // 打印插入结果
    if(result>0){
        System.out.println(" 插入成功 ");
    }else {
        System.out.println(" 插入失败 ");
    }
}
```

测试执行流程以及插入结果如下：

```
==>  Preparing: INSERT INTO user ( id, name, age, email ) VALUES ( ?, ?, ?, ? )
==> Parameters: 6(Long), tutu(String), 17(Integer), batj6@ptpress.com(String)
<==      Updates: 1
Closing non transactional SqlSession [org.apache.ibatis.session.defaults.
    DefaultSqlSession@47ac613b]
插入成功
```

执行以上操作后，用户表中的数据如图 10-7 所示。

id	name	age	email
1	gugu	30	batj1@ptpress.com
2	jack	20	batj2@ptpress.com
3	tome	28	batj3@ptpress.com
4	lucy	21	batj4@ptpress.com
5	tata	24	batj5@ptpress.com
6	tutu	17	batj6@ptpress.com

图 10-7　用户表中的数据

从图 10-7 中我们可以看到，新增用户的 id 为 6。当插入数据不指定主键 id 时，MyBatis-Plus 将依据雪花算法生成 id。MyBatisMpApplicationTests 中的相关测试代码如下：

```
@Test
public void testInsert2(){
    // 创建 user 对象
    User user = new User();
    // 设置 user 对象的 name 属性
    user.setName("dodo");
    // 设置 user 对象的 age 属性
    user.setAge(24);
    // 设置 user 对象的 email 属性
    user.setEmail("batj7@ptpress.com");
    // 执行插入
    int result = userMapper.insert(user);
    // 打印插入结果
    if(result>0){
        System.out.println(" 插入成功 ");
    }else {
        System.out.println(" 插入失败 ");
    }
    // 获取 MyBatis-Plus 自动生成的雪花 id
    System.out.println(" 新增用户 id="+user.getId());
}
```

测试执行流程以及插入结果如下：

```
==>  Preparing: INSERT INTO user ( id, name, age, email ) VALUES ( ?, ?, ?, ? )
==> Parameters: 1618850295503151105(Long), dodo(String), 24(Integer), batj7@ptpress.com(String)
<==    Updates: 1
Closing non transactional SqlSession [org.apache.ibatis.session.defaults.
    DefaultSqlSession@619f2afc]
插入成功
新增用户 id=1618850295503151105
```

执行以上操作后，用户表中的数据如图 10-8 所示。

```
+----------------------+--------+-----+-------------------+
| id                   | name   | age | email             |
+----------------------+--------+-----+-------------------+
|                    1 | gugu   |  30 | batj1@ptpress.com |
|                    2 | jack   |  20 | batj2@ptpress.com |
|                    3 | tome   |  28 | batj3@ptpress.com |
|                    4 | lucy   |  21 | batj4@ptpress.com |
|                    5 | tata   |  24 | batj5@ptpress.com |
|                    6 | tutu   |  17 | batj6@ptpress.com |
| 1618850295503151105  | dodo   |  24 | batj7@ptpress.com |
+----------------------+--------+-----+-------------------+
```

图 10-8　用户表中的数据

从图 10-8 中我们可以看到，新增用户的 id 由 MyBatis-Plus 依据雪花算法生成，其值为 1618850295503151105。

10.3.4　删除操作

本节介绍 BaseMapper 与删除相关的常用方法。

1. deleteById()

该方法用于依据 id 删除数据。例如，删除 id 为 6 的用户。MyBatisMpApplicationTests 中的相关测试代码如下：

```
@Test
public void testDeleteById(){
    // 用户 id
    Long id = 6L;
    // 删除用户
    int result = userMapper.deleteById(id);
    // 打印删除结果
    if(result>0){
        System.out.println(" 删除成功 ");
    }else {
        System.out.println(" 删除失败 ");
    }
}
```

测试执行流程以及删除结果如下：

```
==>  Preparing: DELETE FROM user WHERE id=?
==> Parameters: 6(Long)
<==    Updates: 1
Closing non transactional SqlSession [org.apache.ibatis.session.defaults.
    DefaultSqlSession@619f2afc]
删除成功
```

执行以上操作后，用户表中的数据如图 10-9 所示。

id	name	age	email
1	gugu	30	batj1@ptpress.com
2	jack	20	batj2@ptpress.com
3	tome	28	batj3@ptpress.com
4	lucy	21	batj4@ptpress.com
5	tata	24	batj5@ptpress.com
1618850295503151105	dodo	24	batj7@ptpress.com

图 10-9　用户表中的数据

2. deleteByMap()

该方法用于依据封装在 HashMap 中的条件进行删除操作。例如，删除名字叫 tome 并且年龄为 28 的用户。MyBatisMpApplicationTests 中的相关测试代码如下：

```
@Test
public void testDeleteByMap(){
    // 创建 HashMap 类型的对象
    HashMap<String,Object> hashMap = new HashMap<>();
    // 添加删除条件，即 name 的值为 tome
    hashMap.put("name","tome");
    // 添加删除条件，即 age 的值为 28
    hashMap.put("age",28);
    // 执行删除
    int result = userMapper.deleteByMap(hashMap);
    // 打印删除结果
    if(result>0){
        System.out.println(" 删除成功 ");
    }else {
        System.out.println(" 删除失败 ");
    }
}
```

测试执行流程以及删除结果如下：

```
==>  Preparing: DELETE FROM user WHERE name = ? AND age = ?
==> Parameters: tome(String), 28(Integer)
<==    Updates: 1
Closing non transactional SqlSession [org.apache.ibatis.session.defaults.
    DefaultSqlSession@df921b1]
删除成功
```

执行以上操作后，用户表中的数据如图 10-10 所示。

id	name	age	email
1	gugu	30	batj1@ptpress.com
2	jack	20	batj2@ptpress.com
4	lucy	21	batj4@ptpress.com
5	tata	24	batj5@ptpress.com
1618850295503151105	dodo	24	batj7@ptpress.com

图 10-10 用户表中的数据

3. deleteBatchIds()

该方法用于依据主键进行批量删除。例如，批量删除 id 为 1 和 2 的用户。MyBatisMpApplicationTests 中的相关测试代码如下：

```
@Test
public void testDeleteBatchIds(){
    // 创建 ArrayList 保存用户 id
    ArrayList<Long> idList = new ArrayList<>();
    // 添加用户 id
    idList.add(1L);
    // 添加用户 id
    idList.add(2L);
    // 执行批量删除
    int result = userMapper.deleteBatchIds(idList);
    // 打印删除结果
    if(result>0){
        System.out.println("批量删除成功");
    }else {
        System.out.println("批量删除失败");
    }
}
```

测试执行流程以及删除结果如下：

```
==>  Preparing: DELETE FROM user WHERE id IN ( ? , ? )
==> Parameters: 1(Long), 2(Long)
<==    Updates: 2
Closing non transactional SqlSession [org.apache.ibatis.session.defaults.
    DefaultSqlSession@df921b1]
批量删除成功
```

执行以上操作后，用户表中的数据如图 10-11 所示。

id	name	age	email
4	lucy	21	batj4@ptpress.com
5	tata	24	batj5@ptpress.com
1618850295503151105	dodo	24	batj7@ptpress.com

图 10-11 用户表中的数据

10.4　条件构造器详解

BaseMapper 已经提供了简单的 CRUD 操作，对于复杂的 CRUD，可采用条件构造器 Wrapper 定义 SQL 语句中的条件。其中，常用 QueryWrapper 组装查询条件、删除条件、排序条件和 select 子句，常用 UpdateWrapper 组拼更新条件。

接下来，我们详细介绍条件构造器的常用条件及其函数。

10.4.1　比较

常用的比较条件有 eq、ne、gt、ge、lt 和 le 等，下面分别进行介绍。

- eq(R column, Object val) 表示等于，它等价于 =。例如，eq("name", "老王") 等价于 name = '老王'。
- ne(R column, Object val) 表示不等于，它等价于 <>。例如，ne("name", "老王") 等价于 name <> '老王'。
- gt(R column, Object val) 表示大于，它等价于 >。例如，gt("age", 19) 等价于 age>19。
- ge(R column, Object val) 表示大于等于，它等价于 >=。例如，ge("age", 19) 等价于 age >=19。
- lt(R column, Object val) 表示小于，它等价于 <。例如，lt("age", 19) 等价于 age<19。
- le(R column, Object val) 表示小于等于，它等价于 <=。例如，le("age", 19) 等价于 age<=19。

10.4.2　范围

常用的范围条件有 between、notBetween、in、notIn、inSql 和 notInSql 等，下面分别进行介绍。

- between(R column, Object val1, Object val2) 表示介于某个区间，它等价于 between a and b。例如，between("age", 18, 30) 等价于 age between 18 and 30。
- notBetween(R column, Object val1, Object val2) 表示不介于某个区间，它等价于 not between a and b。例如，notBetween("age", 18, 30) 等价于 age not between 18 and 30。
- in(R column, Object... values) 表示在某个范围中，它等价于 in (v0, v1, ...)。例如，in("age",{1,2,3}) 等价于 age in (1,2,3)。

- notIn(R column, Object... values) 表示不在某个范围中，它等价于 not in (v0, v1, ...)。例如，notIn("age",{1,2,3}) 等价于 age not in (1,2,3)。
- inSql(R column, Object... values) 表示在某个子查询结果的范围中，它等价于 in(sql 语句)。例如，inSql("id", "select id from table where id < 6") 等价于 id in (select id from table where id < 6)。
- notInSql(R column, Object... values) 表示不在某个子查询结果的范围中，它等价于 not in(sql 语句)。例如，notInSql("id", "select id from table where id < 6") 等价于 id not in (select id from table where id < 6)。

10.4.3 模糊匹配

常用的模糊匹配条件有 like、notLike、likeLeft 和 likeRight 等，下面分别进行介绍。

- like(R column, Object val) 表示模糊查询，它等价于 like '%值%'。例如，like("name", "王") 等价 name like '%王%'。
- notLike(R column, Object val) 表示模糊查询，它等价于 not like '%值%'。例如，notLike("name", "王") 等价于 name not like '%王%'。
- likeLeft(R column, Object val) 表示模糊查询，它等价于 like '%值'。例如，likeLeft("name", "王") 等价于 name like '%王'。
- likeRight(R column, Object val) 表示模糊查询，它等价于 like '值%'。例如，likeRight("name", "王") 等价于 name like '王%'。

10.4.4 空值判断

常用的空值判断条件有 isNull 和 isNotNull 等，下面分别进行介绍。

- isNull(R column) 表示空值判断，它等价于 is null。例如，isNull("name") 等价于 name is null。
- isNotNull(R column) 表示非空判断，它等价于 is not null。例如，isNotNull("name") 等价于 name is not null。

10.4.5 分组与排序

常用的分组与排序条件有 groupBy、orderByAsc、orderByDesc、orderBy、having 等，下面分别进行介绍。

- groupBy(R... columns) 表示分组，它等价于 group by。例如，groupBy("id", "name") 等价于 group by id,name。

- orderByAsc(R... columns) 表示分组并升序排列，它等价于 order by 和 ASC 的联合使用。例如，orderByAsc("id", "name") 等价于 order by id ASC,name ASC。
- orderByDesc(R... columns) 表示分组并降序排列，它等价于 order by 和 DESC 的联合使用。例如，orderByDesc("id", "name") 等价于 order by id DESC,name DESC。
- having(String sqlHaving, Object... params) 表示分组后过滤，它等价于 having (sql 语句)。例如，having("sum(age) > 20") 等价于 having sum(age) > 20。

10.4.6 拼接与嵌套

常用的拼接与嵌套条件有 or、and、nested 和 exists 等，下面分别进行介绍。

- or() 表示或，它等价于 a or b。例如，eq("id",1).or().eq("name","老王") 等价于 id = 1 or name = '老王'。
- or(Consumer<Param> consumer) 表示或的嵌套，它等价于 or(a or/and b)。例如，or(i -> i.eq("name", "李白").ne("status", "已故")) 等价于 or (name = '李白' and status <> '已故')。
- and(Consumer<Param> consumer) 表示与的嵌套，它等价于 and(a or/and b)。例如，and(i -> i.eq("name", "李白").ne("status", "已故")) 等价于 and (name = '李白' and status <> '已故')。
- nested(Consumer<Param> consumer) 表示不带与和或的普通嵌套，它等价于 (a or/and b)。例如，nested(i -> i.eq("name", "李白").ne("status", "已故")) 等价于 (name = '李白' and status <> '已故')。
- exists(String existsSql) 表示 SQL 拼接，它等价于拼接 exists 语句。例如，exists ("select id from table where age = 1") 等价于 exists (select id from table where age = 1)。
- notExists(String notExistsSql) 表示 SQL 拼接，它等价于拼接 not exists 语句。例如，notExists("select id from table where age = 1") 等价于 not exists (select id from table where age = 1)。

在使用拼接与嵌套条件时请注意，主动调用 or 表示紧接着下一个方法不是用 and 连接，否则，使用默认的 and 连接。

10.4.7 条件组拼判断

在项目开发的过程中，SQL 条件组拼是非常常用的功能。我们需要根据用户的输入是否为空判断是否将某些条件拼接至 SQL。为此，我们可使用 MyBatis-Plus 提供的 StringUtils 类中的

isNotBlank() 方法进行非空判断。除此以外，为了提高开发效率，我们可以使用带 condition 参数的重载方法构建查询条件，简化代码的编写。

10.5　条件构造器案例

学完条件构造器中常见的条件以后，我们以最常用的 QueryWrapper、UpdateWrapper、LambdaQueryWrapper 和 LambdaUpdateWrapper 为例，详细介绍条件构造器的具体用法及注意事项。

10.5.1　案例开发准备

在具体操作前，请准备本案例所需的数据库与表及其数据。此处，依然采用之前的用户表 user。为了便于观察实验效果，我们将数据还原至最初的状态。相关代码如下：

```
-- 切换数据库
use mybatisplusdb;

-- 删除 user 表中的数据
DELETE FROM user;

-- 向用户表 user 中插入数据
INSERT INTO user (id, name, age, email) VALUES
(1, 'dodo', 18, 'batj1@ptpress.com'),
(2, 'jack', 20, 'batj2@ptpress.com'),
(3, 'tome', 28, 'batj3@ptpress.com'),
(4, 'lucy', 21, 'batj4@ptpress.com'),
(5, 'tata', 24, 'batj5@ptpress.com');
```

10.5.2　QueryWrapper 示例

示例 1：请查询名字中含有“ac”并且年龄小于 30 的用户。

在此示例中使用 like 和 lt 设置查询条件，两者是与的关系。MyBatisMpApplicationTests 中的相关测试代码如下：

```
@Test
public void testQueryWrapper1(){
    // 创建 queryWrapper，指定其泛型为 User
    QueryWrapper<User> queryWrapper = new QueryWrapper<>();
    // 设置查询条件
    queryWrapper.like("name","ac").lt("age",30);
    // 执行查询
    List<User> userList = userMapper.selectList(queryWrapper);
    // 遍历打印查询结果
    for (User user:userList) {
        System.out.println(user);
```

```
    }
}
```

测试执行流程以及查询结果如下：

```
==>  Preparing: SELECT id,name,age,email FROM user WHERE (name LIKE ? AND age < ?)
==> Parameters: %ac%(String), 30(Integer)
<==    Columns: id, name, age, email
<==        Row: 2, jack, 20, batj2@ptpress.com
<==      Total: 1
Closing non transactional SqlSession [org.apache.ibatis.session.defaults.
    DefaultSqlSession@361abd01]
User{id=2, name='jack', age=20, email='batj2@ptpress.com'}
```

示例 2：请查询名字中含有“a”并且年龄介于 20 和 30 之间，而且邮箱不为空的用户。

在此示例中，使用 like、between 和 isNotNull 设置查询条件，三者是与的关系。MyBatis-MpApplicationTests 中的相关测试代码如下：

```
@Test
public void testQueryWrapper2(){
    // 创建 QueryWrapper，指定其泛型为 User
    QueryWrapper<User> queryWrapper = new QueryWrapper<>();
    // 设置查询条件
    queryWrapper.like("name","c").between("age",20,30).isNotNull("email");
    // 执行查询
    List<User> userList = userMapper.selectList(queryWrapper);
    // 遍历打印查询结果
    for (User user:userList) {
        System.out.println(user);
    }
}
```

测试执行流程以及查询结果如下：

```
==>  Preparing: SELECT id,name,age,email FROM user WHERE (name LIKE ? AND age BETWEEN ?
    AND ? AND email IS NOT NULL)
==> Parameters: %c%(String), 20(Integer), 30(Integer)
<==    Columns: id, name, age, email
<==        Row: 2, jack, 20, batj2@ptpress.com
<==        Row: 4, lucy, 21, batj4@ptpress.com
<==      Total: 2
Closing non transactional SqlSession [org.apache.ibatis.session.defaults.
    DefaultSqlSession@59bbb974]
User{id=2, name='jack', age=20, email='batj2@ptpress.com'}
User{id=4, name='lucy', age=21, email='batj4@ptpress.com'}
```

示例 3：请查询 id 在 1、2、3 范围内的用户。

在此示例中，使用 in 设置查询条件进行批量查询。MyBatisMpApplicationTests 中的相关测试代码如下：

```
@Test
public void testQueryWrapper3(){
    // 创建ArrayList保存用户id
    ArrayList<Long> idList = new ArrayList<>();
    // 添加用户id
    idList.add(1L);
    // 添加用户id
    idList.add(2L);
    // 添加用户id
    idList.add(3L);
    // 创建QueryWrapper，指定其泛型为User
    QueryWrapper<User> queryWrapper = new QueryWrapper<>();
    // 设置查询条件
    queryWrapper.in("id",idList);
    // 执行查询
    List<User> userList = userMapper.selectList(queryWrapper);
    // 遍历打印查询结果
    for (User user:userList) {
        System.out.println(user);
    }
}
```

测试执行流程以及查询结果如下：

```
==>  Preparing: SELECT id,name,age,email FROM user WHERE (id IN (?,?,?))
==> Parameters: 1(Long), 2(Long), 3(Long)
<==    Columns: id, name, age, email
<==        Row: 1, dodo, 18, batj1@ptpress.com
<==        Row: 2, jack, 20, batj2@ptpress.com
<==        Row: 3, tome, 28, batj3@ptpress.com
<==      Total: 3
Closing non transactional SqlSession [org.apache.ibatis.session.defaults.
    DefaultSqlSession@17410c07]
User{id=1, name='dodo', age=18, email='batj1@ptpress.com'}
User{id=2, name='jack', age=20, email='batj2@ptpress.com'}
User{id=3, name='tome', age=28, email='batj3@ptpress.com'}
```

示例4：请查询所有用户并按照age降序排列，在age相同的情况下再按照id升序排列。

在此示例中使用orderByDesc和orderByAsc进行排序。MyBatisMpApplicationTests中的相关测试代码如下：

```
@Test
public void testQueryWrapper4(){
    // 创建QueryWrapper，指定其泛型为User
    QueryWrapper<User> queryWrapper = new QueryWrapper<>();
    // 设置查询条件并排序
    queryWrapper.orderByDesc("age").orderByAsc("id");
    // 执行查询
    List<User> userList = userMapper.selectList(queryWrapper);
    // 打印查询结果
```

```
    for (User user:userList) {
        System.out.println(user);
    }
}
```

测试执行流程以及查询结果如下：

```
==>  Preparing: SELECT id,name,age,email FROM user ORDER BY age DESC,id ASC
==> Parameters: 
<==    Columns: id, name, age, email
<==        Row: 3, tome, 28, batj3@ptpress.com
<==        Row: 5, tata, 24, batj5@ptpress.com
<==        Row: 4, lucy, 21, batj4@ptpress.com
<==        Row: 2, jack, 20, batj2@ptpress.com
<==        Row: 1, dodo, 18, batj1@ptpress.com
<==      Total: 5
Closing non transactional SqlSession [org.apache.ibatis.session.defaults.
    DefaultSqlSession@64f981e2]
User{id=3, name='tome', age=28, email='batj3@ptpress.com'}
User{id=5, name='tata', age=24, email='batj5@ptpress.com'}
User{id=4, name='lucy', age=21, email='batj4@ptpress.com'}
User{id=2, name='jack', age=20, email='batj2@ptpress.com'}
User{id=1, name='dodo', age=18, email='batj1@ptpress.com'}
```

示例 5：请查询年龄大于 20 且名字中含有“a”的用户，或者查询 id 小于 3 的用户。

在此示例中使用gt、like和lt设置查询条件，使用or拼接或条件。MyBatisMpApplicationTests 中的相关测试代码如下：

```
@Test
public void testQueryWrapper5(){
    // 创建 QueryWrapper，指定其泛型为 User
    QueryWrapper<User> queryWrapper = new QueryWrapper<>();
    // 设置查询条件
    queryWrapper.gt("age",20).like("name","a").or().lt("id",3);
    // 执行查询
    List<User> userList = userMapper.selectList(queryWrapper);
    // 打印查询结果
    for (User user:userList) {
        System.out.println(user);
    }
}
```

测试执行流程以及查询结果如下：

```
==>  Preparing: SELECT id,name,age,email FROM user WHERE (age > ? AND name LIKE ? OR id < ?)
==> Parameters: 20(Integer), %a%(String), 3(Integer)
<==    Columns: id, name, age, email
<==        Row: 1, dodo, 18, batj1@ptpress.com
<==        Row: 2, jack, 20, batj2@ptpress.com
<==        Row: 5, tata, 24, batj5@ptpress.com
```

```
<==      Total: 3
Closing non transactional SqlSession [org.apache.ibatis.session.defaults.
    DefaultSqlSession@575b5f7d]
User{id=1, name='dodo', age=18, email='batj1@ptpress.com'}
User{id=2, name='jack', age=20, email='batj2@ptpress.com'}
User{id=5, name='tata', age=24, email='batj5@ptpress.com'}
```

示例 6：请查询所有用户的名字、年龄和邮箱。

在此示例中使用 QueryWrapper 的 selectList() 方法设置待查询的列。MyBatisMpApplicationTests 中的相关测试代码如下：

```
@Test
public void testQueryWrapper6(){
    // 创建 QueryWrapper，指定其泛型为 User
    QueryWrapper<User> queryWrapper = new QueryWrapper<>();
    // 列名数组
    String[] columnNames = {"name", "age", "email"};
    // 为 QueryWrapper 设置待查询的列名
    queryWrapper.select(columnNames);
    // 执行查询
    List<User> userList = userMapper.selectList(queryWrapper);
    // 打印查询结果
    for (User user:userList) {
        System.out.println(user);
    }
}
```

测试执行流程以及查询结果如下：

```
==>  Preparing: SELECT name,age,email FROM user
==> Parameters:
<==    Columns: name, age, email
<==        Row: dodo, 18, batj1@ptpress.com
<==        Row: jack, 20, batj2@ptpress.com
<==        Row: tome, 28, batj3@ptpress.com
<==        Row: lucy, 21, batj4@ptpress.com
<==        Row: tata, 24, batj5@ptpress.com
<==      Total: 5
Closing non transactional SqlSession [org.apache.ibatis.session.defaults.
    DefaultSqlSession@7d32e714]
User{id=null, name='dodo', age=18, email='batj1@ptpress.com'}
User{id=null, name='jack', age=20, email='batj2@ptpress.com'}
User{id=null, name='tome', age=28, email='batj3@ptpress.com'}
User{id=null, name='lucy', age=21, email='batj4@ptpress.com'}
User{id=null, name='tata', age=24, email='batj5@ptpress.com'}
```

从上述结果中可以看到，因为没有查询 id 列，所以每个 User 对象的 id 属性值均为 null。

类似地，我们还可以利用 userMapper 的 selectMaps() 方法查询指定列，实现与 selectList() 方法相同的功能。代码如下：

```
@Test
public void testQueryWrapper7(){
    // 创建 QueryWrapper，指定其泛型为 User
    QueryWrapper<User> queryWrapper = new QueryWrapper<>();
    // 列名数组
    String[] columnNames = {"name", "age", "email"};
    // 为 QueryWrapper 设置待查询的列名
    queryWrapper.select(columnNames);
    // 执行查询
    List<Map<String, Object>> list = userMapper.selectMaps(queryWrapper);
    // 处理查询结果
    for(Map<String, Object> map:list){
        // 获取 map 的 entrySet
        Set<Map.Entry<String, Object>> entrySet = map.entrySet();
        // 获取 entrySet 的迭代器
        Iterator<Map.Entry<String, Object>> iterator = entrySet.iterator();
        // 迭代变量
        while(iterator.hasNext()){
            // 获取 entry
            Map.Entry<String, Object> entry = iterator.next();
            // 从 entry 中获取键
            String key = entry.getKey();
            // 从 entry 中获取值
            Object value = entry.getValue();
            // 打印键与值
            System.out.println(key+"="+value);
        }
    }
}
```

测试执行流程以及查询结果如下：

```
==>  Preparing: SELECT name,age,email FROM user
==> Parameters:
<==    Columns: name, age, email
<==        Row: dodo, 18, batj1@ptpress.com
<==        Row: jack, 20, batj2@ptpress.com
<==        Row: tome, 28, batj3@ptpress.com
<==        Row: lucy, 21, batj4@ptpress.com
<==        Row: tata, 24, batj5@ptpress.com
<==      Total: 5
Closing non transactional SqlSession [org.apache.ibatis.session.defaults.
    DefaultSqlSession@7523a3dc]
name=dodo
age=18
email=batj1@ptpress.com
name=jack
age=20
email=batj2@ptpress.com
name=tome
age=28
email=batj3@ptpress.com
```

```
name=lucy
age=21
email=batj4@ptpress.com
name=tata
age=24
email=batj5@ptpress.com
```

示例 7：请利用子查询与批量查询查询 id 小于等于 3 的用户。

在此示例中使用 inSql 设置批量查询条件。MyBatisMpApplicationTests 中的相关测试代码如下：

```
@Test
public void testQueryWrapper8(){
    // 创建 QueryWrapper，指定其泛型为 User
    QueryWrapper<User> queryWrapper = new QueryWrapper<>();
    // SQL 语句
    String sql = "select id from user where id <= 3";
    // 拼接 SQL 子句
    queryWrapper.inSql("id",sql);
    // 执行查询
    List<User> userList = userMapper.selectList(queryWrapper);
    // 打印查询结果
    for (User user:userList) {
        System.out.println(user);
    }
}
```

测试执行流程以及查询结果如下：

```
==>  Preparing: SELECT id,name,age,email FROM user WHERE (id IN (select id from user where
    id <= 3))
==> Parameters:
<==    Columns: id, name, age, email
<==        Row: 1, dodo, 18, batj1@ptpress.com
<==        Row: 2, jack, 20, batj2@ptpress.com
<==        Row: 3, tome, 28, batj3@ptpress.com
<==      Total: 3
Closing non transactional SqlSession [org.apache.ibatis.session.defaults.
    DefaultSqlSession@ae73c80]
User{id=1, name='dodo', age=18, email='batj1@ptpress.com'}
User{id=2, name='jack', age=20, email='batj2@ptpress.com'}
User{id=3, name='tome', age=28, email='batj3@ptpress.com'}
```

示例 8：请查询名字中含有某个字符并且年龄位于某个区间的用户。

为了避免查询失败，我们应当对查询条件进行严格的非空判断。当查询条件不为空时，将其组拼至 SQL 语句。反之，当查询条件为空时，则不采用该条件，将其摒弃即可。

在此示例中使用 like、ge 和 le 设置批量查询条件时，均需进行非空判断。MyBatisMpApplicationTests 中的相关测试代码如下：

```
@Test
public void testQueryWrapper9(){
    // 创建 queryWrapper，指定其泛型为 User
    QueryWrapper<User> queryWrapper = new QueryWrapper<>();
    // 设置模糊查询条件
    String userName = "a";
    // 设置年龄的最小值
    Integer ageBegin = null;
    // 设置年龄的最大值
    Integer ageEnd = 30;
    // 拼接查询条件
    queryWrapper.like(StringUtils.isNotBlank(userName),"name",userName)
            .ge(ageBegin!=null,"age",ageBegin)
            .le(ageEnd!=null,"age",ageEnd);
    // 执行查询
    List<User> userList = userMapper.selectList(queryWrapper);
    // 打印查询结果
    for (User user:userList) {
        System.out.println(user);
    }
}
```

测试执行流程以及查询结果如下：

```
==>  Preparing: SELECT id,name,age,email FROM user WHERE (name LIKE ? AND age <= ?)
==> Parameters: %a%(String), 30(Integer)
<==    Columns: id, name, age, email
<==        Row: 2, jack, 20, batj2@ptpress.com
<==        Row: 5, tata, 24, batj5@ptpress.com
<==      Total: 2
Closing non transactional SqlSession [org.apache.ibatis.session.defaults.
    DefaultSqlSession@361abd01]
User{id=2, name='jack', age=20, email='batj2@ptpress.com'}
User{id=5, name='tata', age=24, email='batj5@ptpress.com'}
```

从最终执行的 SQL 语句中可以看出，由于年龄的最小值 ageBegin 为空，它没有作为查询条件参与 SQL 执行。

示例 9：请统计 id 在 1、2、3 范围内的用户的数量。

在此示例中使用 selectCount() 方法执行统计。MyBatisMpApplicationTests 中的相关测试代码如下：

```
@Test
public void testSelectCount(){
    // 创建 ArrayList 保存用户 id
    ArrayList<Long> idList = new ArrayList<>();
    // 添加用户 id
    idList.add(1L);
    // 添加用户 id
    idList.add(2L);
```

```
    // 添加用户 id
    idList.add(3L);
    // 创建 queryWrapper 指定其泛型为 User
    QueryWrapper<User> queryWrapper = new QueryWrapper<>();
    // 设置查询条件
    queryWrapper.in("id",idList);
    // 执行统计
   Long count = userMapper.selectCount(queryWrapper);
    // 打印统计结果
    System.out.println("数据总量: "+count);
}
```

测试执行流程以及查询结果如下：

```
==>  Preparing: SELECT COUNT( * ) FROM user WHERE (id IN (?,?,?))
==> Parameters: 1(Long), 2(Long), 3(Long)
<==    Columns: COUNT( * )
<==        Row: 3
<==      Total: 1
Closing non transactional SqlSession [org.apache.ibatis.session.defaults.
    DefaultSqlSession@17410c07]
数据总量: 3
```

10.5.3　UpdateWrapper 示例

示例 1：请将 id 为 1 的用户的名字修改为 lucy，年龄修改为 26。

在此示例中使用 eq 设置更新条件。MyBatisMpApplicationTests 中的相关测试代码如下：

```
@Test
public void testUpdateWrapper1(){
    // 创建 user 对象
    User user = new User();
    // 设置 user 对象的名字
    user.setName("lucy");
    // 创建 user 对象的年龄
    user.setAge(26);
    // 创建 updateWrapper，指定其泛型为 User
    UpdateWrapper<User> updateWrapper = new UpdateWrapper<>();
    // 设置更新条件
    updateWrapper.eq("id",1);
    // 执行更新
    int result = userMapper.update(user, updateWrapper);
    // 打印更新结果
    if(result>0){
        System.out.println("更新成功");
    }else {
        System.out.println("更新失败");
    }
}
```

测试执行流程以及更新结果如下：

```
==>  Preparing: UPDATE user SET name=?, age=? WHERE (id = ?)
==> Parameters: lucy(String), 26(Integer), 1(Integer)
<==    Updates: 1
Closing non transactional SqlSession [org.apache.ibatis.session.defaults.
    DefaultSqlSession@6ee99964]
更新成功
```

执行以上操作后，用户表 user 中的数据如图 10-12 所示。

id	name	age	email
1	lucy	26	batj1@ptpress.com
2	jack	20	batj2@ptpress.com
3	tome	28	batj3@ptpress.com
4	lucy	21	batj4@ptpress.com
5	tata	24	batj5@ptpress.com

图 10-12 用户表 user 中的数据

示例 2：请将 id 小于 3 的用户的年龄修改为 29。

在此示例中使用 updateWrapper 的 setSql() 方法拼接 set 语句。MyBatisMpApplication-Tests 中的相关测试代码如下：

```
@Test
public void testUpdateWrapper2(){
    // set 语句
    String sql = "age = 29 where id<3";
    // 创建 updateWrapper，指定其泛型为 User
    UpdateWrapper<User> updateWrapper = new UpdateWrapper<>();
    // 拼接 SQL
    updateWrapper.setSql(sql);
    // 执行更新
    int result = userMapper.update(null,updateWrapper);
    // 打印更新结果
    if(result>0){
        System.out.println(" 更新成功 ");
    }else {
        System.out.println(" 更新失败 ");
    }
}
```

测试执行流程以及更新结果如下：

```
==>  Preparing: UPDATE user SET age = 29 where id<3
==> Parameters: 
<==    Updates: 2
```

```
Closing non transactional SqlSession [org.apache.ibatis.session.defaults.
    DefaultSqlSession@62b790a5]
更新成功
```

执行以上操作后，用户表 user 中的数据如图 10-13 所示。

id	name	age	email
1	lucy	29	batj1@ptpress.com
2	jack	29	batj2@ptpress.com
3	tome	28	batj3@ptpress.com
4	lucy	21	batj4@ptpress.com
5	tata	24	batj5@ptpress.com

图 10-13 用户表 user 中的数据

10.5.4 LambdaQueryWrapper 示例

LambdaQueryWrapper 在执行查询的过程中使用了 Lambda 语法，其用法和作用与 QueryWrapper 非常类似。

示例：请查询名字中含有某个字符并且年龄位于某个区间的用户。

在此示例中使用 like、ge 和 le 设置批量查询条件时，均需进行非空判断。MyBatisMpApplicationTests 中的相关测试代码如下：

```
@Test
public void testLambdaQueryWrapper(){
    // 创建 lambdaQueryWrapper，指定其泛型为 User
    LambdaQueryWrapper<User> lambdaQueryWrapper = new LambdaQueryWrapper<>();
    // 设置模糊查询条件
    String userName = "a";
    // 设置年龄的最小值
    Integer ageBegin = null;
    // 设置年龄的最大值
    Integer ageEnd = 30;
    // 拼接查询条件
    lambdaQueryWrapper
            .like(StringUtils.isNotBlank(userName),User::getName,userName)
            .ge(ageBegin!=null,User::getAge,ageBegin)
            .le(ageEnd!=null,User::getAge,ageEnd);
    // 执行查询
    List<User> userList = userMapper.selectList(lambdaQueryWrapper);
    // 打印查询结果
    for (User user:userList) {
        System.out.println(user);
    }
}
```

测试执行流程以及查询结果如下：

```
==>  Preparing: SELECT id,name,age,email FROM user WHERE (name LIKE ? AND age <= ?)
==> Parameters: %a%(String), 30(Integer)
<==    Columns: id, name, age, email
<==        Row: 2, jack, 29, batj2@ptpress.com
<==        Row: 5, tata, 24, batj5@ptpress.com
<==      Total: 2
Closing non transactional SqlSession [org.apache.ibatis.session.defaults.
    DefaultSqlSession@1b2df3aa]
User{id=2, name='jack', age=29, email='batj2@ptpress.com'}
User{id=5, name='tata', age=24, email='batj5@ptpress.com'}
```

10.5.5　LambdaUpdateWrapper 示例

LambdaUpdateWrapper 在执行更新的过程中使用了 Lambda 语法，其用法和作用与 UpdateWrapper 非常类似。

示例：请将 id 为 1 的用户的名字修改为 dodo，年龄修改为 26。

在此示例中使用 eq 设置更新条件。MyBatisMpApplicationTests 中的相关测试代码如下：

```
@Test
public void testLambdaUpdateWrapper(){
    // 创建 user 对象
    User user = new User();
    // 设置 user 对象的名字
    user.setName("dodo");
    // 创建 user 对象的年龄
    user.setAge(26);
    // 创建 LambdaUpdateWrapper，指定其泛型为 User
    LambdaUpdateWrapper<User> lambdaUpdateWrapper = new LambdaUpdateWrapper<>();
    // 用户 id
    Long userID = 1L;
    // 设置更新条件
    lambdaUpdateWrapper.eq(User::getId,userID);
    // 执行更新
    int result = userMapper.update(user, lambdaUpdateWrapper);
    // 打印更新结果
    if(result>0){
        System.out.println(" 更新成功 ");
    }else {
        System.out.println(" 更新失败 ");
    }
}
```

测试执行流程以及更新结果如下：

```
==>  Preparing: UPDATE user SET name=?, age=? WHERE (id = ?)
==> Parameters: dodo(String), 26(Integer), 1(Long)
```

```
<==      Updates: 1
Closing non transactional SqlSession [org.apache.ibatis.session.defaults.
    DefaultSqlSession@64f981e2]
更新成功
```

执行以上操作后，用户表 user 中的数据如图 10-14 所示。

id	name	age	email
1	dodo	26	batj1@ptpress.com
2	jack	29	batj2@ptpress.com
3	tome	28	batj3@ptpress.com
4	lucy	21	batj4@ptpress.com
5	tata	24	batj5@ptpress.com

图 10-14　用户表 user 中的数据

10.6　MyBatis-Plus 自定义操作

虽然 MyBatis-Plus 的 BaseMapper 内置了常用的 CRUD 相关方法，但是它们并不能满足实际开发中（例如多表联查）的全部需求。此时就需要开发人员按照以往使用 MyBatis 时的流程自定义相关操作。

本节将在之前示例的基础上详细介绍 MyBatis-Plus 中的自定义操作，实现依据 id 查询用户的功能。

10.6.1　编写接口文件

请在原接口文件 UserMapper.java 中添加方法 findUserById()，相关代码如下：

```
@Repository
public interface UserMapper extends BaseMapper<User> {
    User findUserById(Long id);
}
```

在接口文件中定义依据 id 查询用户的方法。

10.6.2　编写映射文件

请在 resources 文件下创建 mapper 包，这也是 MyBatis-Plus 默认的存放 Mapper 映射文件的位置。在 mapper 中创建映射文件 UserMapper.xml，代码如下：

```
<?xml version="1.0" encoding="UTF-8" ?>
<!DOCTYPE mapper
    PUBLIC "-//mybatis.org//DTD Mapper 3.0//EN"
    "http://mybatis.org/dtd/mybatis-3-mapper.dtd">
```

```
<mapper namespace="com.cn.mapper.UserMapper">

    <select id="findUserById" resultType="com.cn.pojo.User">
        SELECT * FROM user WHERE id = #{id}
    </select>

</mapper>
```

10.6.3　编写测试代码

MyBatisMpApplicationTests 中的相关测试代码如下：

```
@Test
public void testFindUserById(){
    // 用户 id
    Long userID = 2L;
    // 执行查询
    User user = userMapper.findUserById(userID);
    // 打印查询结果
    System.out.println(user);
}
```

测试执行流程以及更新结果如下：

```
==>  Preparing: SELECT * FROM user WHERE id = ?
==> Parameters: 2(Long)
<==    Columns: id, name, age, email
<==        Row: 2, jack, 29, batj2@ptpress.com
<==      Total: 1
```

10.6.4　小结

通过本案例，我们再次体会到了 MyBatis-Plus 的理念：只对 MyBatis 做增强，而不做改变。所以，之前在 MyBatis 中的操作和写法在 MyBatis-Plus 中依然适用，流程也完全一致。

10.7　IService 概要

前面我们了解了 MyBatis-Plus 内置的通用 BaseMapper。接下来，我们学习 MyBatis-Plus 内置的通用 Service，即 IService 接口。

IService 封装了常见的业务层逻辑。鉴于 IService 接口中方法众多，在此不一一列出。不过，这些方法的使用还是有迹可循的，总结如下：

- 名称以 get 开头的方法用于查询单行
- 名称以 list 开头的方法用于查询集合

- 名称以 remove 开头的方法用于删除
- 名称以 update 开头的方法用于更新
- 名称以 save 开头的方法用于插入或更新
- 名称以 page 开头的方法用于分页

IService 接口的默认实现类为 ServiceImpl。但是，在实际项目开发中，我们通常不会直接使用 ServiceImpl，而是将其作为父类使用。

10.8　IService 使用案例

本节将在以往案例的基础之上详细介绍 IService 的用法及注意事项。

10.8.1　案例开发准备

与之前类似，我们将数据库中的数据还原，相关代码如下：

```
-- 切换数据库
use mybatisplusdb;

-- 删除表中的数据
DELETE FROM user;

-- 向用户表 user 中插入数据
INSERT INTO user (id, name, age, email) VALUES
(1, 'dodo', 18, 'batj1@ptpress.com'),
(2, 'jack', 20, 'batj2@ptpress.com'),
(3, 'tome', 28, 'batj3@ptpress.com'),
(4, 'lucy', 21, 'batj4@ptpress.com'),
(5, 'tata', 24, 'batj5@ptpress.com');
```

10.8.2　编写 UserService 接口

在项目中创建 com.cn.service 包，并在该包下创建 IService 接口的子接口 UserService。代码如下：

```
package com.cn.service;
import com.baomidou.mybatisplus.extension.service.IService;
import com.cn.pojo.User;
public interface UserService extends IService<User> {

}
```

新创建的接口 UserService 继承自 MyBatis-Plus 提供的 com.baomidou.mybatisplus.extension.service.IService 接口。

10.8.3　编写 UserService 实现类

请在项目中创建 com.cn.service.impl 包，并在该包下创建 UserServiceImpl 类。该类继承自 com.baomidou.mybatisplus.extension.service.impl.ServiceImpl 并实现了 UserService 接口。在 UserServiceImpl 类上使用 @Service 注解将其标注为业务类，并将其交由 Spring 框架管理。代码如下：

```
package com.cn.service.impl;
import com.baomidou.mybatisplus.extension.service.impl.ServiceImpl;
import com.cn.mapper.UserMapper;
import com.cn.pojo.User;
import com.cn.service.UserService;
import org.springframework.stereotype.Service;

@Service
public class UserServiceImpl extends ServiceImpl<UserMapper, User> implements UserService {

}
```

与之前学习 BaseMapper 时类似，我们接下来依旧通过常见的 CRUD 相关方法来学习 IService 的用法。请在测试代码中利用 @Autowired 自动注入 userService，再进行以下测试。

10.8.4　插入操作

本节将介绍 IService 与插入相关的常用方法。

1. save()

该方法用于插入数据。例如，将一个 User 类对象插入到 user 表中。MyBatisMpApplicationTests 中的相关测试代码如下：

```
@Autowired
private UserService userService;
@Test
public void testSave(){
    // 创建 user 对象
    User user = new User();
    // 设置 user 对象的 id
    user.setId(6L);
    // 设置 user 对象的 name
    user.setName("tutu");
    // 设置 user 对象的 age
    user.setAge(17);
    // 设置 user 对象的 email
    user.setEmail("batj6@ptpress.com");
    // 执行插入操作
    boolean isSuc = userService.save(user);
```

```
    // 打印插入结果
    if(isSuc){
        System.out.println(" 插入成功 ");
    }else{
        System.out.println(" 插入失败 ");
    }
}
```

测试执行流程以及插入结果如下：

```
==>  Preparing: INSERT INTO user ( id, name, age, email ) VALUES ( ?, ?, ?, ? )
==> Parameters: 6(Long), tutu(String), 17(Integer), batj6@ptpress.com(String)
<==    Updates: 1
Closing non transactional SqlSession [org.apache.ibatis.session.defaults.
    DefaultSqlSession@6749fe50]
插入成功
```

执行以上操作后，用户表 user 中的数据如图 10-15 所示。

id	name	age	email
1	dodo	18	batj1@ptpress.com
2	jack	20	batj2@ptpress.com
3	tome	28	batj3@ptpress.com
4	lucy	21	batj4@ptpress.com
5	tata	24	batj5@ptpress.com
6	tutu	17	batj6@ptpress.com

图 10-15　用户表 user 中的数据

2. saveBatch()

该方法用于批量插入数据。例如，批量将两个 User 类型的对象插入到 user 表中。MyBatisMpApplicationTests 中的相关测试代码如下：

```
@Test
public void testSaveBatch(){
    // 创建 List 保存用户
    List<User> userList = new ArrayList<>();
    // 创建第一个 User 类型的对象
    User user1 = new User(7L,"pipi",18,"batj7@ptpress.com");
    // 将第一个 User 类型的对象并添加至 List
    userList.add(user1);
    // 创建第二个 User 类型的对象
    User user2 = new User(8L,"klkl",19,"batj8@ptpress.com");
    // 将第二个 User 类型的对象并将其添加至 List
    userList.add(user2);
    // 执行批量插入操作
    boolean isSuc = userService.saveBatch(userList);
    // 打印批量插入结果
    if(isSuc){
```

```
        System.out.println(" 批量插入成功 ");
    }else{
        System.out.println(" 批量插入失败 ");
    }
}
```

测试执行流程以及插入结果如下：

```
==>  Preparing: INSERT INTO user ( id, name, age, email ) VALUES ( ?, ?, ?, ? )
==> Parameters: 7(Long), pipi(String), 18(Integer), batj7@ptpress.com(String)
==> Parameters: 8(Long), klkl(String), 19(Integer), batj8@ptpress.com(String)
批量插入成功
```

执行以上操作后，用户表 user 中的数据如图 10-16 所示。

id	name	age	email
1	dodo	18	batj1@ptpress.com
2	jack	20	batj2@ptpress.com
3	tome	28	batj3@ptpress.com
4	lucy	21	batj4@ptpress.com
5	tata	24	batj5@ptpress.com
6	tutu	17	batj6@ptpress.com
7	pipi	18	batj7@ptpress.com
8	klkl	19	batj8@ptpress.com

图 10-16　用户表 user 中的数据

10.8.5　更新操作

本节将介绍 IService 与更新相关的常用方法。

1. updateById()

该方法用于依据 id 更新数据。例如，将 id 为 6 的用户的名字设置为 btbt，并将年龄设置为 19。MyBatisMpApplicationTests 中的相关测试代码如下：

```
@Test
public void testUpdateUserById(){
    // 创建 user 对象
    User user = new User();
    // 设置 user 对象的 id
    user.setId(6L);
    // 设置 user 对象的 name
    user.setName("btbt");
    // 设置 user 对象的 age
    user.setAge(19);
    // 执行更新
    boolean isSuc = userService.updateById(user);
```

```
    // 打印更新结果
    if(isSuc){
        System.out.println(" 更新成功 ");
    }else{
        System.out.println(" 更新失败 ");
    }
}
```

测试执行流程以及更新结果如下：

```
==>  Preparing: UPDATE user SET name=?, age=? WHERE id=?
==> Parameters: btbt(String), 19(Integer), 6(Long)
<==    Updates: 1
Closing non transactional SqlSession [org.apache.ibatis.session.defaults.
    DefaultSqlSession@52bf7bf6]
更新成功
```

执行以上操作后，用户表 user 中的数据如图 10-17 所示。

id	name	age	email
1	dodo	18	batj1@ptpress.com
2	jack	20	batj2@ptpress.com
3	tome	28	batj3@ptpress.com
4	lucy	21	batj4@ptpress.com
5	tata	24	batj5@ptpress.com
6	btbt	19	batj6@ptpress.com
7	pipi	18	batj7@ptpress.com
8	klkl	19	batj8@ptpress.com

图 10-17 用户表 user 中的数据

2. updateBatchById()

该方法用于依据 id 批量更新数据。例如，将 id 为 7 和 8 的用户的年龄修改为 30 和 33。MyBatis-MpApplicationTests 中的相关测试代码如下：

```
@Test
public void testUpdateBatchById(){
    // 创建 List 保存用户
    List<User> userList = new ArrayList<>();
    // 创建第一个 User 类型的对象
    User user1 = new User();
    // 设置用户 id
    user1.setId(7L);
    // 设置用户年龄
    user1.setAge(30);
    // 将第一个 User 类型的对象添加至 List
    userList.add(user1);
    // 创建第二个 User 类型的对象
    User user2 = new User();
```

```
    // 设置用户 id
    user2.setId(8L);
    // 设置用户年龄
    user2.setAge(33);
    userList.add(user2);
    // 执行批量更新
    boolean isSuc = userService.updateBatchById(userList);
    // 打印批量更新结果
    if(isSuc){
        System.out.println(" 批量更新成功 ");
    }else{
        System.out.println(" 批量更新失败 ");
    }
}
```

测试执行流程以及更新结果如下：

```
==>  Preparing: UPDATE user SET age=? WHERE id=?
==> Parameters: 30(Integer), 7(Long)
==> Parameters: 33(Integer), 8(Long)
批量更新成功
```

执行以上操作后，用户表 user 中的数据如图 10-18 所示。

id	name	age	email
1	dodo	18	batj1@ptpress.com
2	jack	20	batj2@ptpress.com
3	tome	28	batj3@ptpress.com
4	lucy	21	batj4@ptpress.com
5	tata	24	batj5@ptpress.com
6	btbt	19	batj6@ptpress.com
7	pipi	30	batj7@ptpress.com
8	klkl	33	batj8@ptpress.com

图 10-18　用户表 user 中的数据

10.8.6　查询操作

本节将介绍 IService 与查询相关的常用方法。

1. getById()

该方法用于依据 id 查询数据。例如，查询 id 为 1 的用户。MyBatisMpApplicationTests 中的相关测试代码如下：

```
@Test
public void testGetById(){
    // 用户 id
    Long id = 1L;
```

```
    // 执行查询
    User user = userService.getById(id);
    // 打印查询结果
    System.out.println(user);
}
```

测试执行流程以及查询结果如下：

```
==>  Preparing: SELECT id,name,age,email FROM user WHERE id=?
==> Parameters: 1(Long)
<==    Columns: id, name, age, email
<==        Row: 1, dodo, 18, batj1@ptpress.com
<==      Total: 1
Closing non transactional SqlSession [org.apache.ibatis.session.defaults.
    DefaultSqlSession@6749fe50]
User{id=1, name='dodo', age=18, email='batj1@ptpress.com'}
```

2. list()

该方法用于依据条件查询多条数据。当调用该方法时，不传入任何参数表示查询所有数据。MyBatisMpApplicationTests 中的相关测试代码如下：

```
@Test
public void testListAll(){
    // 执行查询
    List<User> userList = userService.list();
    // 打印查询结果
    for (User user:userList) {
        System.out.println(user);
    }
}
```

测试执行流程以及查询结果如下：

```
==>  Preparing: SELECT id,name,age,email FROM user
==> Parameters:
<==    Columns: id, name, age, email
<==        Row: 1, dodo, 18, batj1@ptpress.com
<==        Row: 2, jack, 20, batj2@ptpress.com
<==        Row: 3, tome, 28, batj3@ptpress.com
<==        Row: 4, lucy, 21, batj4@ptpress.com
<==        Row: 5, tata, 24, batj5@ptpress.com
<==        Row: 6, btbt, 19, batj6@ptpress.com
<==        Row: 7, pipi, 30, batj7@ptpress.com
<==        Row: 8, klkl, 33, batj8@ptpress.com
<==      Total: 8
Closing non transactional SqlSession [org.apache.ibatis.session.defaults.
    DefaultSqlSession@12f49ca8]
User{id=1, name='dodo', age=18, email='batj1@ptpress.com'}
User{id=2, name='jack', age=20, email='batj2@ptpress.com'}
User{id=3, name='tome', age=28, email='batj3@ptpress.com'}
```

```
User{id=4, name='lucy', age=21, email='batj4@ptpress.com'}
User{id=5, name='tata', age=24, email='batj5@ptpress.com'}
User{id=6, name='btbt', age=19, email='batj6@ptpress.com'}
User{id=7, name='pipi', age=30, email='batj7@ptpress.com'}
User{id=8, name='klkl', age=33, email='batj8@ptpress.com'}
```

当调用 list() 方法时，可传入 QueryWrapper 表示依据条件查询多条数据。例如，查询名字中含有 ac 并且年龄小于 30 的用户。代码如下：

```
@Test
public void testListByQueryWrapper(){
    // 创建 queryWrapper，指定其泛型为 User
    QueryWrapper<User> queryWrapper = new QueryWrapper<>();
    // 设置查询条件
    queryWrapper.like("name","ac").lt("age",30);
    // 执行查询
    List<User> userList = userService.list(queryWrapper);
    // 打印查询结果
    for (User user:userList) {
        System.out.println(user);
    }
}
```

测试执行流程以及查询结果如下：

```
==>  Preparing: SELECT id,name,age,email FROM user WHERE (name LIKE ? AND age < ?)
==> Parameters: %ac%(String), 30(Integer)
<==    Columns: id, name, age, email
<==        Row: 2, jack, 20, batj2@ptpress.com
<==      Total: 1
Closing non transactional SqlSession [org.apache.ibatis.session.defaults.
    DefaultSqlSession@5dc0ff7d]
User{id=2, name='jack', age=20, email='batj2@ptpress.com'}
```

3. listByIds()

该方法用于依据id进行批量查询。例如，查询id在1、2、3范围内的用户。MyBatisMpApplicationTests 中的相关测试代码如下：

```
@Test
public void testListUser(){
    // 创建 ArrayList 保存用户 id
    ArrayList<Long> idList = new ArrayList<>();
    // 添加用户 id
    idList.add(1L);
    // 添加用户 id
    idList.add(2L);
    // 添加用户 id
    idList.add(3L);
    // 执行查询
    List<User> userList = userService.listByIds(idList);
```

```
    // 打印查询结果
    for (User user:userList) {
        System.out.println(user);
    }
}
```

测试执行流程以及查询结果如下：

```
==>  Preparing: SELECT id,name,age,email FROM user WHERE id IN ( ? , ? , ? )
==> Parameters: 1(Long), 2(Long), 3(Long)
<==    Columns: id, name, age, email
<==        Row: 1, dodo, 18, batj1@ptpress.com
<==        Row: 2, jack, 20, batj2@ptpress.com
<==        Row: 3, tome, 28, batj3@ptpress.com
<==      Total: 3
Closing non transactional SqlSession [org.apache.ibatis.session.defaults.
    DefaultSqlSession@52bf7bf6]
User{id=1, name='dodo', age=18, email='batj1@ptpress.com'}
User{id=2, name='jack', age=20, email='batj2@ptpress.com'}
User{id=3, name='tome', age=28, email='batj3@ptpress.com
```

4. saveOrUpdate()

该方法较为特殊，它先依据实体查询，如果查询到结果就进行更新，反之执行插入操作。例如，更新 id 为 9 的用户。假若该用户不存在，则将其插入 user 表。MyBatisMpApplicationTests 中的相关测试代码如下：

```
@Test
public void testSaveOrUpdate(){
    // 创建 User 类型的对象
    User user = new User();
    // 设置 user 对象的 id
    user.setId(9L);
    // 设置 user 对象的 name
    user.setName("popo");
    // 设置 user 对象的 age
    user.setAge(19);
    // 执行插入或更新
    boolean isSuc = userService.saveOrUpdate(user);
    // 打印插入或更新结果
    if(isSuc){
        System.out.println(" 插入或更新成功 ");
    }else{
        System.out.println(" 插入或更新失败 ");
    }
}
```

测试执行流程以及查询结果如下：

```
==>  Preparing: INSERT INTO user ( id, name, age ) VALUES ( ?, ?, ? )
==> Parameters: 9(Long), popo(String), 19(Integer)
```

```
<==    Updates: 1
Releasing transactional SqlSession [org.apache.ibatis.session.defaults.
    DefaultSqlSession@79696332]
Transaction synchronization committing SqlSession [org.apache.ibatis.session.defaults.
    DefaultSqlSession@79696332]
Transaction synchronization deregistering SqlSession [org.apache.ibatis.session.defaults.
    DefaultSqlSession@79696332]
Transaction synchronization closing SqlSession [org.apache.ibatis.session.defaults.
    DefaultSqlSession@79696332]
插入或更新成功
```

执行以上操作后，用户表 user 中的数据如图 10-19 所示。

id	name	age	email
1	dodo	18	batj1@ptpress.com
2	jack	20	batj2@ptpress.com
3	tome	28	batj3@ptpress.com
4	lucy	21	batj4@ptpress.com
5	tata	24	batj5@ptpress.com
6	btbt	19	batj6@ptpress.com
7	pipi	30	batj7@ptpress.com
8	klkl	33	batj8@ptpress.com
9	popo	19	NULL

图 10-19 用户表 user 中的数据

10.8.7 删除操作

本节将介绍 IService 与删除相关的常用方法。

1. removeById()

该方法用于依据 id 进行删除。例如，删除 id 为 9 的用户。MyBatisMpApplicationTests 中的相关测试代码如下：

```
@Test
public void testRemoveById(){
    String userID = "9";
    // 执行删除
    boolean isSuc = userService.removeById(userID);
    // 打印删除结果
    if(isSuc){
        System.out.println(" 删除成功 ");
    }else{
        System.out.println(" 删除失败 ");
    }
}
```

测试执行流程以及删除结果如下：

```
==>  Preparing: DELETE FROM user WHERE id=?
==> Parameters: 9(String)
<==    Updates: 1
Closing non transactional SqlSession [org.apache.ibatis.session.defaults.DefaultSqlSession@261db982]
删除成功
```

执行以上操作后，用户表 user 中的数据如图 10-20 所示。

id	name	age	email
1	dodo	18	batj1@ptpress.com
2	jack	20	batj2@ptpress.com
3	tome	28	batj3@ptpress.com
4	lucy	21	batj4@ptpress.com
5	tata	24	batj5@ptpress.com
6	btbt	19	batj6@ptpress.com
7	pipi	30	batj7@ptpress.com
8	klkl	33	batj8@ptpress.com

图 10-20 用户表 user 中的数据

2. remove()

该方法用于依据条件进行删除。例如，请删除名字中含有 ac 并且年龄小于 30 的用户。MyBatis-MpApplicationTests 中的相关测试代码如下：

```
@Test
public void testRemoveByQueryWrapper(){
    // 创建 queryWrapper，指定其泛型为 User
    QueryWrapper<User> queryWrapper = new QueryWrapper<>();
    // 设置删除条件
    queryWrapper.like("name","ac").lt("age",30);
    // 执行删除
    boolean isSuc = userService.remove(queryWrapper);
    // 打印删除结果
    if(isSuc){
        System.out.println(" 删除成功 ");
    }else{
        System.out.println(" 删除失败 ");
    }
}
```

测试执行流程以及删除结果如下：

```
==>  Preparing: DELETE FROM user WHERE (name LIKE ? AND age < ?)
==> Parameters: %ac%(String), 30(Integer)
<==    Updates: 1
Closing non transactional SqlSession [org.apache.ibatis.session.defaults.
    DefaultSqlSession@5dc0ff7d]
删除成功
```

执行以上操作后，用户表 user 中的数据如图 10-21 所示。

id	name	age	email
1	dodo	18	batj1@ptpress.com
3	tome	28	batj3@ptpress.com
4	lucy	21	batj4@ptpress.com
5	tata	24	batj5@ptpress.com
6	btbt	19	batj6@ptpress.com
7	pipi	30	batj7@ptpress.com
8	klkl	33	batj8@ptpress.com

图 10-21　用户表 user 中的数据

10.8.8　统计操作

本书将介绍 IService 与统计相关的常用方法。

IService 中的 count() 方法用于统计数据总量。例如，统计 user 表中的数据条数。MyBatis-MpApplicationTests 中的相关测试代码如下：

```
@Test
public void testCount(){
    // 执行统计
    long count = userService.count();
    // 打印统计结果
    System.out.println("数据总量: "+count);
}
```

测试执行流程以及统计结果如下：

```
==>  Preparing: SELECT COUNT( * ) FROM user
==> Parameters:
<==    Columns: COUNT( * )
<==        Row: 7
<==      Total: 1
Closing non transactional SqlSession [org.apache.ibatis.session.defaults.
    DefaultSqlSession@12f49ca8]
数据总量: 7
```

10.9　小结

本章以入门案例为切入点详细介绍了 MyBatis-Plus 的核心基础知识，例如 BaseMapper、条件构造器、IService 以及雪花算法。在本章的学习过程中，各位读者应对 MyBatis-Plus 的设计理念有了初步的认识与体会，它对 MyBatis 只做增强和简化而不干涉其原有功能。另外，MyBatis-Plus 为提升工作效率提供了内置的通用 Mapper 和 Service 以满足常见开发场景的需求，与此同时也为工程师自定义操作提供了好好的支持。

第11章

MyBatis-Plus 注解开发

在之前的章节中，我们学习了 MyBatis-Plus 的基本用法，也领略了 MyBatis-Plus 的简洁与优雅。但是，这些便捷的操作是建立在严格要求之上的，例如：

- 表名和实体名保持一致
- 表的字段与类的属性保持一致
- 表的主键名必须为 `id`
- 表的主键的生成策略为雪花算法

……

然而，在实际的项目研发中，很有可能出现表名与类名不一致、表的字段与类的属性不一致、表的主键名不是 `id`、表的主键生成策略不是雪花算法等情况。我们可使用 MyBatis-Plus 提供的注解解决此类问题。

本章相关示例的完整代码请参见随书配套源码中的 MyBatis_MP 项目。

11.1 常用注解概述

接下来，我们分别详细介绍 MyBatis-Plus 开发中常用的注解及其用法。

1. @TableName

`@TableName` 注解常用在实体类上，用于指定实体类所对应的表。例如，在实体类 `Employee` 上使用注解 `@TableName("t_employee")`，表示该实体类对应数据库中的 `t_employee` 表。

另外，在开发中经常遇到这样的情况：实体类所对应的表都有固定的前缀。例如，`User` 对应 `t_user`，`Employee` 对应 `t_employee`，等等。如此一来，假若在每个类上都使用 `@TableName` 注解就很烦琐了。在这种情况下，我们可在项目的 application.properties 文件中使用 MyBatis-Plus 提供的全局配置，为实体类所对应的表名设置默认的前缀，从而避免在每个实体类上通过 `@TableName` 标识实体类对应的表。配置代码如下：

```
mybatis-plus.global-config.db-config.table-prefix=t_
```

2. @TableId

@TableId 注解常用于实体类的属性，用于指定属性与表的主键的对应关系。例如，在 id 属性上使用 @TableId(value = "e_id",type = IdType.AUTO)，表示 id 属性对应表中名叫 e_id 的主键。

@TableId 注解有两个常用属性，即 value 和 type。

- value 属性：用于指定表中的主键字段。
- type 属性：用于定义表的主键生成策略。常用的主键策略有两种，即 IdType.ASSIGN_ID 和 IdType.AUTO。
  - IdType.ASSIGN_ID 策略：表示依据默认的雪花算法生成主键 id。该策略的使用与数据表的主键 id 是否设置自增无关。
  - IdType.AUTO 策略：表示使用数据表自身的自增策略。在使用该策略时，应确保在表中设置了主键 id 自增，否则无效。

类似地，我们亦可以在项目的 application.properties 文件中为所有表配置全局的 MyBatis-Plus 主键策略。配置代码如下：

```
mybatis-plus.global-config.db-config.id-type=auto
```

3. @TableField

@TableField 注解常用在实体类的属性上，用于指定实体属性与数据表中非主键字段的对应关系。例如，在实体类 Employee 中的 name 属性上使用注解 @TableField("e_name")，表示 name 属性对应于数据表中的 e_name 字段。

4. @EnumValue

@EnumValue 常用在枚举类的属性上，用于指定 Java 枚举和数据表中非主键的对应关系。

5. @TableLogic

在以往的示例中，我们对数据进行删除操作是一种物理删除，也就是说，将记录从表中移除后再也不能在表中查看该条数据。在实际的项目开发中，我们可采用逻辑删除以保留完整的数据。逻辑删除是名义上的删除，即给将删除的数据打上标记，表示在逻辑上该数据已经被删除，但数据本身依然存在，并且可通过修改标记来恢复数据。通常情况下，可使用 status 字段表示数据是否被逻辑删除。其中，0 表示未删除，1 表示删除。

在 MyBatis-Plus 开发中常使用 @TableLogic 注解实现逻辑删除。

6. @DS

@DS 常用于指定所用的数据源，我们将在后续章节中详细介绍。

7. @Version

`@Version` 常用于实现锁，我们将在后续章节中详细介绍。

11.2 注解应用案例

在本节中，我们将通过案例学习 MyBatis-Plus 的注解开发。本章案例在前一章所使用的项目 MyBatis_MP 的基础上继续开发，项目结构如图 11-1 所示。

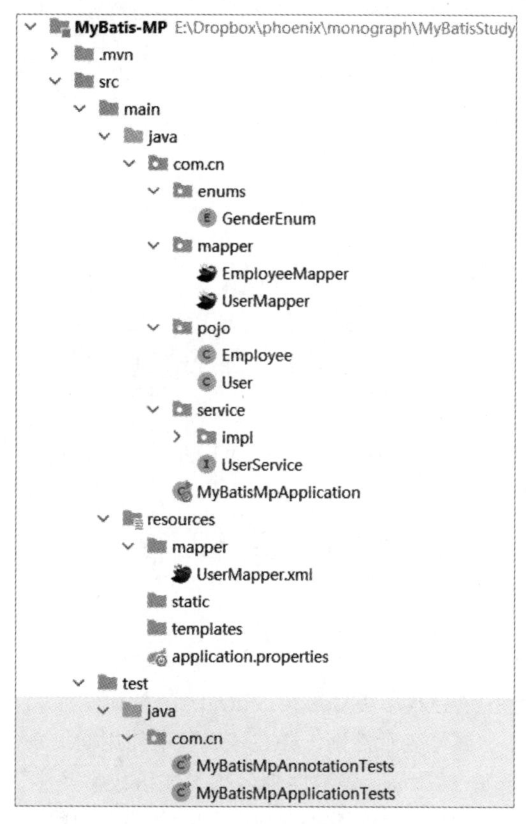

图 11-1 案例项目结构

11.2.1 案例开发准备

创建本案例所需的员工表 `t_employee`。在该表中，`e_id` 字段为自增主键，表示员工编号；`e_name` 字段表示员工姓名；`e_gender` 字段表示员工性别（1 表示男性，0 表示女性）；`e_age` 字段表示员工年龄；`status` 字段表示员工状态。代码如下：

```sql
-- 创建员工表 t_employee
DROP TABLE IF EXISTS t_employee;
CREATE TABLE t_employee(
    e_id BIGINT(20) PRIMARY KEY AUTO_INCREMENT,
    e_name VARCHAR(30),
    e_gender INT(10),
    e_age INT(10),
    status INT(10)
);

-- 向员工表中插入数据
INSERT INTO t_employee (e_name, e_gender, e_age, status) VALUES
( 'lucy', 1, 18, 0 ),
( 'pipi', 0, 19, 0 ),
( 'tata', 1, 20, 0 ),
( 'gugu', 0, 21, 0 ),
( 'dodo', 1, 22, 0 );

-- 查询员工表中的数据
SELECT * FROM t_employee;
```

完成以上操作后，员工表中的数据如图 11-2 所示。

e_id	e_name	e_gender	e_age	status
1	lucy	1	18	0
2	pipi	0	19	0
3	tata	1	20	0
4	gugu	0	21	0
5	dodo	1	22	0

图 11-2　员工表中的数据

11.2.2 编写枚举类

请在 com.cn.enums 包中创建枚举类 GenderEnum，它表示性别。在该枚举类中，有两个属性，其中 Integer 类型的 gender 属性表示性别，并在该属性上使用 @EnumValue 注解来与数据表中的字段映射，String 类型的 genderName 表示性别名称。在该枚举类中，定义两个枚举对象，其中 FEMALE 使用整数 0，表示女性；MALE 使用整数 1，表示男性。相关代码如下：

```java
public enum GenderEnum {
    FEMALE(0, "女"),
    MALE(1, "男");

    @EnumValue
    private Integer gender;
    private String genderName;
    // 省略构造函数、属性的 get 方法和 toString 方法
}
```

接下来，请在项目的 application.properties 文件中配置通用枚举扫描，代码如下：

```
mybatis-plus.type-enums-package=com.cn.enums
```

在该配置中指定枚举所在的包即可。

11.2.3 编写 POJO

编写员工类 Employee。Employee 在类上使用 @TableName 注解表示该类与数据表的对应关系；在 id 属性上使用 @TableId 注解表示该属性与数据表中主键的对应关系，并指定主键生成策略为 IdType.AUTO；在 name 属性、gender 属性和 age 属性上使用 @TableField 注解表示属性与数据表中非主键字段的对应关系；在 status 上使用 @TableLogic 注解用于实现对员工的逻辑删除。请注意，Employee 类中的 gender 属性为 GenderEnum 类型，而非传统的整数类型或者字符串类型。相关代码如下：

```
@TableName("t_employee")
public class Employee {
    @TableId(value = "e_id",type = IdType.AUTO)
    private Long id;
    @TableField("e_name")
    private String name;
    @TableField("e_gender")
    private GenderEnum gender;
    @TableField("e_age")
    private Integer age;
    @TableLogic
    private Integer status;
    // 省略构造函数、各属性的 set 和 get 方法、toString 方法
}
```

11.2.4 编写接口文件

创建继承自 BaseMapper 的 EmployeeMapper 接口，代码如下：

```
@Repository
public interface EmployeeMapper extends BaseMapper<Employee> {}
```

11.2.5 编写测试程序

在正式测试之前，我们利用 @Autowired 自动注入 EmployeeMapper。

测试 1：请插入新员工

利用 employeeMapper 的 insert() 方法插入员工。MyBatisMpAnnotationTests 中的相关测试代码如下：

```
@Autowired
private EmployeeMapper employeeMapper;

@Test
public void testInsertEmployee(){
    // 创建员工对象
    Employee employee = new Employee();
    // 设置员工姓名
    employee.setName("hbhb");
    // 设置员工年龄
    employee.setAge(23);
    // 设置员工性别
    // 设置性别为枚举项，将 @EnumValue 注解所标识的属性值存储到数据库中
    employee.setGender(GenderEnum.FEMALE);
    // 设置员工状态
    employee.setStatus(0);
    // 执行插入
    int result = employeeMapper.insert(employee);
    // 打印插入结果
    if(result>0){
        System.out.println(" 插入成功 ");
    }else {
        System.out.println(" 插入失败 ");
    }
}
```

测试执行流程以及插入结果如下：

```
==>  Preparing: INSERT INTO t_employee ( e_name, e_gender, e_age, status ) VALUES ( ?, ?, ?, ? )
==> Parameters: hbhb(String), 0(Integer), 23(Integer), 0(Integer)
<==    Updates: 1
Closing non transactional SqlSession [org.apache.ibatis.session.defaults.
    DefaultSqlSession@c386958]
插入成功
```

执行以上操作后，员工表中的数据如图 11-3 所示。

e_id	e_name	e_gender	e_age	status
1	lucy	1	18	0
2	pipi	0	19	0
3	tata	1	20	0
4	gugu	0	21	0
5	dodo	1	22	0
6	hbhb	0	23	0

图 11-3　员工表中的数据

测试 2：查询所有员工

利用 employeeMapper 的 selectList() 方法查询所有员工。MyBatisMpAnnotationTests 中的相关测试代码如下：

```
@Test
public void testQueryAllEmployee(){
    // 查询所有员工
    List<Employee> employeeList = employeeMapper.selectList(null);
    // 打印查询结果
    for (Employee employee:employeeList) {
        System.out.println(employee);
    }
}
```

测试执行流程以及查询结果如下：

```
==>  Preparing: SELECT e_id AS id,e_name AS name,e_gender AS gender,e_age AS age,status
    FROM t_employee WHERE status=0
==> Parameters:
<==    Columns: id, name, gender, age, status
<==        Row: 1, lucy, 1, 18, 0
<==        Row: 2, pipi, 0, 19, 0
<==        Row: 3, tata, 1, 20, 0
<==        Row: 4, gugu, 0, 21, 0
<==        Row: 5, dodo, 1, 22, 0
<==        Row: 6, hbhb, 0, 23, 0
<==      Total: 6
Closing non transactional SqlSession [org.apache.ibatis.session.defaults.
    DefaultSqlSession@66236a0a]
Employee{id=1, name='lucy', gender='GenderEnum{gender=1, genderName='男'} MALE', age=18,
    status=0}
Employee{id=2, name='pipi', gender='GenderEnum{gender=0, genderName='女'} FEMALE', age=19,
    status=0}
Employee{id=3, name='tata', gender='GenderEnum{gender=1, genderName='男'} MALE', age=20,
    status=0}
Employee{id=4, name='gugu', gender='GenderEnum{gender=0, genderName='女'} FEMALE', age=21,
    status=0}
Employee{id=5, name='dodo', gender='GenderEnum{gender=1, genderName='男'} MALE', age=22,
    status=0}
Employee{id=6, name='hbhb', gender='GenderEnum{gender=0, genderName='女'} FEMALE', age=23,
    status=0}
```

由于在员工类上使用了 `@TableId` 和 `@TableField` 注解，在查询过程中 MyBatis-Plus 自动为字段设置了别名，例如为 `e_id` 字段设置了别名 `id`，为 `e_name` 字段设置了别名 `name`。因为使用了逻辑删除，所以虽然是查询所有员工，但是从测试执行过程可以看出，在执行时只查询了状态为 0 的员工，即以 `WHERE status=0` 作为查询条件。

测试 3：批量删除 id 为 1、2、3 的员工

在此，利用 `employeeMapper` 的 `deleteBatchIds()` 方法批量删除员工。`MyBatisMpAnnotationTests` 中的相关测试代码如下：

```
@Test
public void testDeleteEmployee(){
```

```
    // 创建 ArrayList 对象保存员工 id
    List<Long> idList = new ArrayList<>();
    // 添加第一个员工 id
    idList.add(1L);
    // 添加第二个员工 id
    idList.add(2L);
    // 添加第三个员工 id
    idList.add(3L);
    // 执行批量删除
    int result = employeeMapper.deleteBatchIds(idList);
    // 打印删除结果
    if(result>0){
        System.out.println(" 删除成功 ");
    }else {
        System.out.println(" 删除失败 ");
    }
}
```

测试执行流程以及删除结果如下：

```
==>  Preparing: UPDATE t_employee SET status=1 WHERE e_id IN ( ? , ? , ? ) AND status=0
==> Parameters: 1(Long), 2(Long), 3(Long)
<==    Updates: 3
Closing non transactional SqlSession [org.apache.ibatis.session.defaults.
    DefaultSqlSession@3bec5821]
删除成功
```

从 SQL 执行过程可以看出，这并非一个删除操作而是一个更新操作。在该操作中，将 id 为 1、2、3 的员工的 status 字段值设置为 1，表示逻辑删除，而非将数据彻底从表中物理删除。执行以上操作后，员工表中的数据如图 11-4 所示。

e_id	e_name	e_gender	e_age	status
1	lucy	1	18	1
2	pipi	0	19	1
3	tata	1	20	1
4	gugu	0	21	0
5	dodo	1	22	0
6	hbhb	0	23	0

图 11-4　员工表中的数据

在删除操作之后，我们再次利用 employeeMapper 的 selectList() 方法查询所有员工的数据库。所执行的 SQL 语句如下：

```
SELECT e_id AS id,e_name AS name,e_gender AS gender,e_age AS age,status FROM t_employee
    WHERE status=0;
```

该条 SQL 语句在执行时只查询状态值为 0 的员工，即以 WHERE status=0 作为查询条件。测试结果如下：

```
Employee{id=4, name='gugu', gender='GenderEnum{gender=0, genderName='女'} FEMALE', age=21,
    status=0}
Employee{id=5, name='dodo', gender='GenderEnum{gender=1, genderName='男'} MALE', age=22,
    status=0}
Employee{id=6, name='hbhb', gender='GenderEnum{gender=0, genderName='女'} FEMALE', age=23,
    status=0}
```

也就是说，该查询中只查询未被逻辑删除的员工，而被逻辑删除的员工依然存在于 t_employee 表中。

11.3 小结

本章介绍了 MyBatis-Plus 的常用注解，例如 @TableName、@TableId、@TableField、@EnumValue、@TableLogic 等，以及这些注解的应用案例。总体而言，有了之前学习 MyBatis 注解开发的基础，本章内容掌握起来相对容易得多。但是，请读者关注并理解 @TableLogic 背后关于数据删除的设计思路。这种思路与具体的编程语言或框架没有必然的直接联系，而是作为一种优化策略广泛应用。

第 12 章

MyBatis-Plus 代码生成器

在之前的章节中，我们介绍了 MBG 根据表快速生成对应的映射文件、接口文件和 POJO。与此类似，MyBatis-Plus 也有专门的代码生成器，它功能强大、操作简单，能够依据数据表自动生成 entity、mapper 接口文件和映射文件、Service 接口及其实现类、controller。

本章相关示例的完整代码请参见随书配套源码中的 MyBatis_MPGenerator 项目。

12.1 代码生成器应用案例

本节将通过案例详细介绍 MyBatis-Plus 代码生成器的用法及注意事项。

12.1.1 案例开发准备

创建医生表 t_doctor。在该表中，d_id 字段为自增主键，表示医生编号；d_name 字段表示医生姓名；d_gender 字段表示医生性别；d_age 字段表示医生年龄；status 字段表示医生状态。相关 SQL 代码如下：

```
-- 创建医生表
DROP TABLE IF EXISTS t_doctor;
CREATE TABLE t_doctor(
    d_id BIGINT(20) PRIMARY KEY AUTO_INCREMENT,
    d_name VARCHAR(30),
    d_gender VARCHAR(10),
    d_age INT(10),
    status INT(10)
);

-- 向医生表中插入数据
INSERT INTO t_doctor (d_name, d_gender, d_age, status) VALUES
( 'lucy', 'female', 38, 0 ),
( 'pipi', 'female', 39, 0 ),
( 'tata', 'female', 40, 0 ),
( 'gugu', 'female', 41, 0 ),
( 'dodo', 'female', 42, 0 );
```

```
-- 查询医生表中的数据
SELECT * FROM t_doctor;
```

以上操作执行完成后，医生表中的数据如图 12-1 所示。

d_id	d_name	d_gender	d_age	status
1	lucy	female	38	0
2	pipi	female	39	0
3	tata	female	40	0
4	gugu	female	41	0
5	dodo	female	42	0

图 12-1 医生表数据

12.1.2 创建工程

在 IDEA 中创建新的 Spring Boot 项目 MyBatis_MPGenerator，其创建过程与之前的案例完全相同，在此不再赘述。项目结构如图 12-2 所示。

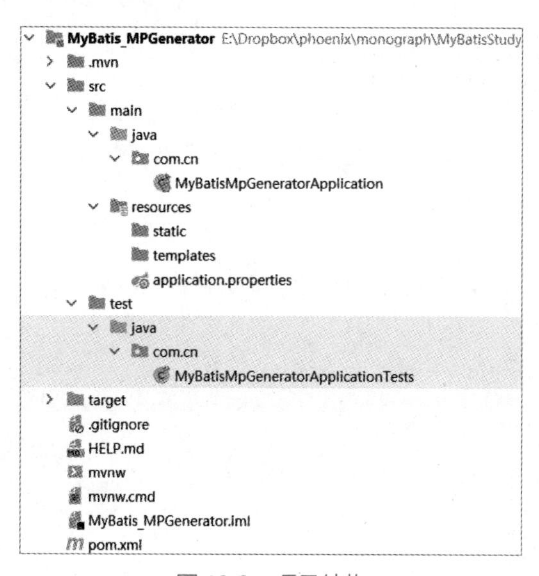

图 12-2 项目结构

12.1.3 添加依赖

在 pom.xml 中添加代码生成器所需的 mybatis-plus 依赖、MySQL 依赖、mybatis-plus-generator 依赖和 freemarker 依赖。相关代码如下：

```
<!-- mybatis-plus 依赖 -->
<dependency>
    <groupId>com.baomidou</groupId>
    <artifactId>mybatis-plus-boot-starter</artifactId>
    <version>3.5.1</version>
</dependency>

<!-- —MySQL 依赖 -->
<dependency>
    <groupId>mysql</groupId>
    <artifactId>mysql-connector-java</artifactId>
    <scope>runtime</scope>
</dependency>

<!-- mybatis-plus-generator 依赖 -->
<dependency>
    <groupId>com.baomidou</groupId>
    <artifactId>mybatis-plus-generator</artifactId>
    <version>3.5.1</version>
</dependency>

<!-- freemarker 依赖 -->
<dependency>
    <groupId>org.freemarker</groupId>
    <artifactId>freemarker</artifactId>
    <version>2.3.31</version>
</dependency>
```

12.1.4　编写配置文件

在项目的 application.properties 文件中编写项目配置信息。相关代码如下：

```
# 配置数据源
spring.datasource.type=com.zaxxer.hikari.HikariDataSource
# 配置数据库驱动
spring.datasource.driver-class-name=com.mysql.cj.jdbc.Driver
# 数据库连接信息
spring.datasource.url=jdbc:mysql://localhost:3306/mybatisplusdb?characterEncoding=utf-
    8&userSSL=false
spring.datasource.username=root
spring.datasource.password=root
# 配置 MyBatis-Plus 日志输出
mybatis-plus.configuration.log-impl=org.apache.ibatis.logging.stdout.StdOutImpl
```

在配置文件中，依据项目实际情况完善配置信息，例如数据库地址、连接数据库所需的用户名和密码等。

12.1.5 运行代码生成器

完成以上准备工作后，我们依据 MyBatis-Plus 官方开发指南开始自动生成代码。在执行代码生成之前，需要配置数据库连接信息、表信息、代码生成路径、父包名、模块名、映射文件生成路径、作者等信息。MyBatisMpGeneratorApplicationTests 中的相关测试代码如下：

```
@Test
public void testMybatisPlusGenerator() {
    // 数据库地址
    String url = "jdbc:mysql://localhost:3306/mybatisplusdb?characterEncoding=utf-
        8&userSSL=false";
    // 连接数据库所需的用户名
    String username = "root";
    // 连接数据库所需的密码
    String password = "root";
    // 数据表名称
    String tableName = "t_doctor";
    // 作者
    String author = "谷哥的小弟";
    // 获取项目路径
    String projectDir = System.getProperty("user.dir");
    // 代码生成路径
    String outputDir = projectDir+"/src/main/java/";
    // 设置父包名
    String parent = "com.cn";
    // 设置模块名
    String moduleName = "mpg";
    // 映射文件生成路径
    String xmlPath = projectDir + "/src/main/resources/mapper/";
    FastAutoGenerator.create(url, username, password)
            .globalConfig(builder -> {
                // 设置作者
                builder.author(author)
                        // 开启 swagger 模式
                        //.enableSwagger()
                        // 覆盖已生成文件
                        .fileOverride()
                        // 指定输出目录
                        .outputDir(outputDir);
            })
            .packageConfig(builder -> {
                // 设置父包名
                builder.parent(parent)
                        // 设置父包模块名
                        .moduleName(moduleName)
                        // 设置映射文件生成路径
                        .pathInfo(Collections.singletonMap(OutputFile.mapperXml, xmlPath));
            })
            .strategyConfig(builder -> {
                // 设置数据表名称
```

```
                builder.addInclude(tableName)
                        // 设置过滤表前缀
                        .addTablePrefix("t_", "c_");
            })
            // 配置 Freemarker 引擎模板
            .templateEngine(new FreemarkerTemplateEngine())
            .execute();
}
```

以上配置虽然不算少，但是总的来讲是在告知 MyBatis-Plus 框架依据哪个数据库中的哪张表自动生成代码，以及将自动生成的代码存放在哪个地方。在本案例中，使用 Freemarker 作为引擎模板，在项目开发过程中可依据实际情况调整。

执行以上方法后，将在原项目中自动生成代码，如图 12-3 所示。

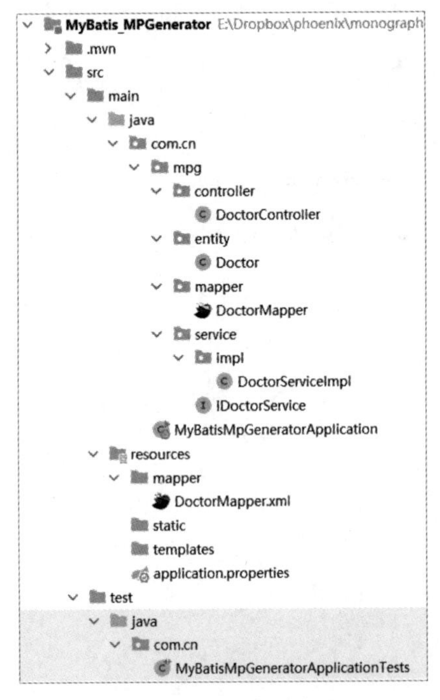

图 12-3　自动生成代码

从图 12-3 中可以看到，MyBatis-Plus 自动生成了 `controller`、`entity`、`mapper` 映射文件与接口文件、`service` 接口及其实现类。

12.1.6　完善入口类

在 Spring Boot 项目的入口类 `MyBatisMpGeneratorApplication` 上使用 `@MapperScan` 注解添

加对于 mapper 包的扫描。相关代码如下：

```
@SpringBootApplication
@MapperScan("com.cn.mpg.mapper")
public class MyBatisMpGeneratorApplication {

    public static void main(String[] args) {
        SpringApplication.run(MyBatisMpGeneratorApplication.class, args);
    }

}
```

12.1.7 测试自动生成代码

接下来，我们通过测试验证这些自动生成的代码的准确度与可用性。例如，利用自动生成的 doctorMapper 调用 selectList() 方法查询所有医生。MyBatisMpGeneratorApplicationTests 中的相关测试代码如下：

```
@Autowired
private DoctorMapper doctorMapper;

@Test
public void testSelectAllDoctor () {
    // 查询所有医生
    List<Doctor> employeeList = doctorMapper.selectList(null);
    // 遍历打印所有医生
    for(Doctor doctor:employeeList){
        System.out.println(doctor);
    }
}
```

测试执行流程以及查询结果如下：

```
==>  Preparing: SELECT d_id,d_name,d_gender,d_age,status FROM t_doctor
==> Parameters:
<==    Columns: d_id, d_name, d_gender, d_age, status
<==        Row: 1, lucy, female, 38, 0
<==        Row: 2, pipi, female, 39, 0
<==        Row: 3, tata, female, 40, 0
<==        Row: 4, gugu, female, 41, 0
<==        Row: 5, dodo, female, 42, 0
<==      Total: 5
Closing non transactional SqlSession [org.apache.ibatis.session.defaults.
    DefaultSqlSession@50448409]
Doctor{dId=1, dName=lucy, dGender=female, dAge=38, status=0}
Doctor{dId=2, dName=pipi, dGender=female, dAge=39, status=0}
Doctor{dId=3, dName=tata, dGender=female, dAge=40, status=0}
Doctor{dId=4, dName=gugu, dGender=female, dAge=41, status=0}
Doctor{dId=5, dName=dodo, dGender=female, dAge=42, status=0}
```

从查询结果可以看出，自动生成的代码准确无误，能够实现功能调用。类似地，我们再测试 Service 层的功能。MyBatisMpGeneratorApplicationTests 中的相关测试代码如下：

```
@Autowired
private IDoctorService doctorService;

@Test
public void testSelectDoctorByID() {
    // 医生 id
    String doctorID = "1";
    // 依据 id 查询医生
    Doctor doctor = doctorService.getById(doctorID);
    // 打印查询结果
    System.out.println(doctor);
}
```

测试执行流程以及查询结果如下：

```
==>  Preparing: SELECT d_id,d_name,d_gender,d_age,status FROM t_doctor WHERE d_id=?
==> Parameters: 1(String)
<==    Columns: d_id, d_name, d_gender, d_age, status
<==        Row: 1, lucy, female, 38, 0
<==      Total: 1
Closing non transactional SqlSession [org.apache.ibatis.session.defaults.
    DefaultSqlSession@60d6fdd4]
Doctor{dId=1, dName=lucy, dGender=female, dAge=38, status=0}
```

利用自动生成的 doctorService 调用 getById() 方法查询特定 id 的医生。

12.2　自动生成代码剖析

在刚才的案例中，我们使用自动生成的代码完成功能调用。接下来，我们依次分析自动生成的 entity、mapper 接口文件和映射文件、Service 接口及其实现类、controller，探究它们的实现方式和工作原理。

12.2.1　Doctor 实体类

先来看看自动生成的实体类 Doctor，相关代码如下：

```
import com.baomidou.mybatisplus.annotation.IdType;
import com.baomidou.mybatisplus.annotation.TableId;
import com.baomidou.mybatisplus.annotation.TableName;
import java.io.Serializable;

/**
 * <p>
 *
```

```
 * </p>
 *
 * @author 谷哥的小弟
 * @since 2023-03-20
 */
@TableName("t_doctor")
public class Doctor implements Serializable {

    private static final long serialVersionUID = 1L;

    @TableId(value = "d_id", type = IdType.AUTO)
    private Long dId;

    private String dName;

    private String dGender;

    private Integer dAge;

    private Integer status;

    public Long getdId() {
        return dId;
    }

    public void setdId(Long dId) {
        this.dId = dId;
    }
    public String getdName() {
        return dName;
    }

    public void setdName(String dName) {
        this.dName = dName;
    }
    public String getdGender() {
        return dGender;
    }

    public void setdGender(String dGender) {
        this.dGender = dGender;
    }
    public Integer getdAge() {
        return dAge;
    }

    public void setdAge(Integer dAge) {
        this.dAge = dAge;
    }
    public Integer getStatus() {
        return status;
    }
```

```
    public void setStatus(Integer status) {
        this.status = status;
    }

    @Override
    public String toString() {
        return "Doctor{" +
            "dId=" + dId +
            ", dName=" + dName +
            ", dGender=" + dGender +
            ", dAge=" + dAge +
            ", status=" + status +
        "}";
    }
}
```

Doctor 类前的段落注释中添加了作者信息，并在该类上使用注解 @TableName("t_doctor")，表示此类对应于数据库中的 t_doctor 表。在 Doctor 类中的 dId 属性上使用注解 @TableId(value = "d_id", type = IdType.AUTO)，表示该属性对应医生表自动增长的主键 d_id。除了属性的定义以外，类中还包含各属性的 set 方法。

通过两者的对比可以发现，本案例中自动生成的实体类与上一章 MyBatis-Plus 注解开发中的实体类是完全一样的，比如类上使用的注解、字段上使用的注解、主键的标识和增长方式等。

12.2.2　DoctorMapper.java 接口文件

自动生成的 DoctorMapper.java 接口文件的相关代码如下：

```
import com.cn.mpg.entity.Doctor;
import com.baomidou.mybatisplus.core.mapper.BaseMapper;

/**
 * <p>
 *  Mapper 接口
 * </p>
 *
 * @author 谷哥的小弟
 * @since 2023-03-20
 */
public interface DoctorMapper extends BaseMapper<Doctor> {

}
```

接口 DoctorMapper 继承自 BaseMapper 接口。这与上一章中 MyBatis-Plus 注解开发中的 Mapper 继承方式也是完全一致的。

12.2.3 DoctorMapper.xml 映射文件

自动生成的 DoctorMapper.xml 映射文件非常简单。相关代码如下：

```
<?xml version="1.0" encoding="UTF-8"?>
<!DOCTYPE mapper PUBLIC "-//mybatis.org//DTD Mapper 3.0//EN" "http://mybatis.org/dtd/
    mybatis-3-mapper.dtd">
<mapper namespace="com.cn.mpg.mapper.DoctorMapper">

</mapper>
```

DoctorMapper.xml 映射文件中并无太多实质性代码，它存在的意义在于为后续可能发生的自定义操作预留空间。

12.2.4 IDoctorService 接口

我们再来看 Service 层的接口 IDoctorService。相关代码如下：

```
import com.cn.mpg.entity.Doctor;
import com.baomidou.mybatisplus.extension.service.IService;

/**
 * <p>
 *  服务类
 * </p>
 *
 * @author 谷哥的小弟
 * @since 2023-03-20
 */
public interface IDoctorService extends IService<Doctor> {

}
```

接口 IDoctorService 继承自 IService 接口。这与上一章中 MyBatis-Plus 注解开发中的 Service 继承方式也是相同的。

12.2.5 IDoctorService 接口实现类

我们继续来看 IDoctorService 接口的实现类 DoctorServiceImpl。相关代码如下：

```
import com.cn.mpg.entity.Doctor;
import com.cn.mpg.mapper.DoctorMapper;
import com.cn.mpg.service.IDoctorService;
import com.baomidou.mybatisplus.extension.service.impl.ServiceImpl;
import org.springframework.stereotype.Service;

```

```
/**
 * <p>
 *  服务实现类
 * </p>
 *
 * @author 谷哥的小弟
 * @since 2023-03-20
 */
@Service
public class DoctorServiceImpl extends ServiceImpl<DoctorMapper, Doctor> implements
    IDoctorService {

}
```

该类继承自 ServiceImpl 并实现了 IDoctorService 接口。这与之前 MyBatis-Plus 入门案例中的实现方式也完全相同。

12.2.6 DoctorController 控制器

最后，我们来看看 DoctorController 类。在类上使用了 @Controller 注解将其标识为控制器，并使用 @RequestMapping 注解配置了控制器访问路径。相关代码如下：

```
import org.springframework.web.bind.annotation.RequestMapping;
import org.springframework.stereotype.Controller;

/**
 * <p>
 *  前端控制器
 * </p>
 *
 * @author 谷哥的小弟
 * @since 2023-03-20
 */
@Controller
@RequestMapping("/mpg/doctor")
public class DoctorController {

}
```

至此，我们分析完了自动生成的 Controller、Service 和 Dao 三层的代码。

12.3 小结

本章重点介绍了 MyBatis-Plus 代码生成器的配置以及自动生成代码的操作流程与方式。利用代码生成器可以帮助开发人员快速生成各层代码，通过对自动生成代码的剖析我们可以发现，其实它与之前我们手动编写的代码并无两样。所以，在项目开发过程中，为提高开发效率，可使用 MyBatis-Plus 代码生成器，尽量减少模板代码的编写。

第13章

MyBatis-Plus 多数据源

在项目开发尤其是微服务架构开发中，我们经常遇到纯粹多库、读写分离、一主多从等多数据源的情况。在类似情况下，我们可采用 MyBatis-Plus 提供的解决方案快速集成多数据源。该方案支持数据源分组，每个数据库独立初始化表结构和数据库，并能够快速集成 Druid、HikariCp、Dbcp2、BeeCp 等数据源。为确保数据安全，该方案支持数据库敏感配置信息加密，并提供 MyBatis 环境下的纯读写分离方案。

本章相关示例的完整代码请参见随书配套源码中的 MyBatis_MPDatasource 项目。

13.1 多数据源策略

顾名思义，多数据源就是在一个应用中涉及了两个或两个以上的数据库，一个数据库就是一个数据源。多数据源通常的应用场景有如下几种。

第一种：数据库高性能场景。例如数据库的主从架构（包括一主一从、一主多从等），在主库进行增删改操作，在从库进行读操作。高性能场景下多数据源的部署方式如图 13-1 所示。

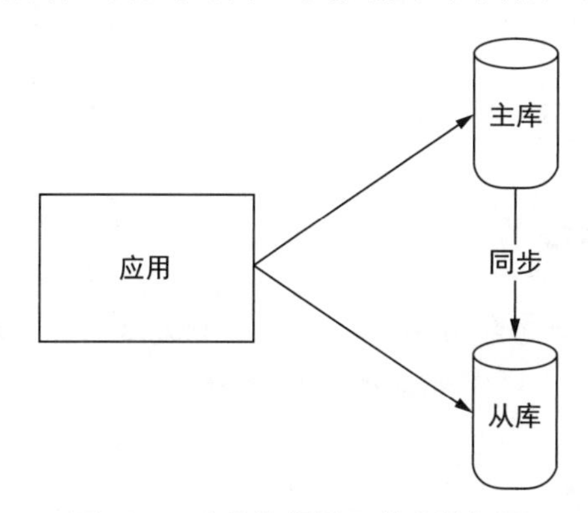

图 13-1 高性能场景下的多数据源

第二种：数据库高可用场景。例如数据库的主备架构（包括一主一备、一主多备等），当主数据库无法访问时，可以切换至其他备份数据库。高可用场景下多数据源的部署方式如图 13-2 所示。

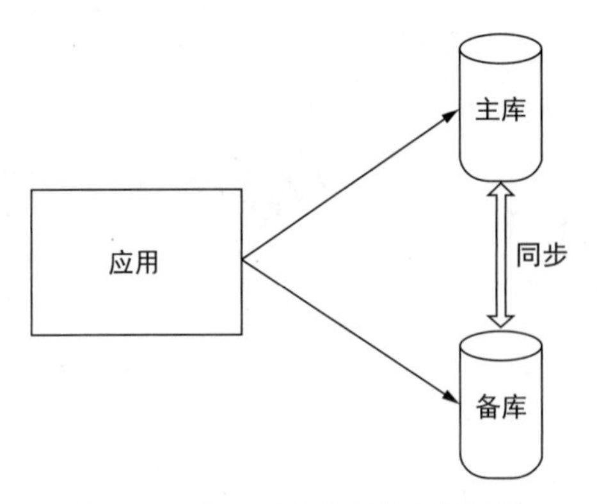

图 13-2　高可用场景下的多数据源

第三种：同构或异构数据库。将需要应用程序的数据存储在不同的数据库中，常见的架构包括同构（即多个数据源为相同的 DBMS）和异构（即多个数据源为不同的 DBMS）。同构或异构数据库场景下多数据源的部署方式如图 13-3 所示。

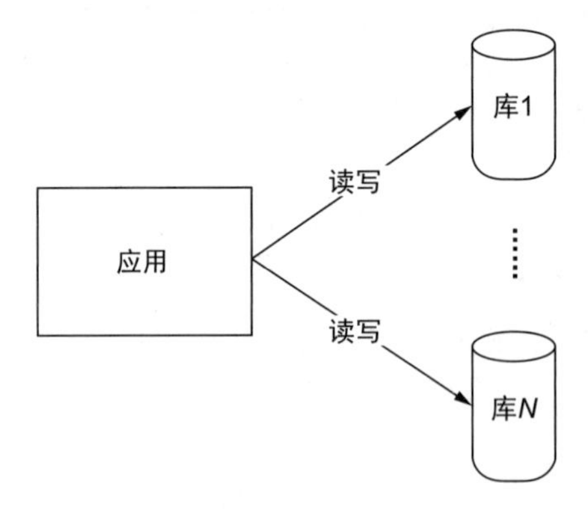

图 13-3　同构或异构场景下的多数据源

13.2　多数据源应用案例

本节中，我们将通过案例详细介绍 MyBatis-Plus 多数据源技术的使用方式及其步骤。在本案例中，共涉及三个不同的数据库，我们利用多数据源技术从三个不同的库查询数据。

13.2.1　案例开发准备

创建三个数据库分别存放公民表 `t_person`、硬盘表 `t_disk` 和鼠标表 `t_mouse`。第一个库 `mybatisplusdsdb1` 以及公民表的相关代码如下：

```
-- 创建第一个库
DROP DATABASE IF EXISTS mybatisplusdsdb1;
CREATE DATABASE mybatisplusdsdb1;
use mybatisplusdsdb1;

-- 创建公民表
DROP TABLE IF EXISTS t_person;
CREATE TABLE t_person(
    p_id BIGINT(20) PRIMARY KEY AUTO_INCREMENT,
    p_name VARCHAR(30),
    p_gender VARCHAR(10),
    p_age INT(10)
);

-- 向公民表中插入数据
INSERT INTO t_person (p_name, p_gender, p_age) VALUES
( 'lucy', 'female', 18),
( 'pipi', 'female', 19),
( 'dodo', 'female', 22);

-- 查询公民表中的数据
SELECT * FROM t_person;
```

在公民表中，p_id 字段表示公民 id，p_name 字段表示公民姓名，p_gender 字段表示公民性别，p_age 字段表示公民年龄。执行以上 SQL 语句后，公民表中的数据如图 13-4 所示。

p_id	p_name	p_gender	p_age
1	lucy	female	18
2	pipi	female	19
3	dodo	female	22

图 13-4　公民表中的数据

第二个库 mybatisplusdsdb2 以及硬盘表的相关代码如下：

```
-- 创建第二个库
DROP DATABASE IF EXISTS mybatisplusdsdb2;
CREATE DATABASE mybatisplusdsdb2;
use mybatisplusdsdb2;

-- 创建硬盘表
DROP TABLE IF EXISTS t_disk;
CREATE TABLE t_disk(
    d_id BIGINT(20) PRIMARY KEY AUTO_INCREMENT,
    d_name VARCHAR(30),
    d_price DOUBLE(7,2)
);
```

```
-- 向硬盘表中插入数据
INSERT INTO t_disk (d_name, d_price) VALUES
( '三星', 3000),
( '联想', 3100),
( '东芝', 3200);

-- 查询硬盘表中的数据
SELECT * FROM t_disk;
```

在硬盘表中，d_id字段表示硬盘 id，d_name 字段表示硬盘品牌，d_price 字段表示硬盘价格。执行以上 SQL 语句后，硬盘表中的数据如图 13-5 所示。

d_id	d_name	d_price
1	三星	3000.00
2	联想	3100.00
3	东芝	3200.00

图 13-5　硬盘表中的数据

第三个库 mybatisplusdsdb3 以及鼠标表的相关代码如下：

```
-- 创建第三个库
DROP DATABASE IF EXISTS mybatisplusdsdb3;
CREATE DATABASE mybatisplusdsdb3;
use mybatisplusdsdb3;

-- 创建鼠标表
DROP TABLE IF EXISTS t_mouse;
CREATE TABLE t_mouse(
    m_id BIGINT(20) PRIMARY KEY AUTO_INCREMENT,
    m_name VARCHAR(30),
    m_price DOUBLE(6,2)
);

-- 向鼠标表中插入数据
INSERT INTO t_mouse (m_name, m_price) VALUES
( '飞燕', 25),
( '罗技', 35),
( '技嘉', 45);

-- 查询鼠标表中的数据
SELECT * FROM t_mouse;
```

在鼠标表中，m_id 字段表示鼠标 id，m_name 字段表示鼠标品牌，m_price 字段表示鼠标价格。执行以上 SQL 语句后，鼠标表中的数据如图 13-6 所示。

m_id	m_name	m_price
1	飞燕	25.00
2	罗技	35.00
3	技嘉	45.00

图 13-6　鼠标表中的数据

13.2.2　创建工程

请在 IDEA 中创建新的 Spring Boot 项目 MyBatis_MPDatasource，其创建过程与之前的案例完全相同，在此不再赘述。项目结构如图 13-7 所示。

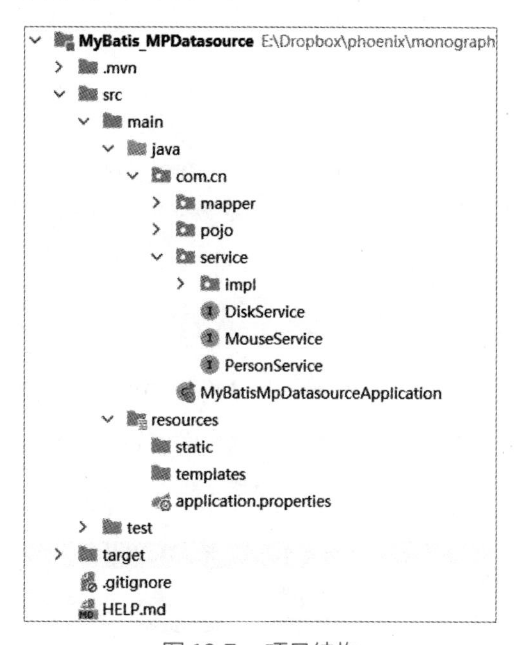

图 13-7　项目结构

13.2.3　添加依赖

在 pom.xml 中添加代码生成器所需的 mybatis-plus 依赖、MySQL 依赖和动态数据源所依赖的 dynamic-datasource-spring-boot-starter。相关代码如下：

```
<!-- mybatis-plus 依赖 -->
<dependency>
    <groupId>com.baomidou</groupId>
```

```
    <artifactId>mybatis-plus-boot-starter</artifactId>
    <version>3.5.1</version>
</dependency>

<!-- MySQL 依赖 -->
<dependency>
    <groupId>mysql</groupId>
    <artifactId>mysql-connector-java</artifactId>
    <scope>runtime</scope>
</dependency>

<!-- dynamic-datasource-spring-boot-starter 依赖 -->
<dependency>
    <groupId>com.baomidou</groupId>
    <artifactId>dynamic-datasource-spring-boot-starter</artifactId>
    <version>3.5.0</version>
</dependency>
```

13.2.4　编写配置文件

在项目的 application.properties 文件中配置多数据源和项目基础设置。在该文件中配置一个主数据源（master）用于第一个数据库的操作，配置两个从数据源（slave）用于第二个和第三个数据库的操作。相关代码如下：

```
# 配置数据源
spring.datasource.type=com.zaxxer.hikari.HikariDataSource
# 配置 MyBatis-Plus 日志输出
mybatis-plus.configuration.log-impl=org.apache.ibatis.logging.stdout.StdOutImpl

# 配置主数据源
spring.datasource.dynamic.primary=master
# 严格匹配数据源，默认为 false。若设置为 true，则在未匹配到指定数据源时将抛出异常
spring.datasource.dynamic.strict=false
spring.datasource.dynamic.datasource.master.url=jdbc:mysql://localhost:3306/
    mybatisplusdsdb1?characterEncoding=utf-8&userSSL=false
spring.datasource.dynamic.datasource.master.driver-class-name=com.mysql.cj.jdbc.Driver
spring.datasource.dynamic.datasource.master.username=root
spring.datasource.dynamic.datasource.master.password=root

# 配置第一个从数据源
spring.datasource.dynamic.datasource.slave1.url=jdbc:mysql://localhost:3306/
    mybatisplusdsdb2?characterEncoding=utf-8&userSSL=false
spring.datasource.dynamic.datasource.slave1.driver-class-name=com.mysql.cj.jdbc.Driver
spring.datasource.dynamic.datasource.slave1.username=root
spring.datasource.dynamic.datasource.slave1.password=root

# 配置第二个从数据源
spring.datasource.dynamic.datasource.slave2.url=jdbc:mysql://localhost:3306/
    mybatisplusdsdb3?characterEncoding=utf-8&userSSL=false
```

```
spring.datasource.dynamic.datasource.slave2.driver-class-name=com.mysql.cj.jdbc.Driver
spring.datasource.dynamic.datasource.slave2.username=root
spring.datasource.dynamic.datasource.slave2.password=root
```

在配置主从数据库时，一定要注意各个数据库不同的地址和连接所用的用户名及密码。

13.2.5 编写 POJO

在 com.cn.pojo 包中编写三个实体，即与 t_person 表对应的 Person 类、与 t_disk 表对应的 Disk 类、与 t_mouse 对应的 Mouse 类。

Person 类的相关代码如下：

```
@TableName("t_person")
public class Person {
    @TableId(value = "p_id", type = IdType.AUTO)
    private Long id;
    @TableField("p_name")
    private String name;
    @TableField("p_gender")
    private String gender;
    @TableField("p_age")
    private Integer age;
    // 省略构造函数、各属性的 set 和 get 方法、toString 方法
}
```

Disk 类的相关代码如下：

```
@TableName("t_disk")
public class Disk {
    @TableId(value = "d_id", type = IdType.AUTO)
    private Long id;
    @TableField("d_name")
    private String name;
    @TableField("d_price")
    private double price;
    // 省略构造函数、各属性的 set 和 get 方法、toString 方法
}
```

Mouse 类的相关代码如下：

```
@TableName("t_mouse")
public class Mouse {
    @TableId(value = "m_id", type = IdType.AUTO)
    private Long id;
    @TableField("m_name")
    private String name;
    @TableField("m_price")
    private double price;
```

```
    // 省略构造函数、各属性的 set 和 get 方法、toString 方法
}
```

在编写 POJO 类时，请注意属性与表字段的对应。

13.2.6　编写接口文件

在 com.cn.mapper 包中编写三个接口文件，即与公民对应的 PersonMapper、与硬盘对应的 DiskMapper、与鼠标对应的 MouseMapper。

PersonMapper 接口的相关代码如下：

```
@Repository
public interface PersonMapper extends BaseMapper<Person> {}
```

DiskMapper 接口的相关代码如下：

```
@Repository
public interface DiskMapper extends BaseMapper<Disk> {}
```

MouseMapper 接口的相关代码如下：

```
@Repository
public interface MouseMapper extends BaseMapper<Mouse> {}
```

与以往的案例一样，以上三个 Mapper 接口均继承自 BaseMapper。

13.2.7　编写 Service 接口

请在 com.cn.service 包中编写三个 Service 接口，即与公民对应的 PersonService、与鼠标对应的 MouseService、与硬盘对应的 DiskService。

PersonService 接口的相关代码如下：

```
public interface PersonService extends IService<Person> {

}
```

DiskService 接口的相关代码如下：

```
public interface DiskService extends IService<Disk> {

}
```

MouseService 接口的相关代码如下：

```
public interface MouseService extends IService<Mouse> {

}
```

与以往的案例一样，以上三个 Service 接口均继承自 IService。

13.2.8 编写 Service 接口实现类

在 com.cn.service.impl 包中编写三个 Service 接口的实现类，即与 Person 对应的 PersonServiceImpl、与 Mouse 对应的 MouseServiceImpl、与 Disk 对应的 DiskServiceImpl。

在 PersonServiceImpl 类上利用注解 @DS("master") 表示使用 master 数据源，在 DiskServiceImpl 类上利用注解 @DS("slave1") 表示使用 slave1 数据源，在 PersonServiceImpl 类上利用注解 @DS("slave2") 表示使用 slave2 数据源。

PersonServiceImpl 类的相关代码如下：

```
@Service
@DS("master")
public class PersonServiceImpl extends ServiceImpl<PersonMapper, Person> implements
    PersonService {

}
```

DiskServiceImpl 类的相关代码如下：

```
@Service
@DS("slave1")
public class DiskServiceImpl extends ServiceImpl<DiskMapper, Disk> implements DiskService {

}
```

MouseServiceImpl 类的相关代码如下：

```
@Service
@DS("slave2")
public class MouseServiceImpl extends ServiceImpl<MouseMapper, Mouse> implements MouseService {

}
```

与以往的案例一样，以上三个 Service 接口实现类均继承自 ServiceImpl。

13.2.9 完善入口类

在 Spring Boot 项目的入口类 MyBatisMpDatasourceApplication 上使用 @MapperScan 注解，添加对于 mapper 包的扫描。相关代码如下：

```
@SpringBootApplication
@MapperScan("com.cn.mapper")
public class MyBatisMpDatasourceApplication {

    public static void main(String[] args) {
        SpringApplication.run(MyBatisMpDatasourceApplication.class, args);
    }

}
```

13.2.10 编写测试代码

在项目测试类中利用@Autowired注解注入PersonService、DiskService和MouseService，并查询所有 Person、所有 Disk 和所有 Mouse。MyBatisMpDatasourceApplicationTests 中的相关测试代码如下：

```
@Autowired
private PersonService personService;

@Autowired
private DiskService diskService;

@Autowired
private MouseService mouseService;

@Test
public void testGetAllPerson(){
    // 查询所有 Person
    List<Person> personList = personService.list();
    // 遍历打印查询结果
    for(Person person:personList){
        System.out.println(person);
    }
}

@Test
public void testGetAllDisk(){
    // 查询所有 Disk
    List<Disk> diskList = diskService.list();
    // 遍历打印查询结果
    for(Disk disk:diskList){
        System.out.println(disk);
    }
}

@Test
public void testGetAllMouse(){
    // 查询所有 Mouse
    List<Mouse> mouseList = mouseService.list();
```

```
    // 遍历打印查询结果
    for(Mouse mouse:mouseList){
        System.out.println(mouse);
    }
}
```

查询所有 Person 的测试执行流程以及查询结果如下：

```
==>  Preparing: SELECT p_id AS id,p_name AS name,p_gender AS gender,p_age AS age FROM t_person
==> Parameters:
<==    Columns: id, name, gender, age
<==        Row: 1, lucy, female, 18
<==        Row: 2, pipi, female, 19
<==        Row: 3, dodo, female, 22
<==      Total: 3
Closing non transactional SqlSession [org.apache.ibatis.session.defaults.
    DefaultSqlSession@6ec63f8]
Person{id=1, name='lucy', gender='female', age=18}
Person{id=2, name='pipi', gender='female', age=19}
Person{id=3, name='dodo', gender='female', age=22}
```

查询所有 Disk 的测试执行流程以及查询结果如下：

```
==>  Preparing: SELECT d_id AS id,d_name AS name,d_price AS price FROM t_disk
==> Parameters:
<==    Columns: id, name, price
<==        Row: 1, 三星, 3000.0
<==        Row: 2, 联想, 3100.0
<==        Row: 3, 东芝, 3200.0
<==      Total: 3
Closing non transactional SqlSession [org.apache.ibatis.session.defaults.
    DefaultSqlSession@7161457]
Disk{id=1, name='三星', price=3000.0}
Disk{id=2, name='联想', price=3100.0}
Disk{id=3, name='东芝', price=3200.0}
```

查询所有 Mouse 的测试执行流程以及查询结果如下：

```
==>  Preparing: SELECT m_id AS id,m_name AS name,m_price AS price FROM t_mouse
==> Parameters:
<==    Columns: id, name, price
<==        Row: 1, 飞燕, 25.0
<==        Row: 2, 罗技, 35.0
<==        Row: 3, 技嘉, 45.0
<==      Total: 3
Closing non transactional SqlSession [org.apache.ibatis.session.defaults.
    DefaultSqlSession@220c9a63]
Mouse{id=1, name='飞燕', price=25.0}
Mouse{id=2, name='罗技', price=35.0}
Mouse{id=3, name='技嘉', price=45.0}
```

从以上打印信息中可以看到，在多数据源配置下，我们成功地从第一个数据库中查询了 Person 信息，从第二个数据库中查询了 Disk 信息，从第三个数据库中查询了 Mouse 信息。

13.3 小结

本章介绍了项目开发中的多数据源策略，重点展示了 MyBatis-Plus 多数据源技术的应用方式及流程。鉴于多数据源在项目开发过程中的普遍应用，各位读者务必亲自动手完成本章所涉及的案例。

第 14 章

MyBatis-Plus 插件技术

为了进一步提升开发人员的工作效率，MyBatis-Plus 提供了 InnerInterceptor 接口实现插件功能。目前已有的常用插件包括：

- 分页插件
- 乐观锁插件
- 多租户插件
- 动态表名插件
- 防全表更新与删除插件

在本章中，我们将介绍分页插件、乐观锁插件以及基于 IDEA 工具的 MyBatisX 快速开发插件。

14.1 分页插件

MyBatis-Plus 自带分页插件，支持 MySQL、Oracle、DB2、H2、HSQL、SQLite、PostgreSQL、SQL Server、Phoenix 等数据库，只需进行简单的配置，即可实现分页功能。MyBatis-Plus 分页插件基于 MyBatis 物理分页，开发者无须关心具体操作，配置插件之后写分页等同于写基本的 List 查询。

本节中，我们将通过案例详细介绍 MyBatis-Plus 分页插件的使用方式及步骤。

分页插件案例的完整代码，请参见随书配套源码中的 MyBatis_MPPage 项目。

14.1.1 案例开发准备

准备本案例所需的账户表 t_account。在该表中，a_id 字段为主键，表示账户编号；a_name 字段表示账户姓名；a_money 字段表示账户余额；a_vesion 字段表示乐观锁版本号。关于乐观锁，我们将在后续章节中详细介绍。a_vesion 对本案例无实质影响，读者可先行忽略该字段。相关代码如下：

```
-- 创建账户表 t_account
DROP TABLE IF EXISTS t_account;
CREATE TABLE t_account(
    a_id BIGINT(20) NOT NULL COMMENT '主键 ID',
    a_name VARCHAR(30) NULL DEFAULT NULL COMMENT '姓名',
    a_money INT(11) DEFAULT 0 COMMENT '余额',
    a_version INT(11) DEFAULT 0 COMMENT '版本号',
    PRIMARY KEY (a_id)
);

-- 向账户表中插入数据
INSERT INTO t_account (a_id, a_name, a_money, a_version) VALUES (1, 'zxx', 900, 0);
INSERT INTO t_account (a_id, a_name, a_money, a_version) VALUES (2, 'wmd', 800, 0);
INSERT INTO t_account (a_id, a_name, a_money, a_version) VALUES (3, 'lqx', 700, 0);
INSERT INTO t_account (a_id, a_name, a_money, a_version) VALUES (4, 'zmy', 600, 0);
INSERT INTO t_account (a_id, a_name, a_money, a_version) VALUES (5, 'lbb', 500, 0);
INSERT INTO t_account (a_id, a_name, a_money, a_version) VALUES (6, 'fbb', 400, 0);
INSERT INTO t_account (a_id, a_name, a_money, a_version) VALUES (7, 'pmn', 300, 0);
INSERT INTO t_account (a_id, a_name, a_money, a_version) VALUES (8, 'lyy', 200, 0);
INSERT INTO t_account (a_id, a_name, a_money, a_version) VALUES (9, 'zty', 100, 0);

-- 查询账户表中的数据
SELECT * FROM t_account;
```

执行以上操作后，账户表中的数据如图 14-1 所示。

a_id	a_name	a_money	a_version
1	zxx	900	0
2	wmd	800	0
3	lqx	700	0
4	zmy	600	0
5	lbb	500	0
6	fbb	400	0
7	pmn	300	0
8	lyy	200	0
9	zty	100	0

图 14-1　账户表中的数据

14.1.2　新建工程

请在 IDEA 中创建新的 Spring Boot 项目 MyBatis_MPPage，其创建过程与之前的案例完全相同，在此不再赘述。该项目的结构如图 14-2 所示。

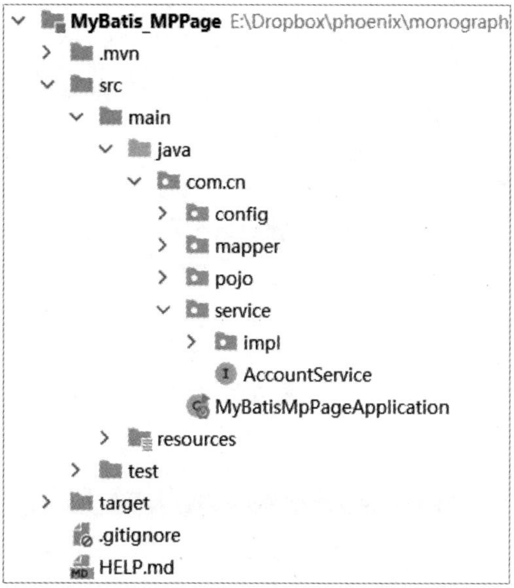

```
MyBatis_MPPage E:\Dropbox\phoenix\monograph
  .mvn
  src
    main
      java
        com.cn
          config
          mapper
          pojo
          service
            impl
            AccountService
          MyBatisMpPageApplication
      resources
    test
  target
  .gitignore
  HELP.md
```

图 14-2 MyBatis_MPPage 项目的结构

14.1.3 添加依赖

请在 pom.xml 中添加案例所需的依赖，相关代码如下：

```
<!-- mybatis-plus 依赖 -->
<dependency>
    <groupId>com.baomidou</groupId>
    <artifactId>mybatis-plus-boot-starter</artifactId>
    <version>3.5.1</version>
</dependency>

<!-- MySQL 依赖 -->
<dependency>
    <groupId>mysql</groupId>
    <artifactId>mysql-connector-java</artifactId>
    <scope>runtime</scope>
</dependency>
```

14.1.4 编写配置文件

请在项目的 application.properties 文件中编写项目配置信息，相关代码如下：

```
# 配置数据源
spring.datasource.type=com.zaxxer.hikari.HikariDataSource
```

```
# 配置数据库驱动
spring.datasource.driver-class-name=com.mysql.cj.jdbc.Driver
# 连接数据库
spring.datasource.url=jdbc:mysql://localhost:3306/mybatisplusdb?characterEncoding=utf-
    8&userSSL=false
spring.datasource.username=root
spring.datasource.password=root
# 配置 MyBatis-Plus 日志输出
mybatis-plus.configuration.log-impl=org.apache.ibatis.logging.stdout.StdOutImpl
```

14.1.5　编写 POJO

在 com.cn.pojo 包中编写与 t_account 表对应的 Account 类，相关代码如下：

```
@TableName("t_account")
public class Account {
    @TableId(value = "a_id",type = IdType.AUTO)
    private Long id;
    @TableField("a_name")
    private String name;
    @TableField("a_money")
    private int money;
    @TableField("a_version")
    private int version;
    // 省略构造函数、各属性的 set 和 get 方法、toString 方法
}
```

请注意，类中的属性与表中的字段相对应。

14.1.6　编写接口文件

请在 com.cn.mapper 包中编写接口文件 AccountMapper.java，相关代码如下：

```
@Repository
public interface AccountMapper extends BaseMapper<Account> {

}
```

其中，AccountMapper 接口继承自 BaseMapper。

14.1.7　编写 Service 接口

请在 com.cn.service 包中编写 AccountService 接口，相关代码如下：

```
public interface AccountService extends IService<Account> {}
```

其中，AccountService 接口继承自 IService。

14.1.8 编写 Service 接口实现类

请在 com.cn.service.impl 包中编写 AccountService 接口的实现类 AccountServiceImpl，相关代码如下：

```
@Service
public class AccountServiceImpl extends ServiceImpl<AccountMapper, Account>
    implements AccountService {}
```

其中，AccountServiceImpl 继承自 ServiceImpl 并实现 AccountService 接口。

14.1.9 配置分页插件

请在 com.cn.config 包下创建配置类 MyBatisPlusConfig 并配置分页插件，相关代码如下：

```
@Configuration
public class MyBatisPlusConfig {
    @Bean
    public MybatisPlusInterceptor mybatisPlusInterceptor(){
        // 创建拦截器
        MybatisPlusInterceptor interceptor = new MybatisPlusInterceptor();
        // 创建分页插件
        PaginationInnerInterceptor paginationInnerInterceptor = new
            PaginationInnerInterceptor(DbType.MYSQL);
        // 添加分页插件
        interceptor.addInnerInterceptor(paginationInnerInterceptor);
        return interceptor;
    }
}
```

在 MyBatisPlusConfig 中创建分页插件 PaginationInnerInterceptor 并将该插件添加至拦截器中。

14.1.10 完善入口类

请在 Spring Boot 项目的入口类 MyBatisMpPageApplication 上使用 @MapperScan 注解，添加对于 mapper 包的扫描，相关代码如下：

```
@SpringBootApplication
@MapperScan("com.cn.mapper")
public class MyBatisMpPageApplication {

    public static void main(String[] args) {
        SpringApplication.run(MyBatisMpPageApplication.class, args);
    }

}
```

14.1.11　编写测试代码

在项目测试类中利用 @Autowired 注解注入 AccountMapper 并测试 MyBatis-Plus 自带的分页功能。MyBatisMpPageApplicationTests 中的相关测试代码如下：

```
@Autowired
private AccountMapper accountMapper;

@Test
public void testSelectPage(){
    // 当前页
    int currentPage = 2;
    // 每页数据条数
    int pageSize = 4;
    // 创建 Page 对象
    Page<Account> page = new Page<>(currentPage,pageSize);
    // 分页查询
    accountMapper.selectPage(page,null);
    // 获取数据总条数
    long total = page.getTotal();
    System.out.println("数据总条数: "+total);
    // 获取总页数
    long pages = page.getPages();
    System.out.println("总页数: "+pages);
    // 获取当前页的所有数据
    List<Account> accountList = page.getRecords();
    // 遍历打印当前页数据
    for (Account account:accountList) {
        System.out.println(account);
    }
    // 判断是否有上一页
    boolean hasPrevious = page.hasPrevious();
    System.out.println("是否有上一页: "+hasPrevious);
    // 判断是否有下一页
    boolean hasNext = page.hasNext();
    System.out.println("是否有下一页: "+hasNext);
}
```

在测试中设置每页显示 4 条数据并查询第 2 页的数据。分页查询完毕后，获取当前页数据并判断是否有下一页和上一页。

测试执行流程以及分页查询结果如下：

```
==>  Preparing: SELECT COUNT(*) AS total FROM t_account
==> Parameters:
<==    Columns: total
<==        Row: 9
<==      Total: 1
==>  Preparing: SELECT a_id AS id,a_name AS name,a_money AS money,a_version AS version
    FROM t_account LIMIT ?,?
```

```
==> Parameters: 4(Long), 4(Long)
<==    Columns: id, name, money, version
<==        Row: 5, lbb, 500, 0
<==        Row: 6, fbb, 400, 0
<==        Row: 7, pmn, 300, 0
<==        Row: 8, lyy, 200, 0
<==      Total: 4
Closing non transactional SqlSession [org.apache.ibatis.session.defaults.
    DefaultSqlSession@73971965]
数据总条数：9
总页数：3
Account{id=5, name='lbb', money=500, version=0}
Account{id=6, name='fbb', money=400, version=0}
Account{id=7, name='pmn', money=300, version=0}
Account{id=8, name='lyy', money=200, version=0}
是否有上一页：true
是否有下一页：true
```

从执行流程来看，MyBatis-Plus 与 MyBatis 的分页基本一致，但是用起来更加简洁和高效。

14.1.12 自定义分页查询

在以上案例中，使用的是 MyBatis-Plus 默认分页。在实际的开发过程中，我们还时常需要依据需求自定义分页查询。例如，查询账户余额大于 300 元的账户信息。

第一步：在接口文件 AccountMapper.java 中声明方法 `selectPageByMoney()`。该方法用于通过余额查询账户信息并分页，相关代码如下：

```
@Repository
public interface AccountMapper extends BaseMapper<Account> {
    Page<Account> selectPageByMoney(@Param("page") Page<Account> page, @Param("money")
        Integer money);
}
```

该方法的第一个参数表示分页对象，它必须位于所有参数的最前面；第二个参数表示账户余额。

第二步：在 resources 下创建 `mapper` 包并在该包中创建映射文件 AccountMapper.xml。相关代码如下：

```
<?xml version="1.0" encoding="UTF-8" ?>
<!DOCTYPE mapper
        PUBLIC "-//mybatis.org//DTD Mapper 3.0//EN"
        "http://mybatis.org/dtd/mybatis-3-mapper.dtd">
<mapper namespace="com.cn.mapper.AccountMapper">

    <select id="selectPageByMoney" resultType="com.cn.pojo.Account">
        SELECT a_id AS id,a_name AS name,a_money AS money,a_version AS version
               FROM t_account WHERE a_money > #{money}
```

```
    </select>

</mapper>
```

在映射文件中利用 select 语句查询余额大于指定值的账号信息。

第三步：测试自定义分页查询。MyBatisMpPageApplicationTests 中的相关测试代码如下：

```
@Test
public void testSelectPageByMoney(){
    // 当前页
    int currentPage = 2;
    // 每页数据条数
    int pageSize = 4;
    // 创建 page 对象
    Page<Account> page = new Page<>(currentPage,pageSize);
    // 账户余额
    int money = 300;
    // 分页查询
    accountMapper.selectPageByMoney(page,money);
    // 获取数据总条数
    long total = page.getTotal();
    System.out.println("数据总条数: "+total);
    // 获取总页数
    long pages = page.getPages();
    System.out.println("总页数: "+pages);
    // 获取当前页的所有数据
    List<Account> accountList = page.getRecords();
    // 遍历打印当前页数据
    for (Account account:accountList) {
        System.out.println(account);
    }
    // 判断是否有上一页
    boolean hasPrevious = page.hasPrevious();
    System.out.println("是否有上一页: "+hasPrevious);
    // 判断是否有下一页
    boolean hasNext = page.hasNext();
    System.out.println("是否有下一页: "+hasNext);
}
```

在测试中设置每页显示 4 条数据并查询第 2 页的数据。分页查询完毕后，获取当前页数据并判断是否有下一页和上一页。

测试执行流程以及分页查询结果如下：

```
==>  Preparing: SELECT COUNT(*) AS total FROM t_account WHERE a_money > ?
==> Parameters: 300(Integer)
<==    Columns: total
<==        Row: 6
<==      Total: 1
```

```
==> Preparing: SELECT a_id AS id,a_name AS name,a_money AS money,a_version AS version
    FROM t_account WHERE a_money > ? LIMIT ?,?
==> Parameters: 300(Integer), 4(Long), 4(Long)
<==    Columns: id, name, money, version
<==        Row: 5, lbb, 500, 0
<==        Row: 6, fbb, 400, 0
<==      Total: 2
Closing non transactional SqlSession [org.apache.ibatis.session.defaults.
    DefaultSqlSession@64f981e2]
数据总条数：6
总页数：2
Account{id=5, name='lbb', money=500, version=0}
Account{id=6, name='fbb', money=400, version=0}
```

从执行流程可以看出，查询过程中在以往默认分页的基础上添加了自定义查询条件。

14.2 乐观锁插件

悲观锁和乐观锁常用于解决并发场景下的资源竞争问题。悲观锁在操作数据时比较悲观，认为别人会同时修改数据，因此在操作数据时直接把数据锁住，直到操作完成后才会释放锁，上锁期间其他人不能修改数据。乐观锁在操作数据时非常乐观，认为别人不会同时修改数据，因此乐观锁不会上锁，只是在执行更新的时候判断在此期间别人是否修改了数据。如果其他人修改了数据，则放弃操作，否则执行操作。

乐观锁的实现方式及操作步骤如下。

(1) 获取某条记录的同时获取该条记录对应的 version。

(2) 更新记录时携带该 version。

(3) 将 version 作为更新条件。

(4) 如果原 version 值与当前的最新 version 值不一致，则更新失败，反之更新成功。

本节中，我们将在之前分页插件案例的基础上，详细介绍 MyBatis-Plus 乐观锁插件的使用方式及步骤。在本案例中，我们在从账户取钱的操作中使用乐观锁，以避免数据操作失败。

14.2.1 添加 @Version 注解

请在实体类中使用 @Version 注解指定乐观锁版本号，相关代码如下：

```
@TableName("t_account")
public class Account {
    @TableId(value = "a_id",type = IdType.AUTO)
    private Long id;
    @TableField("a_name")
    private String name;
```

```
    @TableField("a_money")
    private int money;
    @Version
    @TableField("a_version")
    private int version;
    // 省略构造函数、各属性的 set 和 get 方法、toString 方法
}
```

在 Account 类中的 version 属性上新增 @Version 注解，表示使用该属性标记锁的版本号。

14.2.2　配置乐观锁插件

请在配置类 MyBatisPlusConfig 中追加乐观锁插件的配置，相关代码如下

```
@Configuration
public class MyBatisPlusConfig {
    @Bean
    public MybatisPlusInterceptor mybatisPlusInterceptor(){
        // 创建拦截器
        MybatisPlusInterceptor interceptor = new MybatisPlusInterceptor();
        // 创建分页插件
        PaginationInnerInterceptor paginationInnerInterceptor = new
            PaginationInnerInterceptor(DbType.MYSQL);
        // 添加分页插件
        interceptor.addInnerInterceptor(paginationInnerInterceptor);
        // 创建乐观锁插件
        OptimisticLockerInnerInterceptor optimisticLockerInnerInterceptor = new
            OptimisticLockerInnerInterceptor();
        // 添加乐观锁
        interceptor.addInnerInterceptor(optimisticLockerInnerInterceptor);
        return interceptor;
    }
}
```

在 MyBatisPlusConfig 中创建乐观锁插件 OptimisticLockerInnerInterceptor 并将该插件添加至拦截器中。

14.2.3　测试乐观锁插件

在账户表中，id 为 1 的账户的余额为 900，version 字段的值为 0。现在，两个人从该账户中取钱，他们所面临的数据是完全一致的。第一个人取 500 元钱，执行更新操作时，乐观锁将该行记录的 version 字段值由 0 变成 1；第二个人取钱并执行更新操作时，原本持有的 version 值 0 与最新的 version 值 1 不相等，导致取钱失败。MyBatisMpPageApplicationTests 中的相关测试代码如下：

```
@Test
public void testOptimisticLocker1() {
    // 账户 id
    long accountID = 1L;
    // 第一个人查询账户
    Account account1 = accountMapper.selectById(accountID);
    // 获取账户余额
    Integer money1 = account1.getMoney();
    // 查询记录 version
    int version = account1.getVersion();
    System.out.println(" 第一个人查询到的账户余额为 " + money1+", version 为 "+version);
    // 第二个人查询账户
    Account account2 = accountMapper.selectById(accountID);
    // 获取账户余额
    Integer money2 = account2.getMoney();
    // 查询记录 version
    version = account2.getVersion();
    System.out.println(" 第二个人查询到的账户余额为 " + money1+", version 为 "+version);

    // 第一个人取钱 500 元
    account1.setMoney(money1 - 500);
    // 更新账户
    int result1 = accountMapper.updateById(account1);
    if (result1 == 0) {
        System.out.println(" 第一个人取钱 500 元失败 ");
    } else {
        System.out.println(" 第一个人取钱 500 元成功 ");
    }
    // 查询记录 version
    version = accountMapper.selectById(accountID).getVersion();
    System.out.println(" 第一个人取钱结束后该条记录的 version 为 "+version);

    // 第二个人取钱 100 元
    account2.setMoney(money2 - 100);
    // 更新账户
    int result2 = accountMapper.updateById(account2);
    if (result2 == 0) {
        System.out.println(" 第二个人取钱 100 元失败 ");
    } else {
        System.out.println(" 第二个人取钱 100 元成功 ");
    }
}
```

测试执行流程以及关键 SQL 和打印日志如下：

```
==>  Preparing: SELECT a_id AS id,a_name AS name,a_money AS money,a_version AS version
    FROM t_account WHERE a_id=?
==> Parameters: 1(Long)
<==    Columns: id, name, money, version
<==        Row: 1, zxx, 900, 0
<==      Total: 1
第一个人查询到的账户余额为 900, version 为 0
```

```
==>  Preparing: SELECT a_id AS id,a_name AS name,a_money AS money,a_version AS version
    FROM t_account WHERE a_id=?
==> Parameters: 1(Long)
<==    Columns: id, name, money, version
<==        Row: 1, zxx, 900, 0
<==      Total: 1
第二个人查询到的账户余额为 900, version 为 0
==>  Preparing: UPDATE t_account SET a_name=?, a_money=?, a_version=? WHERE a_id=?
    AND a_version=?
==> Parameters: zxx(String), 400(Integer), 1(Integer), 1(Long), 0(Integer)
<==    Updates: 1
第一个人取钱（500 元）成功
==>  Preparing: SELECT a_id AS id,a_name AS name,a_money AS money,a_version AS version
    FROM t_account WHERE a_id=?
==> Parameters: 1(Long)
<==    Columns: id, name, money, version
<==        Row: 1, zxx, 400, 1
<==      Total: 1
第一个人取钱结束后，该条记录的 version 为 1
==>  Preparing: UPDATE t_account SET a_name=?, a_money=?, a_version=? WHERE a_id=? AND
    a_version=?
==> Parameters: zxx(String), 800(Integer), 1(Integer), 1(Long), 0(Integer)
<==    Updates: 0
第二个人取钱（100 元）失败
```

第一个人取钱完毕后，数据库对记录执行了更新操作，该条记录对应的 version 值由 0 变成 1。所以，第二个人取钱时，由于自身持有的 version 值与数据库中 version 的最新值不一致，导致数据更新失败。在此情况下，第二个人应重新获取账户信息，然后持有与数据库相同的 version，再次尝试取钱操作。请还原数据库中 id 为 1 的账户的余额为 900，version 值为 0，并再次测试。MyBatisMpPageApplicationTests 中的相关测试代码如下：

```java
@Test
public void testOptimisticLocker2() {
    // 账户 id
    long accountID = 1L;
    // 第一个人查询账户
    Account account1 = accountMapper.selectById(accountID);
    // 获取账户余额
    Integer money1 = account1.getMoney();
    // 查询记录 version
    int version = account1.getVersion();
    System.out.println("第一个人查询到的账户余额为 " + money1+", version 为 "+version);
    // 第二个人查询账户
    Account account2 = accountMapper.selectById(accountID);
    // 获取账户余额
    Integer money2 = account2.getMoney();
    // 查询记录 version
    version = account2.getVersion();
    System.out.println("第二个人查询到的账户余额为 " + money1+", version 为 "+version);
```

```
    // 第一个人取钱 500 元
    account1.setMoney(money1 - 500);
    // 更新账户
    int result1 = accountMapper.updateById(account1);
    if (result1 == 0) {
        System.out.println(" 第一个人取钱 500 元失败 ");
    } else {
        System.out.println(" 第一个人取钱 500 元成功 ");
    }
    // 查询记录 version
    version = accountMapper.selectById(accountID).getVersion();
    System.out.println(" 第一个人取钱结束后该条记录的 version 为 "+version);

    // 第二个人取钱 100 元
    account2.setMoney(money2 - 100);
    // 更新账户
    int result2 = accountMapper.updateById(account2);
    if (result2 == 0) {
        System.out.println(" 第二个人取钱 100 元失败 ");
        System.out.println(" 第二个人开始重新取钱 ");
        // 重新获取账户信息
        account2 = accountMapper.selectById(accountID);
        // 获取账户余额
        money2 = account2.getMoney();
        // 查询记录 version
        version = account2.getVersion();
        System.out.println(" 第二个人重新查询到的账户余额为 " + money2+", version 为 "+version);
        // 第二个人取钱 100 元
        account2.setMoney(money2 - 100);
        // 更新账户
        result2 = accountMapper.updateById(account2);
        if(result2 == 0){
            System.out.println(" 第二个人重新取钱 100 元失败 ");
        }else{
            System.out.println(" 第二个人重新取钱 100 元成功 ");
        }
    } else {
        System.out.println(" 第二个人取钱 100 元成功 ");
    }
}
```

测试执行流程以及关键 SQL 和打印日志如下：

```
==>  Preparing: SELECT a_id AS id,a_name AS name,a_money AS money,a_version AS version
   FROM t_account WHERE a_id=?
==> Parameters: 1(Long)
<==    Columns: id, name, money, version
<==        Row: 1, zxx, 900, 0
<==      Total: 1
第一个人查询到的账户余额为 900, version 为 0
==>  Preparing: SELECT a_id AS id,a_name AS name,a_money AS money,a_version AS version
   FROM t_account WHERE a_id=?
```

```
==> Parameters: 1(Long)
<==    Columns: id, name, money, version
<==        Row: 1, zxx, 900, 0
<==      Total: 1
第二个人查询到的账户余额为 900，version 为 0
==>  Preparing: UPDATE t_account SET a_name=?, a_money=?, a_version=? WHERE a_id=? AND
    a_version=?
==> Parameters: zxx(String), 400(Integer), 1(Integer), 1(Long), 0(Integer)
<==    Updates: 1
第一个人取钱 500 元成功
==>  Preparing: SELECT a_id AS id,a_name AS name,a_money AS money,a_version AS version
    FROM t_account WHERE a_id=?
==> Parameters: 1(Long)
<==    Columns: id, name, money, version
<==        Row: 1, zxx, 400, 1
<==      Total: 1
第一个人取钱结束后，该条记录的 version 为 1
==>  Preparing: UPDATE t_account SET a_name=?, a_money=?, a_version=? WHERE a_id=? AND
    a_version=?
==> Parameters: zxx(String), 800(Integer), 1(Integer), 1(Long), 0(Integer)
<==    Updates: 0
第二个人取钱 100 元失败
第二个人开始重新取钱
==>  Preparing: SELECT a_id AS id,a_name AS name,a_money AS money,a_version AS version
    FROM t_account WHERE a_id=?
==> Parameters: 1(Long)
<==    Columns: id, name, money, version
<==        Row: 1, zxx, 400, 1
<==      Total: 1
第二个人重新查询到的账户余额为 400，version 为 1
==>  Preparing: UPDATE t_account SET a_name=?, a_money=?, a_version=? WHERE a_id=? AND
    a_version=?
==> Parameters: zxx(String), 300(Integer), 2(Integer), 1(Long), 1(Integer)
<==    Updates: 1
第二个人重新取钱 100 元成功
```

在代码优化后的测试中，当第二个人取钱失败后，重新获取数据库中记录的最新 version，然后再次取款即可。请读者思考一个问题：当第二个人取款成功后，账户表中 id 为 1 的账户的余额和 version 值分别是多少？

14.3 快速开发插件

MyBatis-Plus 为开发人员提供了功能强大的 mapper 和 service 模板，大大提高了开发效率。但是，在实际的项目开发过程中，MyBatis-Plus 并不能为我们解决所有问题。例如，复杂的 SQL 和多表联查就需要编码人员自己写接口和 SQL 语句。此时，我们可考虑使用 MyBatisX 插件进一步提升开发速度。

MyBatisX 是一款基于 IDEA 的快速开发插件，使用简单、易于上手，可以帮助开发者在使用 MyBatis 以及 MyBatis-Plus 开发时简化烦琐的重复操作，极大地提高代码开发效率。

14.3.1 安装 Lombok

Lombok 是一款优秀的 IDEA 插件，它可以自动插入到编辑器和构建工具中增强 Java 代码的性能。安装 Lombok 插件后，开发人员无须再编写 getter、setter、equals、构造函数等方法，只需使用注解即可避免冗余和样板式代码，让编写的实体类更加简洁。在 IDEA 工具栏中依次选择 “File” → “Settings” → “Plugins”，输入 Lombok 搜索并安装 Lombok 插件，安装完毕后重启 IDEA。Lombok 的安装方式如图 14-3 所示。

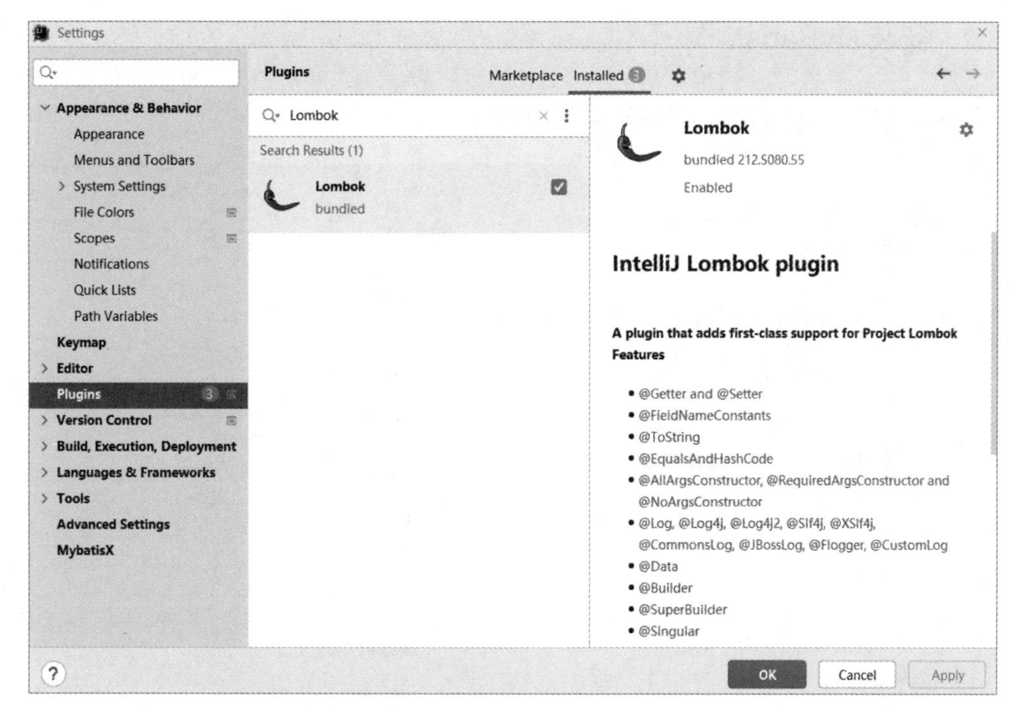

图 14-3 安装 Lombok

Lombok 的常用注解及其作用如表 14-1 所示。

表 14-1 Lombok 的常用注解

注　解	作　用
@getter	生成对应的 getter 方法
@setter	生成对应的 setter 方法

（续）

注　解	作　用
@NoArgsConstructor	生成对应的无参构造方法
@AllArgsConstructor	生成对应的有参构造方法
@ToString	重写对应的 toStirng 方法
@EqualsAndHashCode	重写对应的 equals 方法和 hashCode 方法
@Data	等效于同时使用 @getter、@setter、@NoArgsConstructor

在项目开发中，经常在实体类上使用 @NoArgsConstructor、@AllArgsConstructor 、@Data 注解简化代码的编写。

14.3.2　安装 MyBatisX

与 Lombok 的安装过程类似，搜索并安装 MyBatisX 插件，如图 14-4 所示。

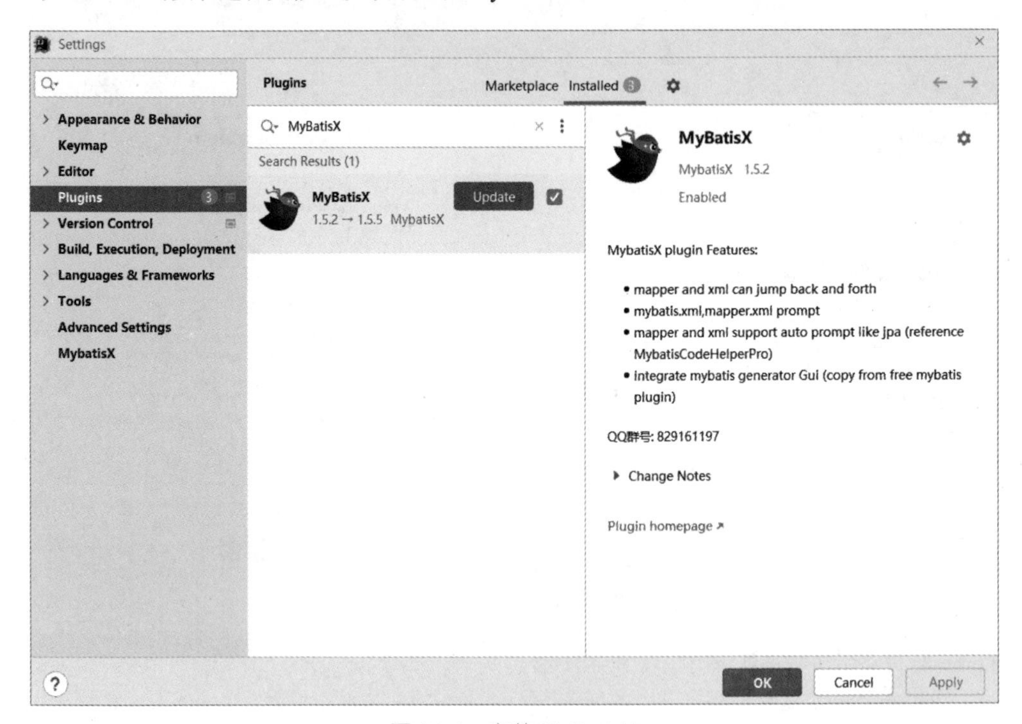

图 14-4　安装 MyBatisX

安装完毕后请重启 IDEA。

14.3.3　MyBatisX 使用案例

本节将以案例形式详细介绍 MyBatisX 的用法及注意事项。

关于 MyBatisX 案例的完整代码，请参见随书配套源码中的 MyBatis_MPMBX 项目。

1. 案例开发准备

创建本案例所需的数据库 mybatisxdb 以及工程师表 t_engineer。在该表中，id 字段为自增主键，表示工程师编号；name 字段表示工程师姓名；gender 字段表示工程师性别；age 字段表示工程师年龄。相关代码如下：

```
-- 创建库 mybatisxdb
DROP DATABASE IF EXISTS mybatisxdb;
CREATE DATABASE mybatisxdb;
USE mybatisxdb;

-- 创建工程师表 t_engineer
DROP TABLE IF EXISTS t_engineer;
CREATE TABLE t_engineer(
    id BIGINT(20) PRIMARY KEY AUTO_INCREMENT,
    name VARCHAR(30),
    gender VARCHAR(10),
    age INT(10)
);

-- 向工程师表中插入数据
INSERT INTO t_engineer (name, gender, age) VALUES
('tata', 'male', 28),
('dodo', 'male', 27),
('rprp', 'male', 39),
('pipi', 'male', 24);

-- 查询工程师表中的数据
SELECT * FROM t_engineer;
```

执行以上操作后，工程师表中的数据如图 14-5 所示。

id	name	gender	age
1	tata	male	28
2	dodo	male	27
3	rprp	male	39
4	pipi	male	24

图 14-5　工程师表中的数据

2. 创建工程

请在 IDEA 中创建新的 Spring Boot 项目 MyBatis_MPMBX，其创建过程与之前的案例完全相同，在此不再赘述。MyBatis_MPMBX 项目的结构如图 14-6 所示。

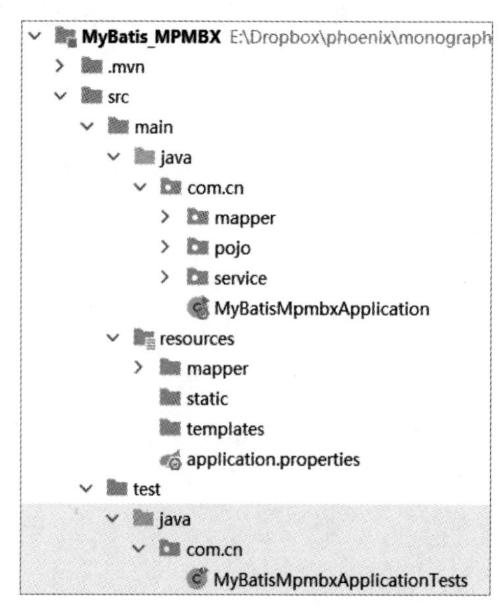

图 14-6　MyBatis_MPMBX 项目的结构

3. 添加依赖

请在 pom.xml 中添加代码生成器所需的 lombok 依赖、mybatis-plus 依赖和 MySQL 依赖，相关代码如下：

```
<!-- lombok 依赖 -->
<dependency>
    <groupId>org.projectlombok</groupId>
    <artifactId>lombok</artifactId>
    <optional>true</optional>
</dependency>

<!-- mybatis-plus 依赖 -->
<dependency>
    <groupId>com.baomidou</groupId>
    <artifactId>mybatis-plus-boot-starter</artifactId>
    <version>3.5.1</version>
</dependency>

<!-- MySQL 依赖 -->
<dependency>
```

```
    <groupId>mysql</groupId>
    <artifactId>mysql-connector-java</artifactId>
    <scope>runtime</scope>
</dependency>
```

4. 编写配置文件

请在项目的 application.properties 文件中编写项目配置信息，相关代码如下：

```
# 配置数据源
spring.datasource.type=com.zaxxer.hikari.HikariDataSource
# 配置数据库驱动
spring.datasource.driver-class-name=com.mysql.cj.jdbc.Driver
# 连接数据库
spring.datasource.url=jdbc:mysql://localhost:3306/mybatisxdb?characterEncoding=utf-
    8&userSSL=false
spring.datasource.username=root
spring.datasource.password=root
# 配置 MyBatis-Plus 日志输出
mybatis-plus.configuration.log-impl=org.apache.ibatis.logging.stdout.StdOutImpl
```

5. 配置数据库

为了在 IDEA 中使用 MyBatisX，我们需要使用数据库连接数据。

第一步：请点击 Database 左上角的“+”号添加配置，如图 14-7 所示。

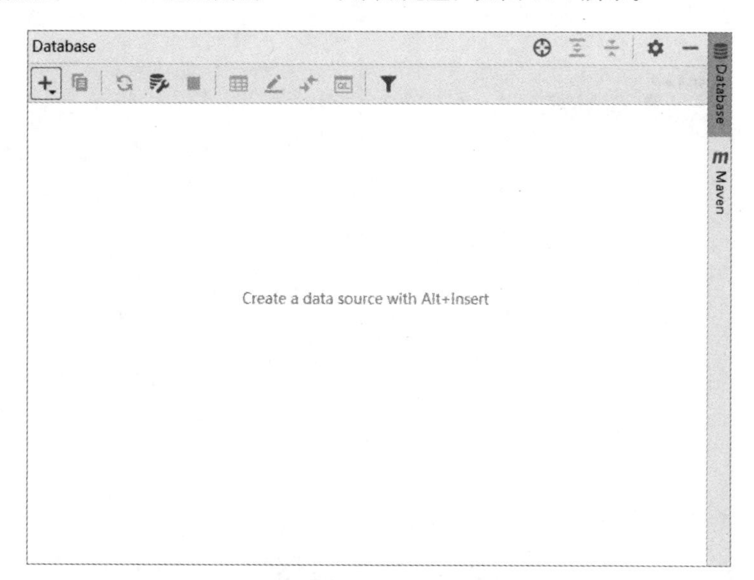

图 14-7　添加数据库配置

第二步：选择 MySQL 数据库，如图 14-8 所示。

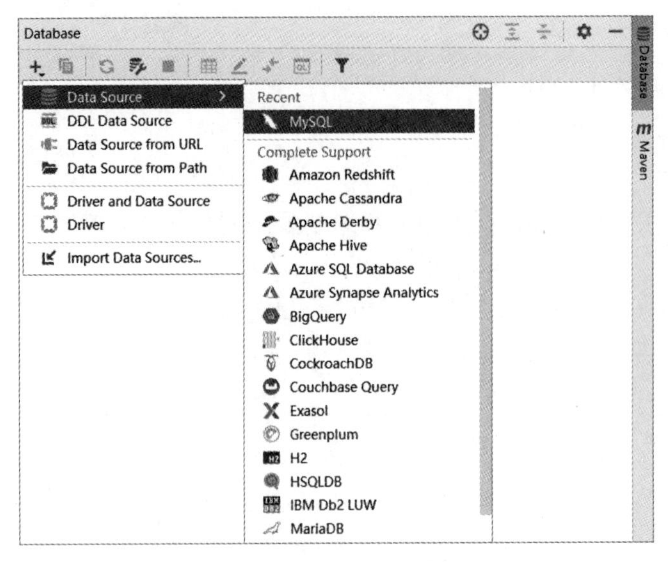

图 14-8　选择 MySQL 数据库

第三步：填写数据库连接信息并点击 Apply 按钮，如图 14-9 所示。

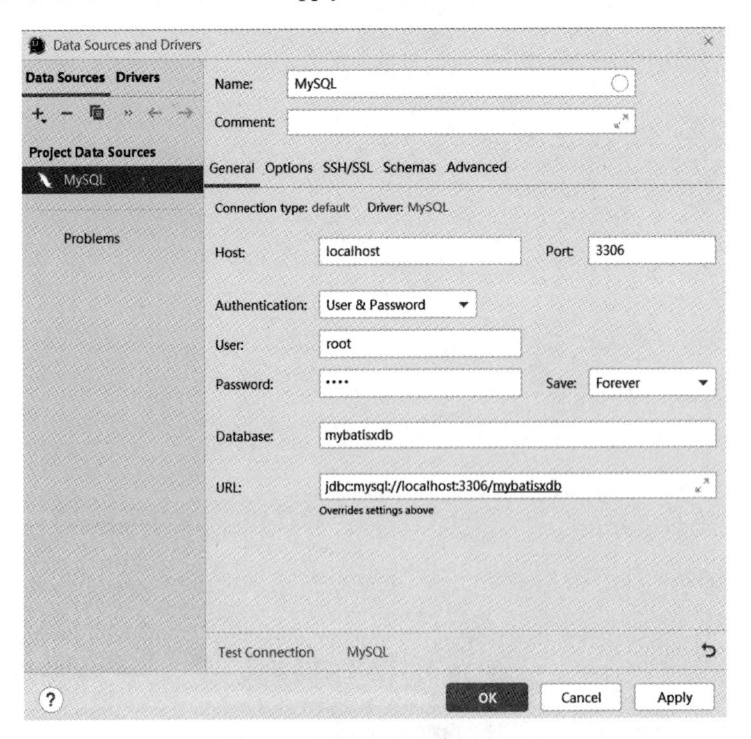

图 14-9　配置数据库连接信息

第四步：点击 Test Connection 测试数据库连接是否正常，如图 14-10 所示。

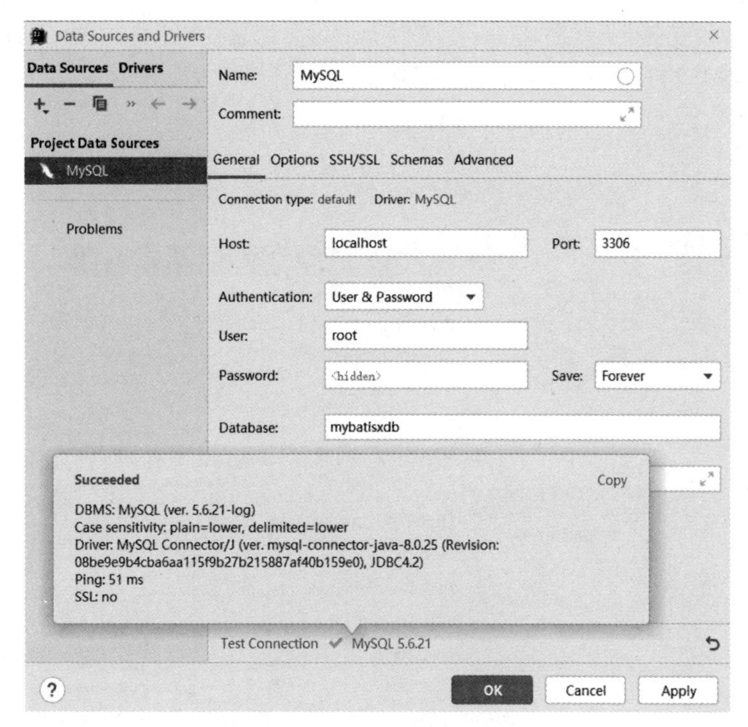

图 14-10　测试数据库连接

测试成功，表明 Database 已经连通本地 MySQL 数据库。点击 OK 按钮后，界面将如图 14-11 所示。

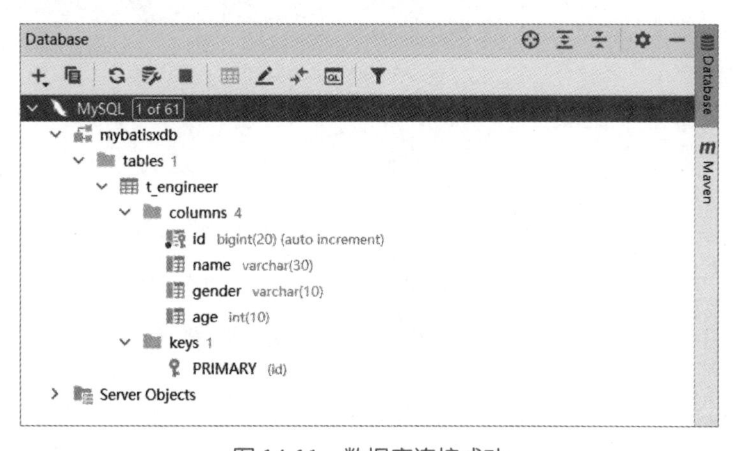

图 14-11　数据库连接成功

连接成功后，可在 IDEA 中查看和操作 MySQL 数据库。

6. 自动生成代码

在完成数据库的配置后，我们就可以使用 MyBatisX 依据表自动生成 POJO、Mapper.java 接口文件、Mapper.xml 映射文件、Service 接口及其实现类了，具体操作流程如下。

第一步：选择 MybatisX-Generator 并单击，如图 14-12 所示。

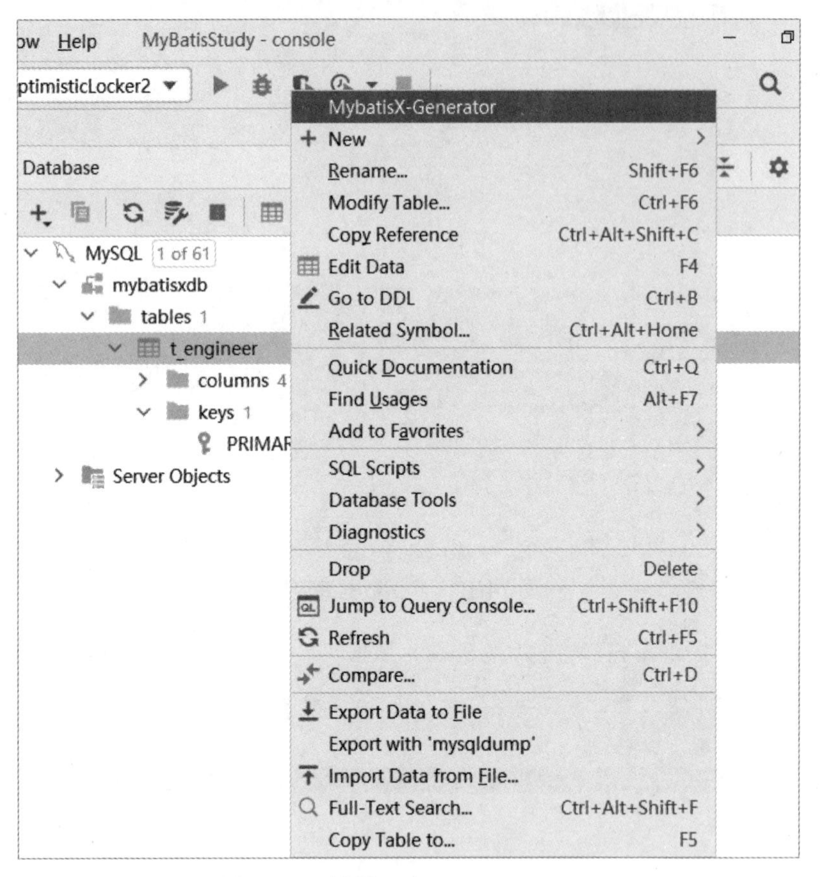

图 14-12　选择 MybatisX-Generator

第二步：填写配置项并点击 Next 按钮，如图 14-13 所示。

在该步骤中，配置包名、编码方式、表名、表对应的实体类等信息。

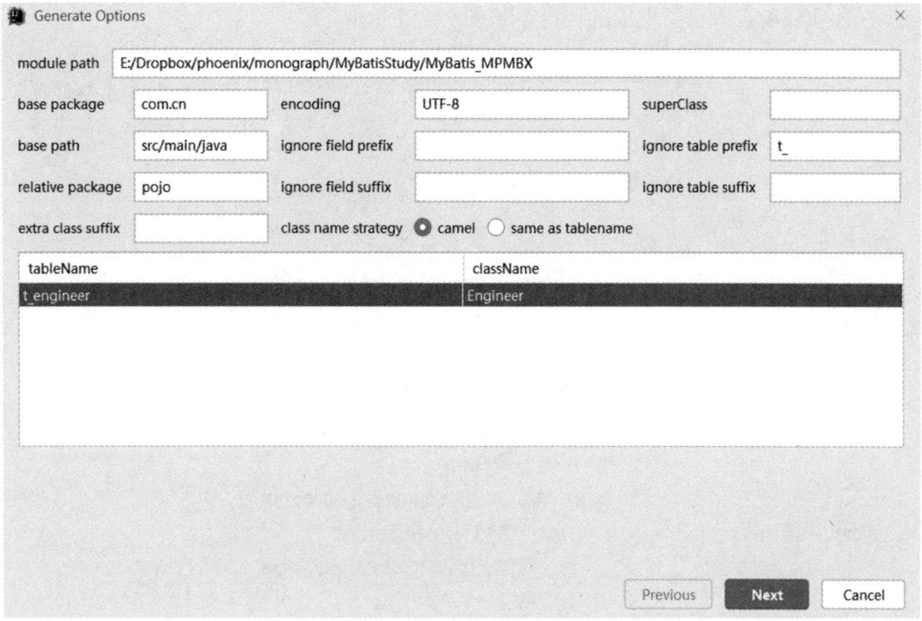

Generate Options

module path E:/Dropbox/phoenix/monograph/MyBatisStudy/MyBatis_MPMBX

base package com.cn encoding UTF-8 superClass

base path src/main/java ignore field prefix ignore table prefix t_

relative package pojo ignore field suffix ignore table suffix

extra class suffix class name strategy camel same as tablename

tableName	className
t_engineer	Engineer

Previous Next Cancel

图 14-13　填写配置项

第三步：继续填写配置项并点击 Finish 按钮，如图 14-14 所示。

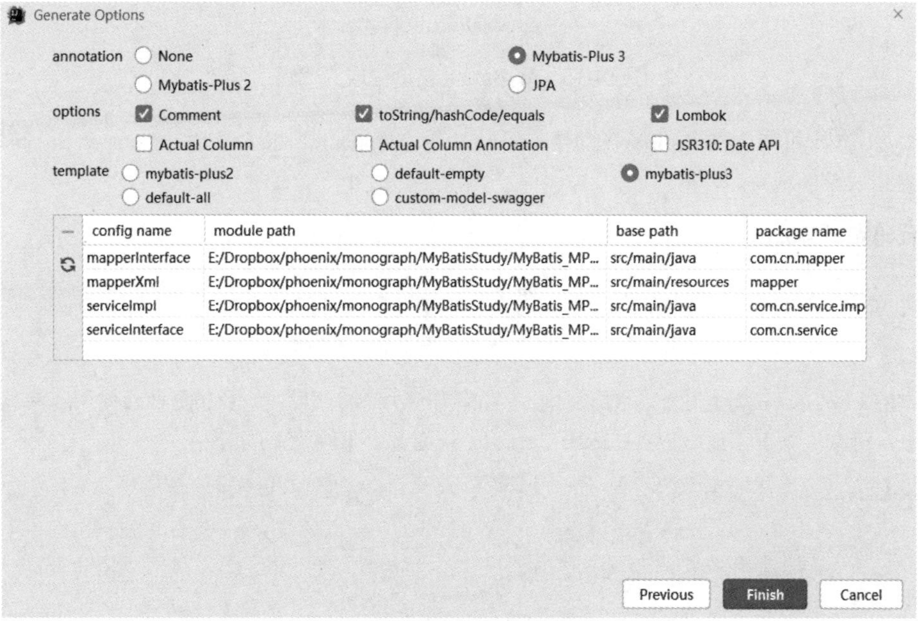

Generate Options

annotation None Mybatis-Plus 3 Mybatis-Plus 2 JPA

options Comment toString/hashCode/equals Lombok Actual Column Actual Column Annotation JSR310: Date API

template mybatis-plus2 default-empty mybatis-plus3 default-all custom-model-swagger

config name	module path	base path	package name
mapperInterface	E:/Dropbox/phoenix/monograph/MyBatisStudy/MyBatis_MP...	src/main/java	com.cn.mapper
mapperXml	E:/Dropbox/phoenix/monograph/MyBatisStudy/MyBatis_MP...	src/main/resources	mapper
serviceImpl	E:/Dropbox/phoenix/monograph/MyBatisStudy/MyBatis_MP...	src/main/java	com.cn.service.imp
serviceInterface	E:/Dropbox/phoenix/monograph/MyBatisStudy/MyBatis_MP...	src/main/java	com.cn.service

Previous Finish Cancel

图 14-14　完善配置项

第四步：在项目中查看自动生成的代码，如图 14-15 所示。

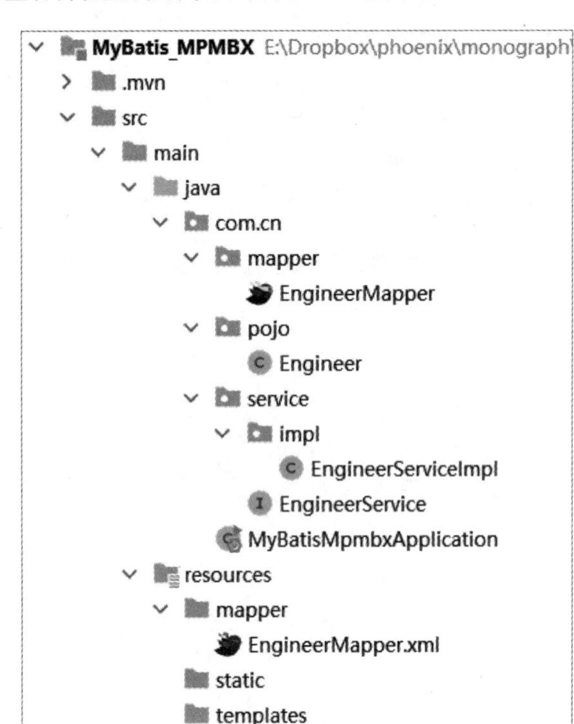

图 14-15　MyBatisX 自动生成的代码

从图 14-15 中可知，MyBatisX 自动生成了 POJO、Mapper.java 接口文件、Mapper.xml 映射文件、Service 接口及其实现类。

7. 代码完善与优化

虽然 MyBatisX 自动生成了各层代码，但是我们可依据项目需求完善和优化部分代码与配置。

第一步：优化 POJO。

原本的 `Engineer` 类上只有 `@TableName` 注解和 `@Data` 注解，为了方便日后使用有参构造函数创建对象，可在该类上添加 `@AllArgsConstructor` 注解，相关代码如下：

```
@TableName(value ="t_engineer")
@Data
@AllArgsConstructor
public class Engineer implements Serializable {
  // 此处省略该类中的代码
}
```

第二步：优化接口文件。

为了避免部分版本的 IDEA 误报错误提醒，可在 EngineerMapper 接口上使用 @Repository 注解。相关代码如下：

```
@Repository
public interface EngineerMapper extends BaseMapper<Engineer> {}
```

第三步：完善入口类。

请在 Spring Boot 项目的入口类 MyBatisMpmbxApplication 上使用 @MapperScan 注解添加对于 mapper 包的扫描，相关代码如下：

```
@SpringBootApplication
@MapperScan("com.cn.mapper")
public class MyBatisMpmbxApplication {

    public static void main(String[] args) {
        SpringApplication.run(MyBatisMpmbxApplication.class, args);
    }

}
```

完成对自动生成的代码的优化与完善后，我们对相关代码进行测试。

8. 编写测试代码

在项目测试类中利用 @Autowired 注解注入 EngineerService 并查询所有工程师。MyBatis-MpmbxApplicationTests 中的相关测试代码如下：

```
@Autowired
private EngineerService engineerService;

@Test
public void testGetAllEngineer(){
    // 查询所有工程师
    List<Engineer> engineerList = engineerService.list();
    // 遍历打印查询结果
    for(Engineer engineer:engineerList){
        // 获取工程师 id
        Long id = engineer.getId();
        // 获取工程师名字
        String name = engineer.getName();
        // 获取工程师性别
        String gender = engineer.getGender();
        // 获取工程师年龄
        Integer age = engineer.getAge();
        // 打印工程师信息
        System.out.println("id="+id+",name="+name+",gender="+gender+",age="+age);
    }
}
```

在测试中调用 engineerService 的 list() 方法查询所有工程师。

测试执行流程以及查询结果如下：

```
==>  Preparing: SELECT id,name,gender,age FROM t_engineer
==> Parameters: 
<==    Columns: id, name, gender, age
<==        Row: 1, tata, male, 28
<==        Row: 2, dodo, male, 27
<==        Row: 3, rprp, male, 39
<==        Row: 4, pipi, male, 24
<==      Total: 4
Closing non transactional SqlSession [org.apache.ibatis.session.defaults.
    DefaultSqlSession@766a49c7]
id=1,name=tata,gender=male,age=28
id=2,name=dodo,gender=male,age=27
id=3,name=rprp,gender=male,age=39
id=4,name=pipi,gender=male,age=24
```

9. MyBatisX 自定义操作

在刚才的示例中，我们测试了 MyBatisX 自动生成的代码的查询功能。在实际开发中，除了用自动生成的功能以外，还经常需要自定义操作。因此，我们需在 Mapper.java 接口文件中进行相应的开发。

例如，要编写依据年龄查询工程师的方法，则只需要在接口文件中写出方法名 queryByAge，再按下 Alt + Enter 组合键选择 Generate MyBatis Sql，即可自动生成接口方法及其对应的映射语句。

EngineerMapper.java 接口文件的相关代码如下：

```
@Repository
public interface EngineerMapper extends BaseMapper<Engineer> {
    List<Engineer> queryByAge(@Param("age") Integer age);
}
```

EngineerMapper.xml 映射文件的相关代码如下：

```
<select id="queryByAge" resultMap="BaseResultMap">
    select
    <include refid="Base_Column_List"/>
    from t_engineer
    where
    age = #{age,jdbcType=NUMERIC}
</select>
```

最后，我们测试定义的 queryByAge() 方法。MyBatisMpmbxApplicationTests 中的相关测试代码如下：

```
@Autowired
private EngineerMapper engineerMapper;
```

```
@Test
public void testQueryByAge(){
    // 依据年龄查询工程师
    List<Engineer> engineerList = engineerMapper.queryByAge(27);
    // 遍历打印查询结果
    for(Engineer engineer:engineerList){
        // 获取工程师 id
        Long id = engineer.getId();
        // 获取工程师名字
        String name = engineer.getName();
        // 获取工程师性别
        String gender = engineer.getGender();
        // 获取工程师年龄
        Integer age = engineer.getAge();
        // 打印工程师信息
        System.out.println("id="+id+",name="+name+",gender="+gender+",age="+age);
    }
}
```

在测试中调用 EngineerMapper 的 queryByAge() 方法依据年龄查询工程师。

测试执行流程以及查询结果如下：

```
==>  Preparing: select id,name,gender, age from t_engineer where age = ?
==> Parameters: 27(Integer)
<==    Columns: id, name, gender, age
<==        Row: 2, dodo, male, 27
<==      Total: 1
Closing non transactional SqlSession [org.apache.ibatis.session.defaults.
    DefaultSqlSession@3c854752]
id=2,name=dodo,gender=male,age=27
```

14.4 小结

本章介绍了持久层开发中常用的插件，包括分页插件、乐观锁插件，以及快速开发插件 MyBatisX。虽然这些插件和工具可以在很大程度上帮助开发人员减少工作量，进而提升开发效率，但是我建议开发人员不要过度依赖类似的工具。毕竟，工具只是一种手段，而技术才是根本，况且工具的迭代更新速度非常快。所以，不必沉溺于工具的奇淫技巧，扎实掌握基本理论和核心技能才是重点。

第 15 章

MyBatis 项目开发实战

在前面的章节中，我们系统介绍了 MyBatis 的基本应用、运行原理、关联映射、动态 SQL、缓存机制、注解开发、插件技术、逆向工程以及 MyBatis-Plus 等。从知识层面而言，我们已经全面地掌握了 MyBatis 开发的核心技术。但是，从项目实战的角度来讲，项目实操经验还有所不足。为此，本章将结合 Spring Boot 技术详细介绍 MyBatis 在项目开发过程中的应用方式。

本章相关示例的完整代码请参见随书配套源码中的 FMS 项目。

15.1 项目概览

在进行项目开发之前，我们应该明确项目的主要功能、UI 设计以及项目实施所采用的核心技术。

15.1.1 功能介绍

私募基金投资管理平台是一个用于管理金融投资的信息系统，它的主要功能包括客户管理、员工管理、新闻管理、统计分析等。其中，“客户管理”模块包含新增客户、删除客户、修改客户、依据条件查询客户等功能；“员工管理”模块包含新增员工、删除员工、修改员工、依据条件查询员工等功能；“新闻管理”模块包含新增新闻、删除新闻、修改新闻、依据标题查询新闻等功能；“统计分析”模块包含客户级别分析、投资领域分析、投资意向统计等功能。该项目的系统功能架构如图 15-1 所示。

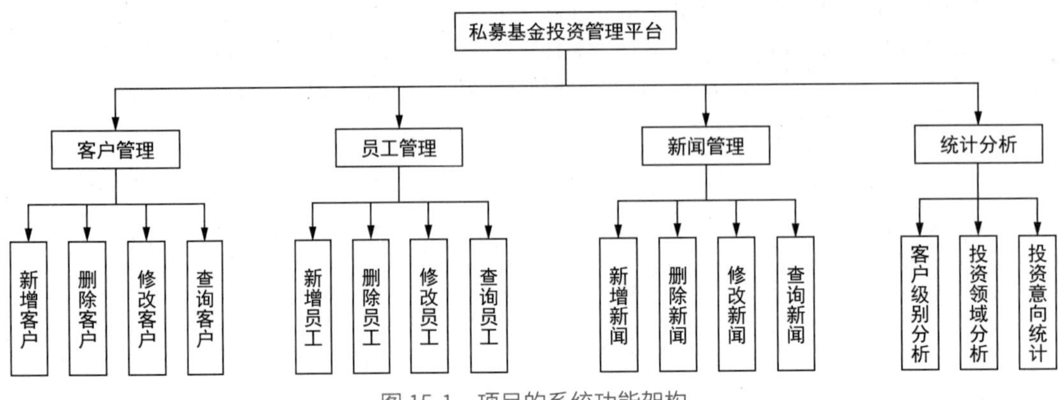

图 15-1 项目的系统功能架构

15.1.2 核心技术

本项目采用 MVC 三层架构进行设计开发。其中，后端采用 Spring Boot 框架，持久层采用 MyBatis 框架，数据库采用 MySQL，前端页面采用 Thymeleaf 模板引擎。该项目的开发环境与市面上主流的开发环境保持一致，详情如下。

- JDK 版本：JDK8
- 开发工具：IntelliJ IDEA
- 数据库：MySQL
- 数据库管理工具：Navicat
- Maven 版本：Maven 3.5.4
- 操作系统：Windows
- 浏览器：谷歌浏览器

15.1.3 项目展示

在正式开始项目开发之前，我们通过项目预览图熟悉项目的主要功能和页面设计，从而从整体上对项目有直观、形象的认识。

1. 登录页面

项目部署后，在浏览器中输入 http://localhost:9090/ 即可访问登录页面，该页面如图 15-2 所示。

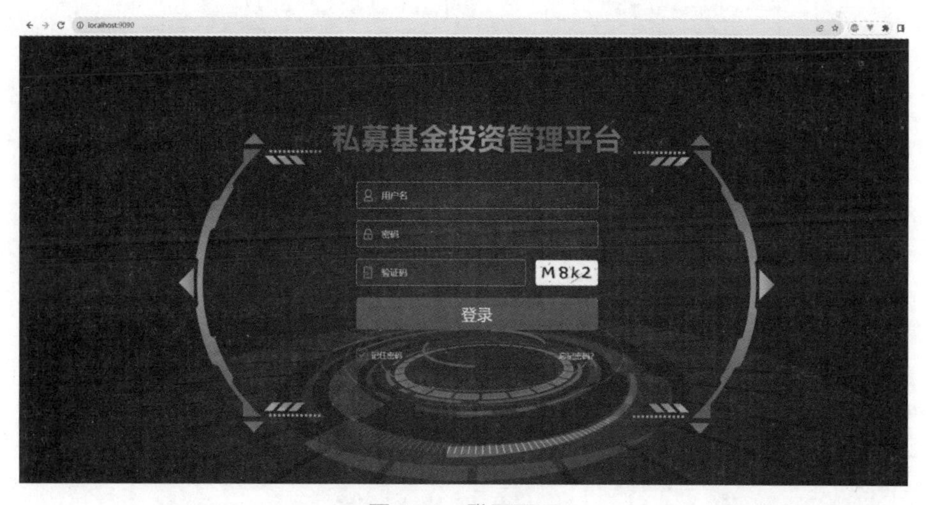

图 15-2 登录页面

在该页面中输入正确的用户名、密码以及验证码，点击“登录”按钮跳转到“客户管理”首页。

2. 客户管理

“客户管理”首页包括客户编号、客户姓名、客户级别、投资金额、投资领域、投资意向等信息，该页面如图 15-3 所示。

图 15-3　“客户管理”首页

在该页面中可点击“刷新”按钮重新加载最新客户数据。

- ***新建客户***

在“客户管理”首页点击“新建”按钮添加客户，添加操作如图 15-4 所示。

localhost:9090/investorController/toInsert
私募基金投资管理平台
客户管理
员工管理
新闻管理
统计分析
新建客户信息
客户姓名　高乐乐
客户级别　至尊客户
投资领域　能源
投资意向　高
投资金额　200W
居住城市　北京
联系电话
备注信息　喜欢古典戏剧
新增客户　返回列表

图 15-4　添加客户

在该页面中填入客户的各项信息，点击“新增客户”按钮，即可向平台添加新客户。

- **删除客户**

在“客户管理”首页点击“删除”按钮删除客户，该操作如图 15-5 所示。

图 15-5 删除客户

在页面上方的弹框中点击“确定”按钮即可删除客户。

- **修改客户**

在“客户管理”首页点击“修改”按钮更新客户信息，该操作如图 15-6 所示。

图 15-6 修改客户

在修改页面中重新填入客户信息，再点击“保存修改”按钮，即可更新客户信息。

- **查询客户**

在“客户管理”首页可依据客户姓名、客户级别、投资领域、投资意向查询客户信息，该操作如图 15-7 所示。

图 15-7　查询客户

在“客户管理”首页中设置查询条件后，点击 Search 按钮即可查询满足条件的客户。

3. 员工管理

“员工管理”首页包括编号、员工姓名、员工昵称、员工密码、员工级别等信息，该页面如图 15-8 所示。

图 15-8　“员工管理”首页

在该页面中可点击“刷新”按钮重新加载最新员工数据。

- **新建员工**

在“员工管理”首页点击“新建”按钮即可添加员工，添加操作如图 15-9 所示。

图 15-9 新建员工

在该页面中填入员工各项信息后，点击“新增员工”按钮即可向平台添加新员工。

- **删除员工**

在“员工管理”首页点击“删除”按钮删除员工，该操作如图 15-10 所示。

图 15-10 删除员工

在页面上方的弹框中点击“确定”按钮即可删除员工。

- **修改员工**

在“员工管理”首页点击“修改”按钮即可更新员工信息，该操作如图 15-11 所示。

图 15-11　修改员工

在“修改员工”页面中重新填入员工信息，再点击“保存修改”按钮，即可更新员工信息。

- **查询员工**

在“员工管理”首页可依据员工姓名、员工级别查询员工信息，该操作如图 15-12 所示。

图 15-12　查询员工

在“员工管理”首页中设置查询条件后，点击“查询”按钮即可查询满足条件的员工。

4. 新闻管理

“新闻管理”首页包括编号、新闻标题、新闻配图、新闻发布者、发布时间等信息，该页面如图 15-13 所示。

图 15-13 “新闻管理”首页

- ***新建新闻***

在“新闻管理”首页点击“新建”按钮添加新闻，添加操作如图 15-14 所示。

图 15-14 添加新闻

在该页面中填入新闻标题、新闻配图、新闻内容等信息后，点击“新增新闻”按钮即可发布一条新闻。

- **删除新闻**

在“新闻管理”首页点击“删除”按钮删除新闻，该操作如图 15-15 所示。

图 15-15　删除新闻

在页面上方的弹框中点击“确定”按钮即可删除新闻。

- **修改新闻**

在“新闻管理”首页点击“修改”按钮即可更新新闻信息，该操作如图 15-16 所示。

图 15-16　修改新闻

在“修改新闻”页面中重新填入新闻标题和新闻内容，设置新闻配图后，再点击“保存修改”按钮即可更新新闻。

- **查询新闻**

在“新闻管理”首页可依据新闻标题查询新闻，该操作如图 15-17 所示。

图 15-17　查询新闻

在“新闻管理”首页输入新闻标题后，点击“查询”按钮即可查询满足条件的新闻。

- **查看新闻**

在“新闻管理”首页点击“查看”按钮即可浏览新闻详情，如图 15-18 所示。

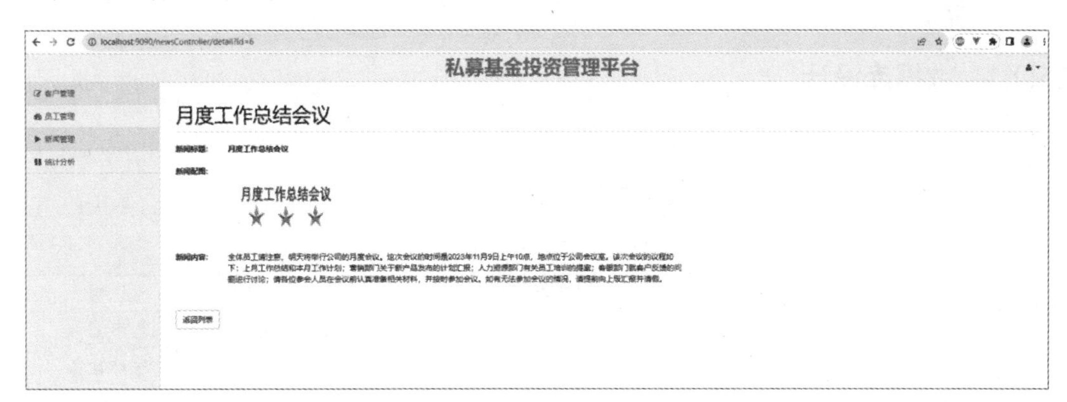

图 15-18　查看新闻

5. 统计分析

在“统计分析”模块，可以统计客户级别比例、投资领域比例以及投资意向占比，该模块预览页面如图 15-19 所示。

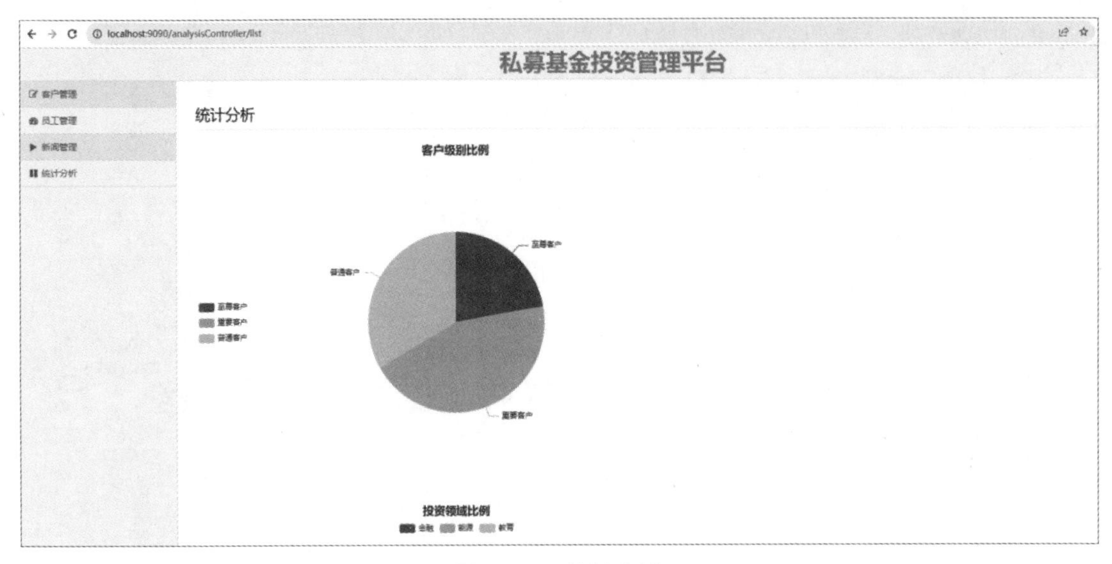

图 15-19　统计分析

15.2　项目搭建

熟悉项目的基本概况之后，我们开始着手数据库设计、搭建项目开发框架、添加项目基础配置等，为后续的功能开发做好充足准备。

15.2.1　数据库设计

本项目一共包含 4 张表，它们分别是客户表 investor、员工表 employee、新闻表 news 和字典表 dictionary，这些表包含的字段及其含义请参见表 15-1 至表 15-4。

表 15-1　客户表 investor

字段名称	数据类型	数据长度	是否为主键	说明
id	int	10	YES	客户编号
name	varchar	20	NO	客户姓名
level	int	10	NO	客户级别
amount	varchar	20	NO	投资金额
field	int	10	NO	投资领域
intent	int	10	NO	投资意向
city	varchar	20	NO	居住城市

（续）

字段名称	数据类型	数据长度	是否为主键	说明
number	varchar	20	NO	联系电话
note	varchar	50	NO	备注信息
create_time	datetime		NO	创建时间

表 15-2 员工表 employee

字段名称	数据类型	数据长度	是否为主键	说明
id	int	10	YES	员工编号
name	varchar	20	NO	员工姓名
nickname	varchar	20	NO	员工昵称
password	varchar	20	NO	员工密码
role	int	10	NO	员工级别

表 15-3 新闻表 news

字段名称	数据类型	数据长度	是否为主键	说明
id	int	10	YES	新闻编号
title	varchar	30	NO	新闻标题
content	text		NO	新闻内容
image	varchar	100	NO	新闻配图
publisher	int	10	NO	员工编号
create_time	datetime		NO	新闻发布时间

表 15-4 字典表 dictionary

字段名称	数据类型	数据长度	是否为主键	说明
id	int	10	YES	主键
code	int	10	NO	代码
type	varchar	20	NO	类别
description	varchar	20	NO	描述

请各位读者在数据库中创建名字为 fms 的数据库并在该数据库中创建以上 4 张表。

15.2.2 创建项目

在 IDEA 中创建名为 FMS 的 Spring Boot 项目，创建过程如下。

第一步：打开开发工具 IDEA，点击 New Project 按钮新建项目，如图 15-20 所示。

图 15-20　新建项目

第二步：利用 Spring Initializr 创建 Spring Boot 项目，如图 15-21 所示。

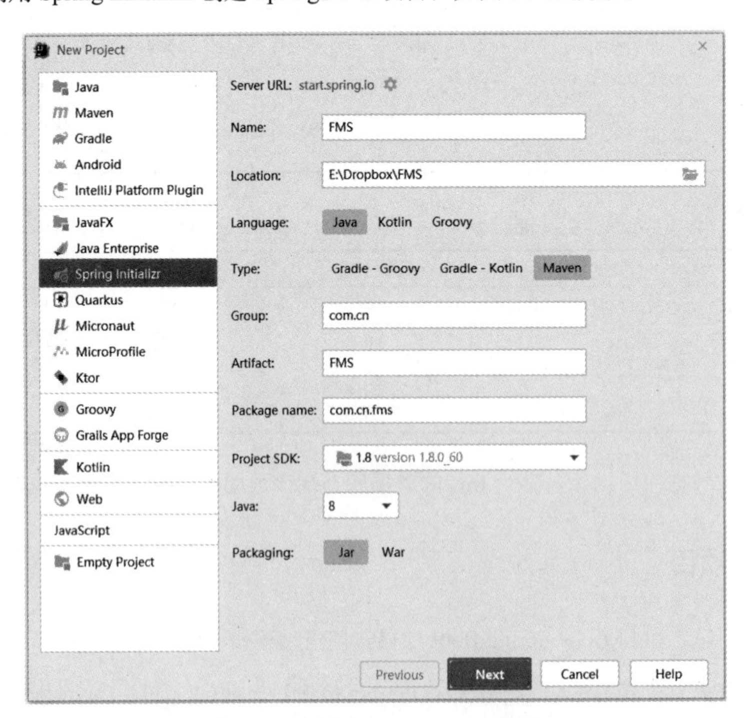

图 15-21　创建 Spring Boot 项目

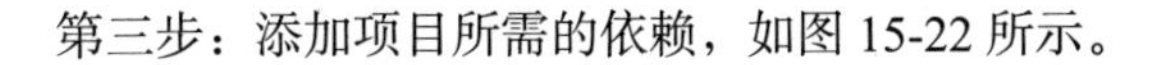

第三步：添加项目所需的依赖，如图 15-22 所示。

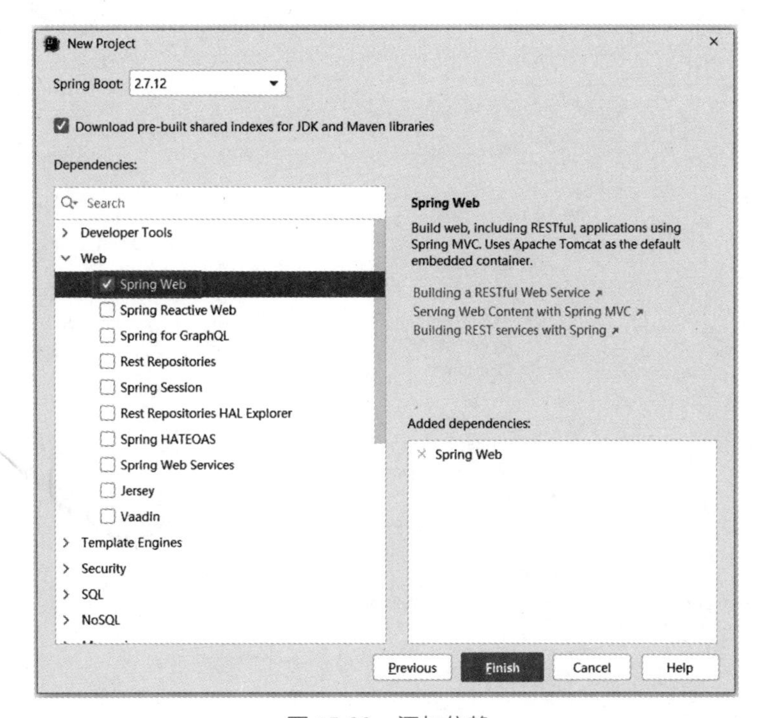

图 15-22　添加依赖

第四步：项目创建完毕，如图 15-23 所示。

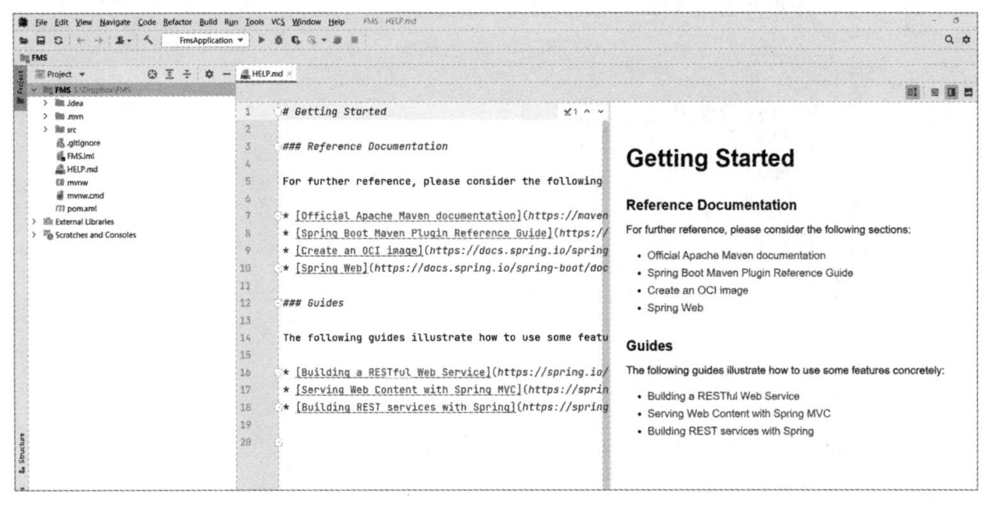

图 15-23　项目创建完成

15.2.3 完善项目结构

完成项目创建工作后，我们依据开发规范完善项目结构，如图 15-24 所示。

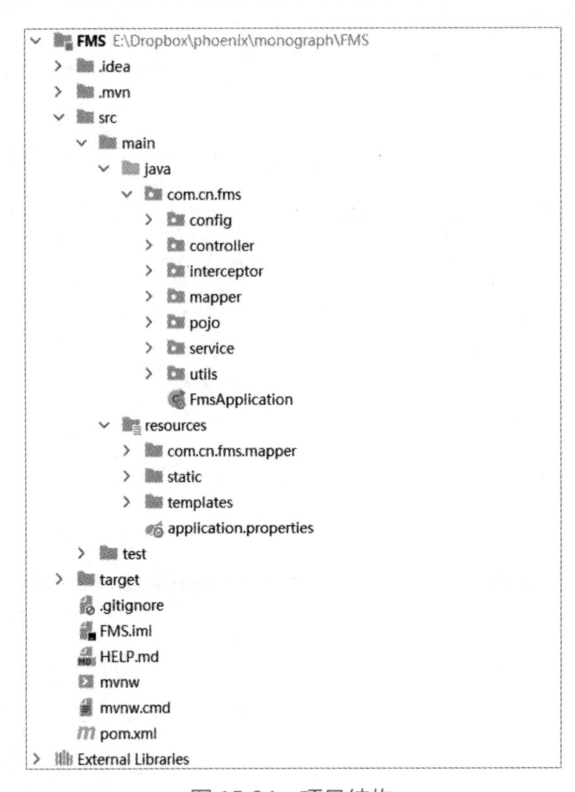

图 15-24 项目结构

在以上项目结构中，部分包和文件的作用如下。

- config：项目配置类。
- controller：请求处理层。
- interceptor：拦截器。
- mapper：接口文件。
- pojo：实体类。
- service：业务接口及其实现类。
- utils：工具类。
- FmsApplication：项目启动类。
- com.cn.fms.mapper：映射文件。
- static：静态资源。

- templates：前端页面模板文件。
- application.properties：项目配置文件。

15.2.4 添加依赖

完善项目结构后，打开 pom.xml 文件，添加项目开发所需的依赖。核心代码如下：

```
<dependencies>
    <!-- web 依赖 -->
    <dependency>
        <groupId>org.springframework.boot</groupId>
        <artifactId>spring-boot-starter-web</artifactId>
    </dependency>
    <!-- thymeleaf 依赖 -->
    <dependency>
        <groupId>org.springframework.boot</groupId>
        <artifactId>spring-boot-starter-thymeleaf</artifactId>
    </dependency>
    <!-- test 依赖 -->
    <dependency>
        <groupId>org.springframework.boot</groupId>
        <artifactId>spring-boot-starter-test</artifactId>
        <scope>test</scope>
    </dependency>
    <!-- MySQL 依赖 -->
    <dependency>
        <groupId>mysql</groupId>
        <artifactId>mysql-connector-java</artifactId>
        <version>8.0.32</version>
    </dependency>
    <!-- druid 依赖 -->
    <dependency>
        <groupId>com.alibaba</groupId>
        <artifactId>druid-spring-boot-starter</artifactId>
        <version>1.1.10</version>
    </dependency>
    <!-- MyBatis 依赖 -->
    <dependency>
        <groupId>org.mybatis.spring.boot</groupId>
        <artifactId>mybatis-spring-boot-starter</artifactId>
        <version>2.1.4</version>
    </dependency>
    <!-- 分页依赖 -->
    <dependency>
        <groupId>com.github.pagehelper</groupId>
        <artifactId>pagehelper-spring-boot-starter</artifactId>
        <version>1.4.1</version>
    </dependency>
    <!-- 热部署依赖 -->
    <dependency>
```

```
            <groupId>org.springframework.boot</groupId>
            <artifactId>spring-boot-devtools</artifactId>
            <optional>true</optional>
        </dependency>
        <!-- jackson 依赖 -->
        <dependency>
            <groupId>com.fasterxml.jackson.core</groupId>
            <artifactId>jackson-databind</artifactId>
            <version>2.13.1</version>
        </dependency>
    </dependencies>
```

15.2.5　编写配置文件

在 application.properties 文件中配置项目的核心配置，例如端口号、上下文路径、数据源、数据库连接信息、静态资源路径、文件上传、类型别名、分页插件、日志打印等。核心代码如下：

```
# 配置端口号
server.port=9090
# 配置项目上下文路径
server.servlet.context-path=/
# 配置数据源
spring.datasource.type=com.alibaba.druid.pool.DruidDataSource
# 配置数据库连接信息
spring.datasource.driver-class-name=com.mysql.cj.jdbc.Driver
spring.datasource.url=jdbc:mysql://localhost:3306/fms?characterEncoding=UTF-8
spring.datasource.username=root
spring.datasource.password=root
# 配置静态资源路径
spring.mvc.static-path-pattern=/static/**
# 配置文件上传
spring.servlet.multipart.max-file-size=5MB
spring.servlet.multipart.max-request-size=50MB
# 指定映射文件路径
mybatis.mapper-locations=classpath:com/cn/fms/mapper/*.xml
# 统一配置类型别名
mybatis.type-aliases-package=com.cn.fms.pojo
# 配置 MyBatis 日志打印
logging.level.root=info
logging.level.com.cn.fms.mapper=debug
# 配置分页插件
pagehelper.helper-dialect=mysql
pagehelper.reasonable=true
pagehelper.support-methods-arguments=true
pagehelper.params=count=countSql
```

各位读者在编码实践中要将以上数据库连接相关的配置信息替换成与自身情况相符的配置，例如数据库地址、用户名和密码等。

15.2.6 编写登录拦截器

为了确保应用程序数据安全，在项目中利用 LoginHandlerInterceptorImpl 类拦截除了登录以外的所有请求。拦截请求后判断 session 中是否有已登录用户，若有则放行，否则跳转至登录页面。核心代码如下：

```
public class LoginHandlerInterceptorImpl implements HandlerInterceptor {
    @Override
    public boolean preHandle(HttpServletRequest request, HttpServletResponse response,
        Object handler) throws Exception {
        // 获取请求 URL
        String url = request.getRequestURI();
        // 假若执行登录，则放行
        boolean flag = url.indexOf("login") >= 0 || url.endsWith("/");
        if (flag) {
            return true;
        }
        // 获取 session
        HttpSession session = request.getSession();
        Employee employee = (Employee) session.getAttribute("employee");
        // 判断 session 中是否有用户，若有，则返回 true，表示放行
        if (employee != null) {
            return true;
        }
        // 拦截并转发到登录页面
        request.getSession().setAttribute("msg", "请您先登录！");
        RequestDispatcher requestDispatcher = request.getRequestDispatcher("/");
        requestDispatcher.forward(request, response);
        return false;
    }

    @Override
    public void postHandle(HttpServletRequest request, HttpServletResponse response,
        Object handler, ModelAndView modelAndView) throws Exception {

    }

    @Override
    public void afterCompletion(HttpServletRequest request, HttpServletResponse response,
        Object handler, Exception ex) throws Exception {

    }
}
```

15.2.7 编写项目配置类

本项目采用 WebMvcConfigurer 接口的实现类 WebMvcConfigurerImpl 对项目进行配置，例如配置项目启动后的默认页面、配置登录拦截器、排除对静态资源的拦截、图片资源映射等。核心

代码如下：

```
@Configuration
public class WebMvcConfigurerImpl implements WebMvcConfigurer {

    // 配置项目启动后的默认页面
    @Override
    public void addViewControllers(ViewControllerRegistry registry) {
        registry.addViewController("/").setViewName("login");
    }

    // 配置登录拦截器
    @Bean
    public LoginHandlerInterceptorImpl getInterceptor(){
        return new LoginHandlerInterceptorImpl();
    }

    @Override
    public void addInterceptors(InterceptorRegistry registry) {
        // 需要拦截的路径，即必须登录后才可访问的路径
        String[] addPathPatterns = {"/**"};

        // 排除拦截的路径，即不必登录亦可访问的路径
        String[] excludePathPatterns = {"/static/summernote/**","/static/Bootstrap/**",
            "/static/css/**","/static/fonts/**","/static/images/**","/static/js/**",
            "/static/resources/upload/**"};

        InterceptorRegistration interceptorRegistration = registry.addInterceptor
            (getInterceptor());
        interceptorRegistration.addPathPatterns(addPathPatterns);
        interceptorRegistration.excludePathPatterns(excludePathPatterns);
    }

    // 配置图片资源映射
    @Override
    public void addResourceHandlers(ResourceHandlerRegistry registry) {
        String uploadAbsolutePath = "E:\\Dropbox\\phoenix\\monograph\\FMS\\src\\main\\
            resources\\static\\upload\\";
        String resourceLocations = "file:"+uploadAbsolutePath;
        String uploadPath = "/static/upload/**";
        registry.addResourceHandler(uploadPath).addResourceLocations(resourceLocations);
    }
}
```

在配置图片资源映射时，请依据项目实际情况修改 resourceLocations 以及 uploadPath。

15.2.8　配置项目启动类

在项目启动类 FmsApplication 上利用 @MapperScan 注解扫描指定路径下的所有接口文件，避免每个接口文件上均需使用 @Mapper 注解作为持久层的标记。其核心代码如下：

```
import org.mybatis.spring.annotation.MapperScan;
import org.springframework.boot.SpringApplication;
import org.springframework.boot.autoconfigure.SpringBootApplication;

@SpringBootApplication
@MapperScan("com.cn.fms.mapper")
public class FmsApplication {

    public static void main(String[] args) {
        SpringApplication.run(FmsApplication.class, args);
    }

}
```

至此，我们完成了项目框架的搭建以及开发准备工作，可以开始各功能模块的开发了。

15.3　数据字典模块开发

数据字典定义了数据流程图中各个成分的具体含义。它以一种准确的、无二义性的说明方式，为系统的分析、设计及维护提供了有关元素的一致定义和详细描述。所以，在进行业务功能开发之前，我们需要完成数据字典模块的开发。

15.3.1　数据访问层

在 java 文件夹下的 `com.cn.fms.mapper` 包中创建接口文件 DictionaryMapper.java，在该接口中定义方法 `queryByCode()`，它依据编码查询字典数据。其核心代码如下：

```
public interface DictionaryMapper {
    List<Dictionary> queryByCode(int code);
}
```

在 resources 文件夹下的 `com.cn.fms.mapper` 包中创建映射文件 DictionaryMapper.xml，在该映射文件中利用 `select` 标签查询字典数据。其核心代码如下：

```
<mapper namespace="com.cn.fms.mapper.DictionaryMapper" >
  <select id="queryByCode" resultType="dictionary" parameterType="integer" >
      select * from dictionary where code = #{code}
  </select>
</mapper>
```

15.3.2　业务逻辑层

在 `com.cn.fms.service` 包下创建接口文件 DictionaryService.java，在该接口文件中定义查询方法 `queryDictionaryByCode()`。其核心代码如下：

```
public interface DictionaryService {
    // 依据编码查询字典数据
    List<Dictionary> queryDictionaryByCode(int code);
}
```

在 com.cn.fms.service.impl 包下创建 DictionaryService 的实现类 DictionaryServiceImpl，在该类中实现方法 queryDictionaryByCode()。其核心代码如下：

```
@Service("dictionaryService")
public class DictionaryServiceImpl implements DictionaryService {
    @Autowired
    private DictionaryMapper dictionaryMapper;

    public List<Dictionary> queryDictionaryByCode(int code) {
        return dictionaryMapper.queryByCode(code);
    }

}
```

在 DictionaryServiceImpl 类前面使用 @Service 注解将该类标识为业务逻辑层组件。在 DictionaryServiceImpl 类中，利用 @Autowired 注解自动注入 DictionaryMapper 并调用其查询方法。

15.4　“员工管理”模块开发

“员工管理”模块包含新增员工、修改员工、删除员工、依据条件查询员工等功能。在员工中存在普通员工和管理人员两种角色。管理人员可以对所有员工进行增删改查操作，普通员工仅有查看权限而不可修改数据。

接下来，我们从数据访问层、业务逻辑层、请求处理层到前端页面，详细剖析“员工管理”模块的功能实现过程。

15.4.1　系统登录

首先，我们来完成最简单的登录功能。在进行系统登录时，需输入正确的用户名、密码和验证码，否则会登录失败。

1. 数据访问层

在 java 文件夹下的 com.cn.fms.mapper 包中创建接口文件 EmployeeMapper.java，在该接口中定义方法 queryEmployeeByNameAndPassword()，依据姓名和密码查询员工。核心代码如下：

```
public interface EmployeeMapper {
    // 依据姓名和密码查询员工
```

```
    Employee queryEmployeeByNameAndPassword(@Param("name") String name, @Param("password")
        String password);
}
```

在 resources 文件夹下的 com.cn.fms.mapper 包中创建映射文件 EmployeeMapper.xml，在该映射文件中利用 select 标签查询员工。核心代码如下：

```
<mapper namespace="com.cn.fms.mapper.EmployeeMapper">

    <!-- 依据姓名和密码查询员工 -->
    <select id="queryEmployeeByNameAndPassword" parameterType="String" resultType="employee">
        select * from employee where name = #{name} and password = #{password}
    </select>

</mapper>
```

2. 业务逻辑层

在 com.cn.fms.service 包下创建接口文件 EmployeeService.java，在该接口文件中定义登录方法 login()。核心代码如下：

```
public interface EmployeeService {
    // 登录方法
    Employee login(String name, String password);
}
```

在 com.cn.fms.service.impl 包下创建 EmployeeService 的实现类 EmployeeServiceImpl，在该类中实现方法 login()。核心代码如下：

```
@Service("employeeService")
public class EmployeeServiceImpl implements EmployeeService {
    @Autowired
    private EmployeeMapper employeeMapper;

    @Override
    public Employee login(String name, String password) {
        Employee employee = employeeMapper.queryEmployeeByNameAndPassword(name, password);
        return employee;
    }

}
```

在 EmployeeServiceImpl 类前面使用 @Service 注解将该类标识为业务逻辑层组件。在 EmployeeServiceImpl 类中，利用 @Autowired 注解自动注入 EmployeeMapper 并调用其操作员工的方法。

3. 请求处理层

在 com.cn.fms.controller 包下创建控制器 EmployeeController，在该控制器中处理请求。

核心代码如下：

```
@RequestMapping("employeeController")
@Controller
public class EmployeeController {
    @Autowired
    private EmployeeService employeeService;
    @Autowired
    private DictionaryService dictionaryService;

    // 登录
    @PostMapping ("login")
    public String login(String name, String password, HttpSession session) {
        Employee employee = employeeService.login(name, password);
        System.out.println(employee);
        if (employee != null) {
            session.removeAttribute("msg");
            // 保存当前用户至 session
            session.setAttribute("employee", employee);
            session.setAttribute("name", null);
            session.setAttribute("levelID", null);
            session.setAttribute("fieldID", null);
            session.setAttribute("intentID", null);
            // 重定向至客户列表页面
            return "redirect:/investorController/list";
        }
        session.setAttribute("msg", "账号或密码错误，请您重新输入！ ");
        // 返回至登录页面
        return "login";
    }
}
```

在 EmployeeController 类前面利用 @RequestMapping 配置请求映射路径，利用 @Controller 注解将该类标识为控制层组件。在 EmployeeController 类中利用 @Autowired 注解自动注入 EmployeeService 和 DictionaryService。在 EmployeeController 类上定义 login() 方法接收前端传递过来的表单数据，并调用 EmployeeService 进行登录。登录成功将跳转至客户列表，登录失败则重定向登录页面，提醒重新登录。

4. 前端页面

在 templates 中创建登录页面 login.html，页面效果请参见图 15-2。核心代码如下：

```
<html xmlns:th="http://www.thymeleaf.org">
<!-- 此处省略非核心代码，完整源码请参见本书配套资料 -->
<body>
<form id="loginForm" th:action="@{/employeeController/login}" method="post">
    <ul class="logininput">
        <li>
            <i><img th:src="@{/static/images/icon1.png}"></i>
```

```
            <input id="inputName" name="name" class="forminput" type="text" placeholder=
                " 用户名 ">
        </li>
        <li>
            <i><img th:src="@{/static/images/icon2.png}"></i>
            <input id="inputPassword" name="password" class="forminput" type="password"
                placeholder=" 密码 ">
        </li>
        <li>
            <i><img th:src="@{/static/images/icon3.png}"></i>
            <input class="forminput" type="text" value="" placeholder=" 验证码 " style=
                "width: calc(100% - 150px)">
            <img th:src="@{/static/images/code.jpg}" class="yzmimg">
        </li>

        <li>
            <a onclick="document:loginForm.submit()" class="btn btnblock btn-lg btn-block
                btn-primary"> 登录 </a>
        </li>
        <li>
            <div class=" flexl forget">
                <label> <input type="checkbox" checked class="aui-checkbox"> 
                    记住密码 </label>
                <a href="" class="text-primary"> 忘记密码? </a>
            </div>
        </li>
    </ul>
</form>
</body>
</html>
```

在该页面中定义表单 loginForm。当该表单使用 post 方式进行提交操作时，将前端页面填入的用户名、密码等信息提交至后台。

15.4.2 员工查询

在本系统中可通过员工姓名和员工级别等条件查询员工。

1. 数据访问层

在接口文件 EmployeeMapper.java 中定义方法 queryEmployeeByNameAndRole()，依据员工姓名和员工级别查询员工。核心代码如下：

```
public interface EmployeeMapper {
    // 依据员工姓名和员工级别查询员工
    List<Employee> queryEmployeeByNameAndRole(@Param("name") String name, @Param("roleID")
        String roleID);
}
```

在映射文件 EmployeeMapper.xml 中利用 <select> 标签查询员工。核心代码如下：

```
<mapper namespace="com.cn.fms.mapper.EmployeeMapper">
    <!-- 依据条件查询员工的 SQL 片段 -->
    <sql id="queryEmployeeWhere">
        <where>
            <if test="name != null and name != ''">
                (name like "%"#{name}"%" or nickname like "%"#{name}"%")
            </if>
            <if test="roleID != null and roleID != ''">
                and role = #{roleID}
            </if>
        </where>
    </sql>

    <!-- 依据员工姓名和员工级别查询员工 -->
    <select id="queryEmployeeByNameAndRole" resultType="employee">
        select e.id,e.name,e.nickname,e.password,d.description as role
        from employee as e left outer join dictionary as d on e.role = d.id
        <include refid="queryEmployeeWhere"/>
    </select>

</mapper>
```

在该映射文件中，通过定义 SQL 片段复用依据条件查询员工的 SQL 语句。

2. 业务逻辑层

在 EmployeeService 接口中定义查询方法 queryByNameAndRole()。核心代码如下：

```
public interface EmployeeService {
    // 依据员工姓名和员工级别查询员工
    List<Employee> queryByNameAndRole(String name, String roleID);
}
```

在实现类 EmployeeServiceImpl 中实现方法 queryByNameAndRole()。核心代码如下：

```
@Service("employeeService")
public class EmployeeServiceImpl implements EmployeeService {
    @Autowired
    private EmployeeMapper employeeMapper;

    @Override
    public List<Employee> queryByNameAndRole(String name, String roleID) {
        return employeeMapper.queryEmployeeByNameAndRole(name, roleID);
    }
}
```

3. 请求处理层

在 EmployeeController 类中利用 employeeList() 方法处理查询请求，核心代码如下：

```
@RequestMapping("employeeController")
@Controller
public class EmployeeController {
    @Autowired
    private EmployeeService employeeService;
    @Autowired
    private DictionaryService dictionaryService;

    @RequestMapping(value = "list")
    public String employeeList(
            @RequestParam(required = true, name = "page", defaultValue = "1") Integer page,
            @RequestParam(required = true, name = "name", defaultValue = "") String name,
            @RequestParam(required = true, name = "roleID", defaultValue = "") String roleID,
            Model model) {
        // 查询员工级别
        List<Dictionary> roleList =
                dictionaryService.queryDictionaryByCode(Constants.ROLE_TYPE);
        model.addAttribute("roleList", roleList);
        // 保存查询条件至model，便于页面回显数据
        model.addAttribute("name", name);
        model.addAttribute("roleID", roleID);
        PageHelper.startPage(page, 8);
        List<Employee> employeeList =
                employeeService.queryByNameAndRole(name, roleID);
        PageInfo<Employee> pageInfo = new PageInfo<Employee>( employeeList, 5);
        model.addAttribute("pageInfo", pageInfo);
        return "employee_show";
    }
}
```

在 employeeList() 方法中接收前端传递过来的员工姓名和员工级别进行分页查询，查询完成后跳转到员工列表页面，显示结果数据。

4. 前端页面

在 templates 中创建员工列表页面 employee_show.html，页面效果请参见图 15-8。核心代码如下：

```
<html xmlns:th="http://www.thymeleaf.org">
<!-- 此处省略非核心代码，完整源码请参见本书配套资料 -->
<body>
<div id="wrapper">
    <form method="post" action="/employeeController/list" class="form-inline">
        <div class="form-group">
            <label> 员工姓名 </label>
            <input name="name" th:value="${name}" type="text" class="form-control"/>
        </div>
        <div class="form-group">
            <label> 员工级别 </label>
            <select name="roleID" class="form-control">
                <option value="">-- 请选择 --</option>
                <option th:each="role : ${roleList}" th:value="${role.id}"
                        th:selected="${role.id+'' == roleID}"
```

```
                        th:text="${role.description}"></option>
            </select>
        </div>
        <button type="submit" class="btn btn-warning">查询</button>
    </form>
    <div th:if="${session.employee.role == '13'}">
        <a href="/employeeController/prepareInsert" class="btn btn-primary"
            style="float:left">新建</a>
        <a href="/employeeController/list" class="btn btn-success" style="float:right">刷新</a>
    </div>
    <table class="table table-bordered table-striped">
        <thead>
        <tr>
            <th>编号</th>
            <th>员工姓名</th>
            <th>员工昵称</th>
            <th>员工密码</th>
            <th>员工级别</th>
            <th th:if="${session.employee.role == '13'}">操作</th>
        </tr>
        </thead>
        <tbody>
        <tr th:each="employee : ${pageInfo.list}">
            <td th:text="${employee.id}" style="text-align: center"></td>
            <td th:text="${employee.name}" style="text-align: center"></td>
            <td th:text="${employee.nickname}" style="text-align: center"></td>
            <td th:text="${session.employee.role == '13' ? employee.password : '******'}"
                style="text-align: center"></td>
            <td th:text="${employee.role}" style="text-align: center"></td>
            <td th:if="${session.employee.role == '13' }" style="text-align: center">
                <a th:href="|/employeeController/prepareUpdate?id=${employee.id}|"
                   class="btn btn-primary btn-xs">修改</a>
                <a href="#" th:onclick="|deleteEmployee(${employee.id})|"
                   th:if="${session.employee.id != employee.id}"
                   class="btn btn-danger btn-xs">删除</a>
            </td>
        </tr>
        </tbody>
    </table>
</div>
</body>
```

在该页面中，使用表单将员工姓名和员工级别提交至后台。当后台返回执行结果后，再使用循环遍历的方式显示所有满足查询条件的数据。

15.4.3 新增员工

当在“员工管理”页面单击“新建”按钮时，首先查询系统中设定的员工级别，再在新打开的前端页面表单中填入员工信息并将其添加至数据库。

1. 数据访问层

在接口文件 EmployeeMapper.java 中定义方法 insertEmployee() 新增员工。核心代码如下：

```
public interface EmployeeMapper {
    // 新增员工
    int insertEmployee(Employee employee);
}
```

在映射文件 EmployeeMapper.xml 中利用 <insert> 标签新增员工。核心代码如下：

```
<mapper namespace="com.cn.fms.mapper.EmployeeMapper">

    <!-- 新增员工 -->
    <insert id="insertEmployee" parameterType="employee">
        insert into employee(name, nickname, password, role)
        values (#{name}, #{nickname}, #{password}, #{role})
    </insert>
</mapper>
```

2. 业务逻辑层

在 EmployeeService 接口中定义插入方法 insert()，核心代码如下：

```
public interface EmployeeService {
    // 插入
    int insert(Employee employee);
}
```

在实现类 EmployeeServiceImpl 中实现方法 insert()，其核心代码如下：

```
@Service("employeeService")
public class EmployeeServiceImpl implements EmployeeService {
    @Autowired
    private EmployeeMapper employeeMapper;

    @Override
    public int insert(Employee employee) {
        return employeeMapper.insertEmployee(employee);
    }

}
```

3. 请求处理层

在 EmployeeController 类中先利用 prepareInsert() 方法查询角色列表，再利用 insert-Employee() 方法插入员工。核心代码如下：

```
@RequestMapping("employeeController")
@Controller
public class EmployeeController {
```

```
    @Autowired
    private EmployeeService employeeService;
    @Autowired
    private DictionaryService dictionaryService;

    @RequestMapping("prepareInsert")
    public String prepareInsert(Model model) {
        // 员工级别
        List<Dictionary> roleList =
                dictionaryService.queryDictionaryByCode(Constants.ROLE_TYPE);
        model.addAttribute("roleList", roleList);
        return "employee_insert";
    }

    // 插入员工
    @RequestMapping("insert")
    @ResponseBody
    public Result insertEmployee(Employee employee) {
        Result result = new Result();
        int rows = employeeService.insert(employee);
        if (rows > 0) {
            result.setStatus(Constants.OK);
            result.setDescription(" 新增员工成功 ");
        } else {
            result.setStatus(Constants.ERROR);
            result.setDescription(" 新增员工失败 ");
        }
        return result;
    }
}
```

在 insertEmployee() 方法前面使用 @ResponseBody 注解，将操作结果以 JSON 形式返回给前端。

4. 前端页面

在 templates 中创建员工插入页面 employee_insert.html，页面效果请参见图 15-9。核心代码如下：

```
<html xmlns:th="http://www.thymeleaf.org">
<!-- 此处省略非核心代码，完整源码请参见本书配套资料 -->
<head>
    <script type="text/javascript">
        function insertEmployee() {
            $.post("/employeeController/insert",
                $("#employeeForm").serialize(), function (data) {
                    alert(data.description);
                    if (data.status === 'OK') {
                        window.location.href = '/employeeController/list'
                    }
                });
        }
```

```
    </script>
</head>
<body>
<form class="form-horizontal" id="employeeForm">
    <label for="new_name" class="col-md-1 control-label"> 员工姓名 </label>
    <div class="col-md-5">
        <input id="new_name" name="name" type="text"
               placeholder=" 员工姓名 " class="form-control"/>
    </div>

    <label for="new_nickname" class="col-md-1 control-label"
           style="float: left;"> 员工昵称 </label>
    <div class="col-md-5">
        <input id="new_nickname" name="nickname" type="text"
               placeholder=" 员工昵称 " class="form-control"/>
    </div>

    <label for="new_password" class="col-md-1 control-label"
           style="float: left;"> 员工密码 </label>
    <div class="col-md-5">
        <input id="new_password" name="password" type="text"
               placeholder=" 员工密码 " class="form-control"/>
    </div>

    <label for="new_role" class="col-md-1 control-label"
           style="float: left;"> 员工级别 </label>
    <div class="col-md-5">
        <select id="new_role" name="role"
                class="form-control">
            <option value="">-- 请选择 --</option>
            <option th:each="role : ${roleList}" th:value="${role.id}"
                    th:text="${role.description}"></option>
        </select>
    </div>
</form>
</body>
</html>
```

在该页面中，使用表单将新员工信息提交至后台。当后台返回执行结果后，页面进行显示提醒。

15.4.4 删除员工

在本系统中依据员工编号删除员工信息。

1. 数据访问层

在接口文件 EmployeeMapper.java 中定义方法 deleteEmployee() 删除员工，在该方法中依据 id 删除员工。核心代码如下：

```
public interface EmployeeMapper {
    // 删除员工
    int deleteEmployee(Integer id);
}
```

在映射文件 EmployeeMapper.xml 中利用 `<delete>` 标签删除员工，核心代码如下：

```
<mapper namespace="com.cn.fms.mapper.EmployeeMapper">

    <!-- 删除员工 -->
    <delete id="deleteEmployee" parameterType="Integer">
        delete from employee where id = #{id}
    </delete>

</mapper>
```

2. 业务逻辑层

在 EmployeeService 接口中定义删除方法 delete()，核心代码如下：

```
public interface EmployeeService {
    // 删除
    int delete(Integer id);
}
```

在实现类 EmployeeServiceImpl 中实现方法 delete()，核心代码如下：

```
@Service("employeeService")
public class EmployeeServiceImpl implements EmployeeService {
    @Autowired
    private EmployeeMapper employeeMapper;

    @Override
    public int delete(Integer id) {
        return employeeMapper.deleteEmployee(id);
    }
}
```

3. 请求处理层

在 EmployeeController 类中利用 deleteEmployee() 方法删除员工，核心代码如下：

```
@RequestMapping("employeeController")
@Controller
public class EmployeeController {
    @Autowired
    private EmployeeService employeeService;
    @Autowired
    private DictionaryService dictionaryService;
```

```
    // 删除员工
    @RequestMapping("delete")
    @ResponseBody
    public Result deleteEmployee(Integer id) {
        Result result = new Result();
        int rows = employeeService.delete(id);
        if (rows > 0) {
            result.setStatus(Constants.OK);
            result.setDescription("删除员工成功");
        } else {
            result.setStatus(Constants.ERROR);
            result.setDescription("删除员工失败");
        }
        return result;
    }

}
```

4. 前端页面

在 templates 中的 employee_show.html 页面删除员工，页面效果请参见图 15-10。核心代码如下：

```
<html xmlns:th="http://www.thymeleaf.org">
<!-- 此处省略非核心代码，完整源码请参见本书配套资料 -->
<head>
    <script type="text/javascript">
        // 删除员工
        function deleteEmployee(id) {
            if (confirm('确实要删除该员工吗？')) {
                $.post("/employeeController/delete",
                    {"id": id},
                    function (data) {
                        alert(data.description);
                        window.location.reload();
                    });
            }
        }
    </script>
</head>
<body>
<div class="panel-heading">员工信息列表</div>
<table class="table table-bordered table-striped">
    <thead>
    <tr>
        <th>编号</th>
        <th>员工姓名</th>
        <th>员工昵称</th>
        <th>员工密码</th>
        <th>员工级别</th>
        <th th:if="${session.employee.role == '13'}">操作</th>
    </tr></thead>
```

```
    <tbody>
    <tr th:each="employee : ${pageInfo.list}">
        <td th:text="${employee.id}" style="text-align: center"></td>
        <td th:text="${employee.name}" style="text-align: center"></td>
        <td th:text="${employee.nickname}" style="text-align: center"></td>
        <td th:text="${session.employee.role == '13' ? employee.password : '******'}"
            style="text-align: center"></td>
        <td th:text="${employee.role}" style="text-align: center"></td>
        <td th:if="${session.employee.role == '13' }" style="text-align: center">
            <a th:href="|/employeeController/prepareUpdate?id=${employee.id}|"
               class="btn btn-primary btn-xs"> 修改 </a>
            <a href="#" th:onclick="|deleteEmployee(${employee.id})|"
               th:if="${session.employee.id != employee.id}"
               class="btn btn-danger btn-xs"> 删除 </a>
        </td></tr>
    </tbody>
</table>
</body>
</html>
```

15.4.5　修改员工

本系统依据员工编号修改员工原有信息。首先，依据 id 查询出员工信息并回显在前端页面，修改完毕后再将最新数据保存至数据库。

1. 数据访问层

在接口文件 EmployeeMapper.java 中定义方法 queryEmployeeById() 查询员工，并定义方法 updateEmployee() 更新员工。核心代码如下：

```
public interface EmployeeMapper {
    // 依据 id 查询员工
    Employee queryEmployeeById(Integer id);
    // 更新员工
    int updateEmployee(Employee employee);
}
```

在映射文件 EmployeeMapper.xml 中利用 <select> 标签查询员工，利用 <update> 标签更新员工。核心代码如下：

```
<mapper namespace="com.cn.fms.mapper.EmployeeMapper">

    <!-- 依据 id 查询员工 -->
    <select id="queryEmployeeById" parameterType="Integer" resultType="employee">
        select * from employee where id = #{id}
    </select>

    <!-- 更新员工 -->
```

```
    <update id="updateEmployee" parameterType="employee">
        update employee
        <set>
            <if test="name!=null">
                name=#{name},
            </if>
            <if test="nickname!=null">
                nickname=#{nickname},
            </if>
            <if test="password!=null">
                password=#{password},
            </if>
            <if test="role!=null">
                role=#{role},
            </if>
        </set>
        where id=#{id}
    </update>

</mapper>
```

2. 业务逻辑层

在 EmployeeService 接口中定义查询方法 queryById() 和更新方法 update()，核心代码如下：

```
public interface EmployeeService {
    // 依据id查询员工
    Employee queryById(Integer id);
    // 更新
    int update(Employee employee);
}
```

在实现类 EmployeeServiceImpl 中实现 queryById() 和 update() 方法，核心代码如下：

```
@Service("employeeService")
public class EmployeeServiceImpl implements EmployeeService {
    @Autowired
    private EmployeeMapper employeeMapper;

    @Override
    public Employee queryById(Integer id) {
        return employeeMapper.queryEmployeeById(id);
    }

    @Override
    public int update(Employee employee) {
        return employeeMapper.updateEmployee(employee);
    }

}
```

3. 请求处理层

在 EmployeeController 类中利用 prepareUpdate() 方法查询用户，利用 updateEmployee() 方法更新员工，核心代码如下：

```
@RequestMapping("employeeController")
@Controller
public class EmployeeController {
    @Autowired
    private EmployeeService employeeService;
    @Autowired
    private DictionaryService dictionaryService;

    @RequestMapping("prepareUpdate")
    public String prepareUpdate(int id, Model model) {
        Employee employee = employeeService.queryById(id);
        model.addAttribute("employee", employee);
        List<Dictionary> roleList =
                dictionaryService.queryDictionaryByCode(Constants.ROLE_TYPE);
        model.addAttribute("roleList", roleList);

        return "employee_update";
    }

    // 更新员工
    @RequestMapping("update")
    @ResponseBody
    public Result updateEmployee(Employee employee) {
        Result result = new Result();
        int rows = employeeService.update(employee);
        if (rows > 0) {
            result.setStatus(Constants.OK);
            result.setDescription("更新员工成功");
        } else {
            result.setStatus(Constants.ERROR);
            result.setDescription("更新员工失败");
        }
        return result;
    }

}
```

4. 前端页面

在 templates 中创建员工修改页面 employee_update.html，页面效果请参见图 15-11。核心代码如下：

```
<html xmlns:th="http://www.thymeleaf.org">
<!-- 此处省略非核心代码，完整源码请参见本书配套资料 -->
<head>
    <script type="text/javascript">
        // 修改员工
        function updateEmployee() {
```

```
            $.post("/employeeController/update",
                $("#employeeForm").serialize(), function (data) {
                    alert(data.description);
                    if (data.status === 'OK') {
                        window.location.href = '/employeeController/list'
                    }
                });
        }
    </script>
</head>
<body>
<div id="wrapper">
    <form class="form-horizontal" id="employeeForm">
        <input type="hidden" id="update_id" name="id" th:value="${employee.id}"/>
        <label for="update_name" class="col-md-1 control-label">员工姓名</label>
        <input id="update_name" name="name" type="text" th:value="${employee.name}"
               placeholder="员工名称" class="form-control"/>
        <label for="update_nickname" class="col-md-1 control-label"
               style="float: left;">员工昵称</label>
        <input id="update_nickname" name="nickname" type="text" th:value="${employee.nickname}"
               placeholder="员工昵称" class="form-control"/>
        <label for="update_password" class="col-md-1 control-label"
               style="float: left;">员工密码</label>
        <input id="update_password" name="password" type="text" th:value="${employee.password}"
               placeholder="员工密码" class="form-control"/>
        <label for="update_role" class="col-md-1 control-label"
               style="float: left;">员工级别</label>
        <div class="col-md-5">
            <select id="update_role" name="role" class="form-control">
                <option value="">-- 请选择 --</option>
                <option th:each="role : ${roleList}" th:value="${role.id}"
                        th:selected="${role.id+'' == employee.role}"
                        th:text="${role.description}"></option>
            </select>
        </div>
    </form>
</div>
</body>
</html>
```

15.5 “客户管理”模块开发

“客户管理”模块是本系统的核心模块，该模块实现了对客户的查询、显示、新增、修改和删除等功能。为了便于浏览客户信息，在客户显示列表提供了便捷的分页查询功能。

15.5.1 客户查询

在本系统中可以依据客户姓名、客户级别、投资领域和投资意向中的任意条件进行查询，也可进行多条件组合查询。

1. 数据访问层

在 java 文件夹下的 com.cn.fms.mapper 包中创建接口文件 InvestorMapper.java，在该接口中定义方法 queryInvestor()，它依据条件查找客户。核心代码如下：

```
public interface InvestorMapper {
    // 查询客户列表
    List<Investor> queryInvestor(InvestorDto investorDto);
}
```

在 resources 文件夹下的 com.cn.fms.mapper 包中创建映射文件 InvestorMapper.xml，在该映射文件中利用 <select> 标签查询客户。核心代码如下：

```
<mapper namespace="com.cn.fms.mapper.InvestorMapper">
    <!-- SQL 片段 -->
    <sql id="queryInvestorWhere">
        <where>
            <if test="name != null and name != ''">
                name like "%"#{name}"%"
            </if>
            <if test="levelID != null and levelID != ''">
                and level = #{levelID}
            </if>
            <if test="fieldID != null and fieldID != ''">
                and field = #{fieldID}
            </if>
            <if test="intentID != null and intentID != ''">
                and intent = #{intentID}
            </if>
        </where>
    </sql>

    <!-- 查询客户列表  -->
    <select id="queryInvestor" parameterType="investorDto" resultType="investor">
        select i.id,i.name, d1.description as level ,i.amount, d2.description as field,
            d3.description as intent,i.city,i.number, i.note,
        i.create_time as createTime
        from investor as i
        left join dictionary as d1 on i.level = d1.id
        left join dictionary as d2 on i.field = d2.id
        left join dictionary as d3 on i.intent = d3.id

        <include refid="queryInvestorWhere"/>

    </select>
</mapper>
```

为了在后续的开发中能够复用客户查询条件，我们在 mapper.xml 映射文件中使用 <sql> 标签定义了 SQL 脚本，并在 <select> 查询标签中对其进行引用。

2. 业务逻辑层

在 com.cn.fms.service 包下创建接口文件 InvestorService.java，在该接口文件中定义查询方法 queryByCondition()。核心代码如下：

```
public interface InvestorService {
    List<Investor> queryByCondition(InvestorDto investorDto);
}
```

在 com.cn.fms.service.impl 包下创建 InvestorService 的实现类 InvestorServiceImpl，在该类中实现方法 queryByCondition()。核心代码如下：

```
@Service("investorService")
public class InvestorServiceImpl implements InvestorService {
    @Autowired
    private InvestorMapper investorMapper;

    // 查询客户列表
    public List<Investor> queryByCondition(InvestorDto investorDto) {
        List<Investor> investorList = investorMapper.queryInvestor(investorDto);
        return investorList;
    }

}
```

在 InvestorServiceImpl 类前面使用 @Service 注解将该类标识为业务逻辑层组件。在 InvestorServiceImpl 类中利用 @Autowired 注解自动注入 InvestorMapper，并调用其查询客户的方法。

3. 请求处理层

在 com.cn.fms.controller 包下创建控制器 InvestorController，在该控制器中处理查询请求，核心代码如下：

```
@RequestMapping("investorController")
@Controller
public class InvestorController {
    @Autowired
    private InvestorService investorService;
    @Autowired
    private DictionaryService dictionaryService;

    // 查询客户列表
    @RequestMapping(value = "/list")
    public String list(@RequestParam(required = true, name = "page", defaultValue = "1")
        Integer page, InvestorDto investorDto, Model model) {
        prepareData(model);
```

```
        // 保存查询条件至 model，便于页面回显数据
        String name = investorDto.getName();
        String levelID = investorDto.getLevelID();
        String fieldID = investorDto.getFieldID();
        String intentID = investorDto.getIntentID();
        model.addAttribute("name", name);
        model.addAttribute("levelID", levelID);
        model.addAttribute("fieldID", fieldID);
        model.addAttribute("intentID", intentID);
        PageHelper.startPage(page, 8);
        List<Investor> investorList = investorService.queryByCondition(investorDto);
        PageInfo<Investor> pageInfo = new PageInfo<Investor>(investorList, 5);
        model.addAttribute("pageInfo", pageInfo);
        return "investor_show";
    }
}
```

在 InvestorController 类前面利用 @RequestMapping 注解配置请求映射路径，利用 @Controller 注解将该类标识为控制层组件。在 InvestorController 类中利用 @Autowired 注解自动注入 InvestorService 和 DictionaryService。在 InvestorController 类中定义 list() 方法接收前端传递过来的表单数据，并调用 investorService 进行分页查询。

4. 前端页面

在 templates 中创建客户显示页面 investor_show.html，页面效果请参见图 15-7。核心代码如下：

```
<html xmlns:th="http://www.thymeleaf.org">
<!-- 此处省略非核心代码，完整源码请参见本书配套资料 -->
<body>
<form method="post" action="/investorController/list" class="form-inline">
    <div class="form-group">
        <label for="name">客户名称</label>
        <input id="name" th:value="${name}"
               name="name" type="text" class="form-control"/>
    </div>
    <div class="form-group">
        <label for="investorLevel">客户级别</label>
        <select id="investorLevel" name="levelID" class="form-control">
            <option value="">-- 请选择 --</option>
            <option th:each="level : ${levelList}" th:value="${level.id}"
                    th:selected="${level.id+'' == levelID}" th:text="${level.description}">
                </option>
        </select>
    </div>
    <div class="form-group">
        <label for="investorField">投资领域</label>
        <select id="investorField" name="fieldID" class="form-control">
            <option value="">-- 请选择 --</option>
            <option th:each="field : ${fieldList}" th:value="${field.id}"
                    th:selected="${field.id+'' == fieldID}"
                    th:text="${field.description}"></option>
```

```
        </select>
    </div>
    <div class="form-group">
        <label for="investorIntent">投资意向</label>
        <select id="investorIntent" name="intentID" class="form-control">
            <option value="">-- 请选择 --</option>
            <option th:each="intent : ${intentList}" th:value="${intent.id}"
                    th:selected="${intent.id+'' == intentID}"
                    th:text="${intent.description}"></option>
        </select>
    </div>
    <button type="submit" class="btn btn-warning">Search</button>
</form>
<a href="/investorController/toInsert" class="btn btn-primary" style="float:left">新建</a>
<a href="/investorController/list" class="btn btn-success" style="float:right">刷新</a>
<table class="table table-bordered table-striped">
    <thead>
    <tr>
        <th>编号</th>
        <th>客户姓名</th>
        <th>客户级别</th>
        <th>投资金额</th>
        <th>投资领域</th>
        <th>投资意向</th>
        <th>操作</th>
    </tr>
    </thead>
    <tbody>
    <tr th:each="investor : ${pageInfo.list}">
        <td th:text="${investor.id}" style="text-align: center"></td>
        <td th:text="${investor.name}" style="text-align: center"></td>
        <td th:text="${investor.level}" style="text-align: center"></td>
        <td th:text="${investor.amount}" style="text-align: center"></td>
        <td th:text="${investor.field}" style="text-align: center"></td>
        <td th:text="${investor.intent}" style="text-align: center"></td>
        <td style="text-align: center">
            <a th:href="|/investorController/toUpdate?id=${investor.id}|"
               class="btn btn-primary btn-xs">修改</a>
            <a href="#" th:onclick="|deleteInvestor(${investor.id})|"
               class="btn btn-danger btn-xs">删除</a>
        </td>
    </tr>
    </tbody>
</table>
</body>
</html>
```

15.5.2 新增客户

在前端页面新增客户时，首先查询系统中设定的客户级别、投资领域和投资意向等配置信息，再在新打开的前端页面表单中填入员工信息并将其添加至数据库。

1. 数据访问层

在接口文件 InvestorMapper.java 中定义方法 `insertInvestor()` 新增客户，核心代码如下：

```
public interface InvestorMapper {
    // 插入客户
    int insertInvestor(Investor investor);
}
```

在映射文件 InvestorMapper.xml 中利用 `<insert>` 标签新增客户，核心代码如下：

```
<mapper namespace="com.cn.fms.mapper.InvestorMapper">

    <insert id="insertInvestor" parameterType="investor">
        insert into investor(name, level, amount, field, intent, city, number, note,create_time)
        values (#{name}, #{level}, #{amount}, #{field}, #{intent}, #{city}, #{number},
            #{note}, #{createTime})
</insert>

</mapper>
```

2. 业务逻辑层

在 `InvestorService` 接口中定义插入方法 `insert()`，核心代码如下：

```
public interface InvestorService {
    int insert(Investor investor);
}
```

在实现类 `InvestorServiceImpl` 中实现方法 `insert()`，核心代码如下：

```
@Service("investorService")
public class InvestorServiceImpl implements InvestorService {
    @Autowired
    private InvestorMapper investorMapper;

    // 插入客户
    @Override
    public int insert(Investor investor) {
        return investorMapper.insertInvestor(investor);
    }

}
```

3. 请求处理层

在 `InvestorController` 类中先利用 `toInsert()` 方法查询系统设定的客户级别、投资领域、投资意向等数据，再利用 `insertInvestor()` 方法插入客户，核心代码如下：

```
@RequestMapping("investorController")
@Controller
public class InvestorController {
    @Autowired
    private InvestorService investorService;
    @Autowired
    private DictionaryService dictionaryService;

    @RequestMapping("/toInsert")
    public String toInsert(Model model) {
        // 查询客户级别、投资领域、投资意向等数据
        prepareData(model);
        return "investor_insert";
    }

    // 插入客户
    @RequestMapping("/insert")
    @ResponseBody
    public Result insertInvestor (Investor investor, HttpSession session) {
        Result result = new Result();
        long time = System.currentTimeMillis();
        Timestamp timeStamp = new Timestamp(time);
        investor.setCreateTime(timeStamp);
        int rows = investorService.insert(investor);
        if (rows > 0) {
            result.setStatus(Constants.OK);
            result.setDescription(" 新增客户成功 ");
        } else {
            result.setStatus(Constants.ERROR);
            result.setDescription(" 新增客户失败 ");
        }
        return result;
    }
}
```

4. 前端页面

在 templates 中创建新增客户页面 investor_insert.html，页面效果请参见图 15-4。核心代码如下：

```
<html xmlns:th="http://www.thymeleaf.org">
<!-- 此处省略非核心代码，完整源码请参见本书配套资料 -->
<head>
    <script type="text/javascript">
        function insertInvestor() {
            $.post("/investorController/insert",
                $("#insert_ investor_form").serialize(), function (data) {
                    alert(data.description);
                    if (data.status === 'OK') {
                        window.location.href = '/investorController/list'
                    }
                });
        }
```

```
    </script>
</head>
<body>
<form class="form-horizontal" id="insert_investor_form">
    <div class="form-group">
        <label for="new_investorName" class="col-md-1 control-label">客户姓名</label>
        <div class="col-md-5">
            <input id="new_investorName" name="name" type="text"
                    placeholder="客户姓名" class="form-control"/>
        </div>
    </div>
    <div class="form-group">
        <label for="new_investorLevel" class="col-md-1 control-label"
                style="float: left;">客户级别</label>
        <div class="col-md-5">
            <select id="new_investorLevel" name="level" class="form-control">
                <option value="">-- 请选择 --</option>
                <option th:each="level : ${levelList}" th:value="${level.id}"
                        th:text="${level.description}"></option>
            </select>
        </div>
    </div>
    <div class="form-group">
        <label for="new_investorField" class="col-md-1 control-label"
                style="float: left;">投资领域</label>
        <div class="col-md-5">
            <select id="new_investorField" name="field" class="form-control">
                <option value="">-- 请选择 --</option>
                <option th:each="field : ${fieldList}" th:value="${field.id}"
                        th:text="${field.description}"></option>
            </select>
        </div>
    </div>
    <div class="form-group">
        <label for="new_investorIntent" class="col-md-1 control-label"
                style="float: left;">投资意向</label>
        <div class="col-md-5">
            <select id="new_investorIntent" name="intent"
                    class="form-control">
                <option value="">-- 请选择 --</option>
                <option th:each="intent : ${intentList}" th:value="${intent.id}"
                        th:text="${intent.description}"></option>
            </select>
        </div>
    </div>
    <div class="form-group">
        <label for="new_amount" class="col-md-1 control-label">投资金额</label>
        <div class="col-md-5">
            <input id="new_amount" name="amount" type="text"
                    placeholder="投资金额" class="form-control"/>
        </div>
    </div>
```

```
    <div class="form-group">
        <label for="new_city" class="col-md-1 control-label">居住城市</label>
        <div class="col-md-5">
            <input id="new_city" name="city" type="text"
                   placeholder="居住城市" class="form-control"/>
        </div>
    </div>
    <div class="form-group">
        <label for="new_number" class="col-md-1 control-label">联系电话</label>
        <div class="col-md-5">
            <input id="new_number" name="number" type="text"
                   placeholder="联系电话" class="form-control"/>
        </div>
    </div>
    <div class="form-group">
        <label for="new_note" class="col-md-1 control-label">备注信息</label>
        <div class="col-md-5">
            <input id="new_note" name="note" type="text"
                   placeholder="备注信息" class="form-control"/>
        </div>
    </div>
</form>
</body>
</html>
```

15.5.3 删除客户

在本系统中依据客户编号删除客户信息。

1. 数据访问层

在接口文件 InvestorMapper.java 中定义 deleteInvestor() 方法删除客户，在该方法中，依据 id 删除客户。核心代码如下：

```
public interface InvestorMapper{
    // 删除客户
    int deleteInvestor(Integer id);
}
```

在映射文件 InvestorMapper.xml 中利用 <delete> 标签删除客户。核心代码如下：

```
<mapper namespace="com.cn.fms.mapper.InvestorMapper">

    <delete id="deleteInvestor" parameterType="Integer">
        delete from investor where id = #{id}
    </delete>

</mapper>
```

2. 业务逻辑层

在 InvestorService 接口中定义删除方法 delete()，核心代码如下：

```
public interface InvestorService{
    // 删除
    int delete(Integer id);
}
```

在实现类 InvestorServiceImpl 中实现方法 delete()，核心代码如下：

```
@Service("investorService")
public class InvestorServiceImpl implements InvestorService {
    @Autowired
    private InvestorMapper investorMapper;

    // 删除客户
    @Override
    public int delete(Integer id) {
        return investorMapper.deleteInvestor(id);
    }

}
```

3. 请求处理层

在 InvestorController 类中利用 deleteInvestor() 方法删除客户，核心代码如下：

```
@RequestMapping("investorController")
@Controller
public class InvestorController {
    @Autowired
    private InvestorService investorService;
    @Autowired
    private DictionaryService dictionaryService;

    // 删除客户
    @RequestMapping("/delete")
    @ResponseBody
    public Result deleteInvestor(Integer id) {
        Result result = new Result();
        int rows = investorService.delete(id);
        if (rows > 0) {
            result.setStatus(Constants.OK);
            result.setDescription("删除客户成功");
        } else {
            result.setStatus(Constants.ERROR);
            result.setDescription("删除客户失败");
        }
        return result;
    }
}
```

4. 前端页面

在 templates 中通过 investor_show.html 页面删除客户，页面效果请参见图 15-5。核心代码如下：

```
<!DOCTYPE html>
<html xmlns:th="http://www.thymeleaf.org">
<!-- 此处省略非核心代码，完整源码请参见本书配套资料 -->
<head>
    <script type="text/javascript">
        function deleteInvestor(id) {
            if (confirm('确实要删除该客户吗？')) {
                $.post("/investorController/delete",
                    {"id": id},
                    function (data) {
                        alert(data.description);
                        window.location.reload();
                    });
            }
        }
    </script>
</head>
<body>
<table class="table table-bordered table-striped">
    <thead>
    <tr>
        <th>编号</th>
        <th>客户姓名</th>
        <th>客户级别</th>
        <th>投资金额</th>
        <th>投资领域</th>
        <th>投资意向</th>
        <th>操作</th>
    </tr>
    </thead>
    <tbody>
    <tr th:each="investor : ${pageInfo.list}">
        <td th:text="${investor.id}" style="text-align: center"></td>
        <td th:text="${investor.name}" style="text-align: center"></td>
        <td th:text="${investor.level}" style="text-align: center"></td>
        <td th:text="${investor.amount}" style="text-align: center"></td>
        <td th:text="${investor.field}" style="text-align: center"></td>
        <td th:text="${investor.intent}" style="text-align: center"></td>
        <td style="text-align: center">
            <a th:href="|/investorController/toUpdate?id=${investor.id}|"
               class="btn btn-primary btn-xs">修改</a>
            <a href="#" th:onclick="|deleteInvestor(${investor.id})|"
               class="btn btn-danger btn-xs">删除</a>
        </td></tr>
    </tbody>
</table>
</body>
</html>
```

15.5.4　修改客户

本系统依据客户编号修改客户原有信息。首先，查询系统中设定的客户级别、投资领域、投资意向等配置信息以供修改时使用，再依据 id 查询出客户信息并回显在前端页面，修改完毕后再将最新数据保存至数据库。

1. 数据访问层

在接口文件 InvestorMapper.java 中定义 queryInvestorById() 方法查询客户，并定义 updateInvestor() 方法来更新客户。核心代码如下：

```
public interface InvestorMapper{
    // 依据 id 查询客户
   Investor queryInvestorById(Integer id);
    // 更新客户
   int updateInvestor(Investor investor);
}
```

在映射文件 InvestorMapper.xml 中利用 <select> 标签查询客户，利用 <update> 标签更新客户。核心代码如下：

```
<mapper namespace="com.cn.fms.mapper.InvestorMapper">

    <select id="queryInvestorById" parameterType="Integer" resultType="investor">
        select * from investor where id = #{id}
    </select>

    <update id="updateInvestor" parameterType="investor">
        update investor
        <set>
            <if test="name!=null">
                name=#{name},
            </if>
            <if test="level!=null">
                level=#{level},
            </if>
            <if test="amount!=null">
                amount=#{amount},
            </if>
            <if test="field!=null">
                field=#{field},
            </if>
            <if test="intent!=null">
                intent=#{intent},
            </if>
            <if test="city!=null">
                city=#{city},
            </if>
            <if test="number!=null">
```

```
                number=#{number},
            </if>
            <if test="note!=null">
                note=#{note},
            </if>
            <if test="createTime!=null">
                create_time=#{createTime},
            </if>
        </set>
        where id=#{id}
    </update>

</mapper>
```

2. 业务逻辑层

在 InvestorService 接口中定义查询方法 queryById() 和更新方法 update()，核心代码如下：

```
public interface InvestorService {

    Investor queryById(Integer id);

    int update(Investor investor);

}
```

在实现类 InvestorServiceImpl 中实现 queryById() 和 update() 方法，核心代码如下：

```
@Service("investorService")
public class InvestorServiceImpl implements InvestorService {
    @Autowired
    private InvestorMapper investorMapper;

    // 依据 id 查询客户
    @Override
    public Investor queryById(Integer id) {
        Investor investor = investorMapper.queryInvestorById(id);
        return investor;
    }

    // 更新客户
    @Override
    public int update(Investor investor) {
        return investorMapper.updateInvestor(investor);
    }

}
```

3. 请求处理层

在 InvestorController 类中利用 toUpdate() 方法查询用户并准备系统配置，利用 update-Investor() 方法更新用户，核心代码如下：

```
@RequestMapping("investorController")
@Controller
public class InvestorController {
    @Autowired
    private InvestorService investorService;
    @Autowired
    private DictionaryService dictionaryService;

    @RequestMapping("/toUpdate")
    public String toUpdate(int id, Model model) {
        // 准备客户级别、投资领域、投资意向等数据
        prepareData(model);
        Investor investor = investorService.queryById(id);
        model.addAttribute("investor", investor);
        return "investor_update";
    }

    // 更新客户
    @RequestMapping("/update")
    @ResponseBody
    public Result updateInvestor(Investor investor) {
        Result result = new Result();
        int rows = investorService.update(investor);
        if (rows > 0) {
            result.setStatus(Constants.OK);
            result.setDescription("更新客户成功");
        } else {
            result.setStatus(Constants.ERROR);
            result.setDescription("更新客户失败");
        }
        return result;
    }
}
```

4. 前端页面

在 templates 中创建客户修改页面 investor_update.html，页面效果请参见图 15-6。核心代码如下：

```
<html xmlns:th="http://www.thymeleaf.org">
<!-- 此处省略非核心代码，完整源码请参见本书配套资料 -->
<head>
    <script type="text/javascript">
        function updateInvestor() {
            $.post("/investorController/update",
                $("#edit_investor_form").serialize(),
                function (data) {
                    alert(data.description);
                    if (data.status === 'OK') {
                        window.location.href = '/investorController/list'
                    }
                });
        }
```

```
    </script>
</head>
<body>
<form class="form-horizontal" id="edit_investor_form">
    <input type="hidden" id="edit_id" name="id" th:value="${investor.id}"/>
    <label for="edit_investorName" class="col-md-1 control-label">客户姓名</label>
    <input id="edit_investorName" name="name" placeholder="客户姓名"
           th:value="${investor.name}"
           type="text" class="form-control"/>
    <label for="edit_level" class="col-md-1 control-label"
           style="float: left;">客户级别</label>
    <select id="edit_level" name="level"
            class="form-control">
        <option value="">--请选择--</option>
        <option th:each="level : ${levelList}" th:value="${level.id}"
                th:selected="${level.id+'' == investor.level}"
                th:text="${level.description}"></option>
    </select>
    <label for="edit_field" class="col-md-1 control-label"
           style="float: left;">投资领域</label>
    <select id="edit_field" name="field"
            class="form-control">
        <option value="">--请选择--</option>
        <option th:each="field : ${fieldList}" th:value="${field.id}"
                th:selected="${field.id+'' == investor.field}"
                th:text="${field.description}"></option>
    </select>
    <label for="edit_intent" class="col-md-1 control-label"
           style="float: left;">投资意向</label>
    <select id="edit_intent" name="intent"
            class="form-control">
        <option value="">--请选择--</option>
        <option th:each="intent : ${intentList}" th:value="${intent.id}"
                th:selected="${intent.id+'' == investor.intent}"
                th:text="${intent.description}"></option>
    </select>
    <label for="edit_amount" class="col-md-1 control-label">投资金额</label>
    <input id="edit_amount" name="amount" placeholder="投资金额"
           th:value="${investor.amount}"type="text" class="form-control"/>
    <label for="edit_city" class="col-md-1 control-label">居住城市</label>
    <input id="edit_city" name="city"
    placeholder="居住城市" th:value="${investor.city}"
           type="text" class="form-control"/>
    <label for="edit_number" class="col-md-1 control-label">联系电话</label>
    <input id="edit_number" name="number" placeholder="联系电话"
    th:value="${investor.number}" type="text" class="form-control"/>
    <label for="edit_note" class="col-md-1 control-label">备注信息</label>
    <input id="edit_note" name="note" placeholder="备注信息"
           th:value="${investor.note}"type="text" class="form-control"/>
</form>
</body>
</html>
```

15.6　“新闻分析”模块开发

“新闻分析”模块主要用于发布新闻供员工浏览。除了新闻发布以外，“新闻分析”模块还包括修改新闻、删除新闻、查询新闻等功能。

15.6.1　新闻查询

首先，我们从该模块较为简单的查询功能入手。用户输入新闻标题并点击查询，系统即可搜索满足条件的新闻并显示出来。

1. 数据访问层

在 java 文件夹下的 com.cn.fms.mapper 包中创建接口文件 NewsMapper.java，在该接口中定义方法 queryNews() 依据关键字查找新闻。核心代码如下：

```
public interface NewsMapper{
    // 查询新闻
    List<News> queryNews(String keywords);
}
```

在 resources 文件夹下的 com.cn.fms.mapper 包中创建映射文件 NewsMapper.xml，在该映射文件中利用 <select> 标签查询新闻。核心代码如下：

```
<mapper namespace="com.cn.fms.mapper.NewsMapper">

    <!-- SQL 片段 -->
    <sql id="queryNewsWhere">
        <where>
            <if test="keywords != null and keywords != ''">
                title like "%"#{keywords}"%"
            </if>
        </where>
    </sql>

    <select id="queryNews" resultType="news">
        select n.id,n.title,n.content,n.image,n.create_time as createTime,e.nickname
            as publisher from news as n left join employee as e on n.publisher =e.id
        <include refid="queryNewsWhere"/>
    </select>
</mapper>
```

为了在后续的开发中能够复用新闻查询条件，我们在 NewsMapper.xml 映射文件中使用 <sql> 标签定义了 SQL 脚本，并在 <select> 查询标签中对其进行引用。

2. 业务逻辑层

在 com.cn.fms.service 包下创建接口文件 NewsService.java，在该接口文件中定义查询方法 queryByTitle()。核心代码如下：

```
public interface NewsService{
    List<News> queryByTitle(String title);
}
```

在 com.cn.fms.service.impl 包下创建 NewsService 的实现类 NewsServiceImpl，并在该类中实现方法 queryByTitle()。核心代码如下：

```
@Service("newsService")
public class NewsServiceImpl implements NewsService {

    @Autowired
    private NewsMapper newsMapper;

    @Override
    public List<News> queryByTitle(String title) {
        return newsMapper.queryNews(title);
    }
}
```

在 NewsServiceImpl 类前面使用 @Service 注解将该类标识为业务逻辑层组件。在 NewsServiceImpl 类中，利用 @Autowired 注解自动注入 NewsMapper 并调用其查询新闻的方法。

3. 请求处理层

在 com.cn.fms.controller 包下创建控制器 NewsController，在该控制器中处理查询请求。核心代码如下：

```
@Controller
@RequestMapping("newsController")
public class NewsController {
    @Autowired
    NewsService newsService;

    @RequestMapping(value = "list")
    public String newsList(
            @RequestParam(required=true,name="page",defaultValue="1")Integer page,
            @RequestParam(required=false,name="title",defaultValue="")String title, Model model) {
        model.addAttribute("title", title);
        PageHelper.startPage(page, 8);
        List<News> newsList = newsService.queryByTitle(title);
        PageInfo<News> pageInfo = new PageInfo<News>(newsList, 5);
        model.addAttribute("pageInfo", pageInfo);
        return "news_show";
    }
}
```

在 NewsController 类前面利用 @RequestMapping 注解配置请求映射路径，利用 @Controller 注解将该类标识为控制层组件。在 NewsController 类中利用 @Autowired 注解自动注入 NewsService。在 NewsController 类上定义 newsList() 方法接收前端传递过来的表单数据，并调用 newsService 进行分页查询。

4. 前端页面

在 templates 中创建客户显示页面 news_show.html，页面效果请参见图 15-17。核心代码如下：

```
<!DOCTYPE html>
<html xmlns:th="http://www.thymeleaf.org">
<!-- 此处省略非核心代码，完整源码请参见本书配套资料 -->
<body>
<form method="post"
      action="/newsController/list"
      class="form-inline">
        <label> 新闻标题 </label>
        <input th:value="${title}" name="title" type="text" class="form-control"/>
    <button type="submit" class="btn btn-warning"> 查询 </button>
</form>
<table class="table table-bordered table-striped">
    <thead><tr>
        <th> 编号 </th>
        <th> 新闻标题 </th>
        <th> 新闻配图 </th>
        <th> 新闻发布者 </th>
        <th> 发布时间 </th>
        <th> 操作 </th>
    </tr></thead>
    <tbody>
    <tr th:each="news : ${pageInfo.list}">
        <td th:text="${news.id}" style="text-align: center;vertical-align:middle"></td>
        <td th:text="${news.title}" style="text-align: center;vertical-align:middle"></td>
        <td style="text-align: center;vertical-align:middle">
            <img th:src="${news.image}" th:alt="${news.title}">
        </td>
        <td th:text="${news.publisher}" style="text-align: center;vertical-align:middle"></td>
        <td th:text="${#dates.format(news.createTime, 'yyyy-MM-dd HH:mm:ss')}"
            style="text-align: center;vertical-align:middle">
        </td>
        <td style="text-align: center;vertical-align:middle">
            <a th:href="|/newsController/prepareUpdate?id=${news.id}|"
               th:if="${session.employee.role == '13'}"
               class="btn btn-primary btn-xs"> 修改 </a>
            <a href="#" th:onclick="|deleteNews(${news.id})|"
               th:if="${session.employee.role == '13'}"
               class="btn btn-danger btn-xs"> 删除 </a>
            <a th:href="|/newsController/detail?id=${news.id}|"
               class="btn btn-primary btn-xs"> 查看 </a>
        </td>
```

```
    </tr></tbody>
</table>
</body>
</html>
```

15.6.2 新增新闻

单击“新建”按钮后，在新打开的前端页面中填入新闻标题、配图和新闻内容，即可将新闻数据添加至数据库。

1. 数据访问层

在接口文件 NewsMapper.java 中定义方法 insertNews() 新增新闻。核心代码如下：

```
public interface NewsMapper{
    // 插入新闻
    int insertNews(News news);
}
```

在映射文件 NewsMapper.xml 中利用 <insert> 标签新增新闻，核心代码如下：

```
<mapper namespace="com.cn.fms.mapper.NewsMapper">

    <insert id="insertNews" parameterType="news">
        insert into news(title, content, image, publisher, create_time)
        values (#{title}, #{content}, #{image}, #{publisher}, #{createTime})
</insert>

</mapper>
```

2. 业务逻辑层

在 NewsService 接口中定义插入方法 insert()，核心代码如下：

```
public interface NewsService{
    int insert(Investor investor);
}
```

在实现类 NewsServiceImpl 中实现方法 insert()，核心代码如下：

```
@Service("newsService")
public class NewsServiceImpl implements NewsService {

    @Autowired
    private NewsMapper newsMapper;

    @Override
    public int insert(News news) {
        return newsMapper.insertNews(news);
```

```
    }
}
```

3. 请求处理层

在 NewsController 类中先利用 uploadPhoto() 方法上传新闻图片，再利用 insertNews() 方法发布新闻。核心代码如下：

```
@Controller
@RequestMapping("newsController")
public class NewsController {
    @Autowired
    NewsService newsService;

    // 图片上传
    @RequestMapping(value = "/upload", method = RequestMethod.POST)
    @ResponseBody
    public Result uploadPhoto(MultipartFile file, HttpServletRequest request, Result result) {
        String originalFileName = file.getOriginalFilename();
        if (file == null || !StringUtils.hasLength(originalFileName)) {
            result.setStatus(Constants.ERROR);
            result.setDescription("请选择要上传的图片！");
            return result;
        }
        if (file.getSize() > 1024 * 1024 * 5) {
            result.setStatus(Constants.ERROR);
            result.setDescription("图片大小不能超过 5MB！");
            return result;
        }
        // 获取文件后缀
        int beginIndex = originalFileName.lastIndexOf(".") + 1;
        int endIndex = originalFileName.length();
        String suffix = originalFileName.substring(beginIndex, endIndex);
        if (!"jpg,jpeg,gif,png".contains(suffix)) {
            result.setStatus(Constants.ERROR);
            result.setDescription("请选择 JPG、JPEG、GIF、PNG 格式的图片！");
            return result;
        }
        // 图片上传目录
        String uploadDirPath = "src/main/resources/static/upload";
        File uploadDir = new File(uploadDirPath);
        if (!uploadDir.exists()) {
            uploadDir.mkdirs();
        }

        String fileName = new Date().getTime() + "." + suffix;
        // 保存至数据库的图片路径
        String imagePath = "/static/upload" + File.separator + fileName;
        try {
            String canonicalPath = uploadDir.getCanonicalPath();
```

```
            File imageFile = new File(canonicalPath+File.separator+fileName);
            file.transferTo(imageFile);
        } catch (Exception e) {
            result.setStatus(Constants.ERROR);
            result.setDescription("保存文件异常！ ");
            e.printStackTrace();
            return result;
        }
        result.setStatus(Constants.OK);
        result.setDescription("图片上传成功！ ");
        result.setData(imagePath);
        return result;
    }

    // 发布新闻
    @RequestMapping("insertNews")
    @ResponseBody
    public Result insertNews(News news , HttpSession session, Result result) {
        Employee employee = (Employee) session.getAttribute("employee");
        Integer id = employee.getId();
        news.setPublisher(id + "");
        int rows = newsService.insert(news);
        if (rows > 0) {
            result.setStatus(Constants.OK);
            result.setDescription("新增新闻成功");
        } else {
            result.setStatus(Constants.ERROR);
            result.setDescription("新增新闻失败");
        }
        return result;
    }
}
```

4. 前端页面

在 templates 中创建新增客户页面 news_insert.html，页面效果请参见图 15-14，核心代码如下：

```
<html xmlns:th="http://www.thymeleaf.org">
<!-- 此处省略非核心代码，完整源码请参见本书配套资料 -->
<body>
<form class="form-horizontal" id="newsForm" method="post" enctype="multipart/form-data">
    <label for="new_title" class="col-md-1 control-label">新闻标题</label>
    <input id="new_title" name="title" type="text" placeholder="新闻标题" class="form-control"/>
    <label for="new_header" class="col-md-1 control-label">新闻配图</label>
    <input id="new_header" name="file" type="file" onchange="imageUpload()"
           placeholder="新闻配图" class="form-control"/>
    <label id="header_text" class="control-label"></label>
    <img id="img_header" style="width: 210px;height: 140px" src="" alt="">
    <label for="summernote" class="col-md-1 control-label" style="float: left;">新闻内容</label>
    <textarea id="summernote" name="content" placeholder="新闻内容" class="form-control">
        </textarea>
</form>
```

```
<div class="left">
    <button type="button" class="btn btn-primary" onclick="insertNews()">新增新闻</button>
    <a class="btn btn-default" href="/newsController/list" role="button">返回列表</a>
</div>
<script type="text/javascript">
    function insertNews() {
        $.ajax({
            type: "post",
            url: "/newsController/insertNews",
            data: data,
            cache: false,
            contentType: false,
            processData: false,
            dataType: 'json',
            success: function (result) {
                alert(result.description);
                if (result.status === 'OK') {
                    window.location.href = '/newsController/list'
                }
            },
            error: function (error) {
                alert("新增新闻失败!")
            }
        });
    }
</script>
</body>
</html>
```

15.6.3　删除新闻

在本系统中依据新闻编号删除已发布的新闻。

1. 数据访问层

在接口文件 NewsMapper.java 中定义方法 `deleteNews()` 删除新闻，在该方法中依据 `id` 删除新闻。核心代码如下：

```
public interface NewsMapper{
    // 删除新闻
    int deleteNews (Integer id);;
}
```

在映射文件 NewsMapper.xml 中利用 `<delete>` 标签删除新闻，核心代码如下：

```
<mapper namespace="com.cn.fms.mapper.NewsMapper">

    <!-- 删除新闻 -->
    <delete id="deleteNews" parameterType="Integer">
```

```
        delete from news where id = #{id}
    </delete>

</mapper>
```

2. 业务逻辑层

在 NewsService 接口中定义删除方法 delete()，核心代码如下：

```
public interface NewsService{
    // 删除
    int delete(Integer id);
}
```

在实现类 NewsServiceImpl 中实现方法 delete()，核心代码如下：

```
@Service("newsService")
public class NewsServiceImpl implements NewsService {

    @Autowired
    private NewsMapper newsMapper;

    @Override
    public int delete(Integer id) {
        return newsMapper.deleteNews(id);
    }

}
```

3. 请求处理层

在 NewsController 类中利用 deleteNews() 方法删除新闻，核心代码如下：

```
@Controller
@RequestMapping("newsController")
public class NewsController {
    @Autowired
    NewsService newsService;

    @RequestMapping("delete")
    @ResponseBody
    public Result deleteNews(Integer id) {
        Result result = new Result();
        int rows = newsService.delete(id);
        if (rows > 0) {
            result.setStatus(Constants.OK);
            result.setDescription(" 删除新闻成功 ");
        } else {
            result.setStatus(Constants.ERROR);
            result.setDescription(" 删除新闻失败 ");
        }
        return result;
```

```
    }
}
```

4. 前端页面

在 templates 中通过 news_show.html 页面删除新闻，页面效果请参见图 15-15。核心代码如下：

```
<html xmlns:th="http://www.thymeleaf.org">
<!-- 此处省略非核心代码，完整源码请参见本书配套资料 -->
<head>
    <script type="text/javascript">
        function deleteNews(id) {
            if (confirm('确实要删除该新闻吗？')) {
                $.post("/newsController/delete",
                    {"id": id},
                    function (data) {
                        alert(data.description);
                        window.location.reload();
                    });
            }
        }
    </script>
</head>
<body>
<table class="table table-bordered table-striped">
    <thead>
    <tr>
        <th>编号</th>
        <th>新闻标题</th>
        <th>新闻配图</th>
        <th>新闻发布者</th>
        <th>发布时间</th>
        <th>操作</th>
    </tr>
    </thead>
    <tbody>
    <tr th:each="news : ${pageInfo.list}">
        <td style="text-align: center;vertical-align:middle">
            <a th:href="|/newsController/prepareUpdate?id=${news.id}|"
               th:if="${session.employee.role == '13'}"
               class="btn btn-primary btn-xs">修改</a>
            <a href="#" th:onclick="|deleteNews(${news.id})|"
               th:if="${session.employee.role == '13'}"
               class="btn btn-danger btn-xs">删除</a>
            <a th:href="|/newsController/detail?id=${news.id}|"
               class="btn btn-primary btn-xs">查看</a>
        </td>
    </tr>
    </tbody>
</table>
</body>
</html>
```

15.6.4 修改新闻

本系统依据新闻编号修改新闻的原有信息。首先，依据 id 查询出新闻详情并回显在前端页面，修改完毕后再将最新数据保存至数据库。

1. 数据访问层

在接口文件 NewsMapper.java 中定义方法 queryNewsById() 查询新闻，并定义方法 updateNews() 更新新闻，核心代码如下：

```
public interface NewsMapper{
    // 查询新闻
    News queryNewsById(int id);
    // 更新新闻
    int updateNews(News news);
}
```

在映射文件 NewsMapper.xml 中利用 <select> 标签查询新闻，利用 <update> 标签更新新闻，核心代码如下：

```
<mapper namespace="com.cn.fms.mapper.NewsMapper">

    <select id="queryNewsById" parameterType="Integer" resultType="news">
        select * from news where id = #{id}
    </select>

    <update id="updateNews" parameterType="news">
        update news
        <set>
            <if test="title!=null">
                title=#{title},
            </if>
            <if test="content!=null">
                content=#{content},
            </if>
            <if test="image!=null">
                image=#{image},
            </if>
        </set>
        where id=#{id}
    </update>

</mapper>
```

2. 业务逻辑层

在 NewsService 接口中定义查询方法 queryById() 和更新方法 update()，核心代码如下：

```
public interface NewsService{

    News queryById(int id);

    int update(News news);

}
```

在实现类 NewsServiceImpl 中实现 queryById() 和 update() 方法，核心代码如下：

```
@Service("newsService")
public class NewsServiceImpl implements NewsService {

    @Autowired
    private NewsMapper newsMapper;

    @Override
    public News queryById(int id) {
        return newsMapper.queryNewsById(id);
    }

    @Override
    public int update(News news) {
        return newsMapper.updateNews(news);
    }

}
```

3. 请求处理层

在 NewsController 类中利用 prepareUpdate() 方法查询新闻，利用 updateNews() 方法更新新闻，核心代码如下：

```
@Controller
@RequestMapping("newsController")
public class NewsController {
    @Autowired
    NewsService newsService;

    @RequestMapping("prepareUpdate")
    public String prepareUpdate(int id, Model model) {
        News news = newsService.queryById(id);
        model.addAttribute("news", news);
        return "news_update";
    }

    @RequestMapping("updateNews")
    @ResponseBody
    public Result updateNews(News news, Result result) {
        int rows = newsService.update(news);
        if (rows > 0) {
```

```
            result.setStatus(Constants.OK);
            result.setDescription("更新新闻成功");
        } else {
            result.setStatus(Constants.ERROR);
            result.setDescription("更新新闻失败");
        }
        return result;
    }
}
```

4. 前端页面

在 templates 中创建新闻修改页面 news_update.html，页面效果请参见图 15-16。核心代码如下：

```
<html xmlns:th="http://www.thymeleaf.org">
<!-- 此处省略非核心代码，完整源码请参见本书配套资料 -->
<body>
<form  method="post" enctype="multipart/form-data">
    <input type="hidden" name="id" th:value="${news.id}">
    <label for="update_title" class="col-md-1 control-label">新闻标题</label>
    <input id="update_title" name="title" type="text" th:value="${news.title}"
           placeholder="新闻标题" class="form-control"/>
    <label for="update_header" class="col-md-1 control-label">新闻首图</label>
    <input id="update_header" name="file" type="file" th:onchange="imageUpload()"
           placeholder="新闻配图" class="form-control"/>
    <label id="header_text" class="control-label" th:text="${news.image}"></label>
    <img id="img_header" style="width: 210px;height: 140px" th:src="${news.image}"
         th:alt="${news.title}">
    <label for="summernote" class="col-md-1 control-label"
           style="float: left;">新闻内容</label>
    <textarea id="summernote" name="content" placeholder="新闻内容"
              class="form-control"></textarea>
</form>
<button type="button" class="btn btn-primary"
        th:onclick="updateNews()">修改新闻
</button>
<script type="text/javascript">
    function updateNews() {
        const image = $('#img_header').attr('src')
        if (image == null || image.length === 0) {
            alert("请选择要上传的图片！")
            return
        }
        var data = new FormData($("#update_news_form")[0]);
        data.append('image', image)
        $.ajax({
            type: "post",
            url: "/newsController/updateNews",
            data: data,
            cache: false,
            contentType: false,
            processData: false,
```

```
            dataType: 'json',
            success: function (result) {
                alert(result.description);
                if (result.status === 'OK') {
                    window.location.href = '/newsController/list'
                }
            },
            error: function (error) {
                alert("修改新闻失败！")
            }
        });
    }
</script>
</body>
</html>
```

15.6.5　查看新闻

在新闻列表中单击某条新闻即可查看新闻详情。

1. 数据访问层

数据访问层使用 NewsMapper 中之前编写的 queryNewsById() 方法即可。

2. 业务逻辑层

业务逻辑层使用 NewsService 中之前编写的 queryById() 方法即可。

3. 请求处理层

在 NewsController 中利用 showNews() 方法显示新闻详情，核心代码如下：

```
@Controller
@RequestMapping("newsController")
public class NewsController {
    @Autowired
    NewsService newsService;

    @RequestMapping("detail")
    public String showNews(int id, Model model) {
        News news = newsService.queryById(id);
        model.addAttribute("news", news);
        return "news_detail";
    }

}
```

4. 前端页面

在 templates 中创建查看新闻页面 news_detail.html，页面效果请参见图 15-18，核心代码如下：

```
<html xmlns:th="http://www.thymeleaf.org">
<!-- 此处省略非核心代码，完整源码请参见本书配套资料 -->
<body>
<form class="form-horizontal" id="news_form">
    <label for="news_title" class="col-md-1">新闻标题：</label>
    <label id="news_title" class="col-md-9"
           th:text="${news.title}"></label>
    <label for="news_header" class="col-md-1">新闻配图：</label>
    <img id="news_header" style="width: 210px;height: 140px" th:src="${news.image}"
         th:alt="${news.title}">
    <label for="news_content" class="col-md-1"
           style="float: left;">新闻内容：</label>
    <div class="col-md-9" id="news_content"
         th:utext=" ${news.content}">
    </div>
</form>
</body>
</html>
```

15.7 “统计分析”模块开发

“统计分析”模块用图表的形式向用户展示系统数据，例如客户级别分析、投资领域分析和投资意向统计等。

15.7.1 数据访问层

在接口文件 InvestorMapper.java 中定义方法 `queryInvestorProportionByType()` 进行统计分析，核心代码如下：

```
public interface InvestorMapper{
    List<Map<String, Object>> queryInvestorProportionByType(int type);
}
```

在映射文件 InvestorMapper.xml 中利用 `<select>` 标签进行统计分析，核心代码如下：

```
<mapper namespace="com.cn.fms.mapper.InvestorMapper">

    <select id="queryInvestorProportionByType" parameterType="int" resultType="map">
        SELECT description AS name, COUNT(investor.id) AS value
        FROM investor
        LEFT JOIN dictionary
        <choose>
            <when test="type == 1">
                ON investor.level=dictionary.id
                GROUP BY investor.level
            </when>
            <when test="type == 2">
```

```
                ON investor.field=dictionary.id
                GROUP BY investor.field
            </when>
            <when test="type == 3">
                ON investor.intent=dictionary.id
                GROUP BY investor.intent
            </when>
        </choose>
    </select>

</mapper>
```

15.7.2　业务逻辑层

在 InvestorService 接口中定义 queryProportionByType() 方法，核心代码如下：

```
public interface InvestorService {
    List<Map<String, Object>> queryProportionByType(int type);
}
```

在 InvestorServiceImpl 实现类中实现 queryProportionByType() 方法，核心代码如下：

```
@Service("investorService")
public class InvestorServiceImpl implements InvestorService {
    @Autowired
    private InvestorMapper investorMapper;

    @Override
    public List<Map<String, Object>> queryProportionByType(int type) {
        return investorMapper.queryInvestorProportionByType(type);
    }

}
```

15.7.3　请求处理层

在 com.cn.fms.controller 包下创建控制器 AnalysisController，在该控制器中接收并处理请求，核心代码如下：

```
@Controller
@RequestMapping("analysisController")
public class AnalysisController {

    @Autowired
    InvestorService investorService;

    @Autowired
    InvestorService investorService;
```

```
    @RequestMapping(value = "/list")
    public String list() {
        return "analysis";
}

    @RequestMapping("/proportion")
    @ResponseBody
    public List<Map<String, Object>> getInvestorProportion(int type) {
        return investorService.queryProportionByType(type);
    }

}
```

在 AnalysisController 类前面利用 @RequestMapping 注解配置请求映射路径，利用 @Controller 注解将该类标识为控制层组件。在 AnalysisController 类中利用 @Autowired 注解自动注入 InvestorService。在 AnalysisController 类中利用 getInvestorProportion() 方法进行统计分析。

15.7.4 前端页面

在 templates 中创建统计分析页面 analysis.html，页面效果请参见图 15-19，核心代码如下：

```
<!DOCTYPE html>
<html xmlns:th="http://www.thymeleaf.org">
<!-- 此处省略非核心代码，完整源码请参见本书配套资料 -->
<body>
<script type="text/javascript">
    function getLevelProportion() {
        $.post("/analysisController/proportion",{"type": '1'},
            function (data) {
                var myChart = echarts.init(document.getElementById('level'));
                var option;
                option = {
                    title: {
                        text: '客户级别比例',
                        left: 'center'
                    }

    }

    function getFieldProportion() {
        $.post("/analysisController/proportion",{"type": '2'},
            function (data) {
                var myChart = echarts.init(document.getElementById('field'));
                var app = {};
                var option;
                option = {
                    title: {
```

```
                    text: '投资领域比例',
                    left: 'center'
                }
    }

    function getIntentProportion() {
        $.post("/analysisController/proportion",{"type": '3'},
            function (data) {
                var xarrays = data.map(function (value, index) {
                    return value.name
                })
                var yarrars = data.map(function (value, index) {
                    return value.value
                })
                var myChart = echarts.init(document.getElementById("intent"));
                var app = {};
                var option;
                option = {
                    title: {
                        text: '投资意向统计',
                        left: 'center'
                    }
    }
</script>
</body>
</html>
```

15.8　小结

本章通过一个完整的商业项目实战，完整且详细地展现了 MyBatis 在软件项目开发过程中的使用方法、技术细节以及易错知识点。本章项目实用性强、涉及技术面较广，希望各位读者在理解本章内容的基础上亲自动手实践，完成项目的开发并扩展业务功能。

受限于篇幅，同时为使读者将注意力集中在项目的关键技术上，本章在编写过程中省略了部分非核心代码，以尽量避免冗余和重复的代码占据大量版面。关于本章所演示项目的全套源码，敬请参见本书配套资料。